大模型
浪潮

沈抖 著

中信出版集团|北京

图书在版编目（CIP）数据

大模型浪潮 / 沈抖著. -- 北京：中信出版社，
2025. 6. -- ISBN 978-7-5217-7642-3
Ⅰ. TP18
中国国家版本馆 CIP 数据核字第 20257P3V42 号

大模型浪潮
著者：沈抖
出版发行：中信出版集团股份有限公司
（北京市朝阳区东三环北路 27 号嘉铭中心 邮编 100020）
承印者：北京通州皇家印刷厂

开本：787mm×1092mm 1/16　　印张：24.75　　字数：270 千字
版次：2025 年 6 月第 1 版　　印次：2025 年 6 月第 1 次印刷
书号：ISBN 978-7-5217-7642-3
定价：79.00 元

版权所有·侵权必究
如有印刷、装订问题，本公司负责调换。
服务热线：400-600-8099
投稿邮箱：author@citicpub.com

重磅推荐

人工智能大模型发展迅速并开始影响各行各业，在这场技术与产业深度融合的变革中，以大模型为核心的智能革命正在重构人类社会的运行图景。《大模型浪潮》这本书以"技术—产业—社会"的三维视角，构建起"历史脉络—技术内核—行业赋能—未来图景"的认知框架，从人工智能算法的突破性进展开始，勾勒出大模型技术从实验室走向产业应用的演进路径。以"技术平权"为锚点，深入分析大模型对产业变革的促进作用，洞见大模型引发的产业革命浪潮。

这本书明确研判，"普惠式生产力革命"正在发生，各个行业因大模型而加速变革、重塑格局。其中，在能源电力行业，人工智能大模型已经在自动巡检、缺陷识别等业务中表现出了强大的能力，并有望助力经济调度、安稳控制等核心业务实现从"离线计划"到"实时优化"的转变；在教育行业，个性化学习方案制定和教学资源精准推送成为可能，固定专业的教育模式有望被打破，借助人工智能大模型的能力，针对每个学生差异化培养的因材施教成为可能。这些应用前景的背后，是作者对"人工智能原生应用"范式的深刻洞察——技术不仅限于优化流程，更在于重构业务逻辑。

衷心祝贺这本书的出版！这对人工智能知识的推广和应用是一场及时雨。

康重庆

教授，博士生导师，清华大学电机工程与应用电子技术系主任，

清华大学能源互联网创新研究院院长，清华四川能源互联网研究院院长，

IEEE Fellow（电气电子工程师学会会士），

IET Fellow（英国工程技术学会会士），

国家杰出青年科学基金获得者

拿到沈抖博士所著的《大模型浪潮》的书稿，认真拜读，思绪良多。这本书从大模型浪潮的缘起论述到未来实践路径，六个章节环环相扣，为我们展示了一部大模型从混沌初开到推动人类文明嬗变的数字史诗。

大模型或许是人类最伟大的创造之一，它所承载的不仅是算法的跃迁，更是整个文明对自我认知的终极追问。当硅基智能与碳基生命在算力的熔炉中交融时，我们逐渐明白：真正的智能革命，不在于机器能否通过图灵测试，而在于人类是否准备好开辟数字大航海时代！《大模型浪潮》一书是这个新航程的指南针，书中的理性思辨、机遇研判、技术剖析、应用案例等，让我们看到了大模型带来的智慧光芒，从而更坚定地走向人类和智能体共生的时代。

朱岩

清华大学经济管理学院管理科学与工程系教授，

清华大学互联网产业研究院院长

《大模型浪潮》以亲历者视角，系统梳理大模型从技术突破到产业落地的核心逻辑。作者沈抖博士作为百度智能云负责人，凭借与大型企业和组织机构等深度合作的实战经验，将实验室技术与商业实践无缝衔接。书中不仅解析了Transformer、RAG、智能体等技术内核，还用了"决策者框架"来破解从算力部署到业务重构的全链路挑战。

它聚焦真实场景：从预训练到推理优化的技术细节，从产品设计到商业闭环的实践要点，均以颗粒度扎实的论述，为读者搭建知行合一的桥梁。

作为一本知识框架清晰、实践颗粒度扎实的著作，《大模型浪潮》既能帮助应用场景的技术团队快速建立人工智能知识体系，也能为决策者提供战略选型与组织变革的参考坐标。这本书以清晰的逻辑脉络与务实的落地指南，助力读者在大模型浪潮中锚定航向，将技术势能转化为高质量发展的新动能。

张云贵
中国钢研人工智能首席专家

最近两年有关大模型和人工智能的书很多，但我特别推荐这本《大模型浪潮》。沈抖博士是百度集团的执行副总裁和百度智能云事业群的总裁，带领百度取得了大模型产业化落地国内领先的位置，这样的职业背景是同类作者中罕有的。《大模型浪潮》一书不仅探讨了大模型的原理、商业化价值，而且呈现了大量企业决策者对红利、机遇、趋势的判断，并从行业变革乃至自身组织变革、公司创新等多重视角进行了深入剖析。对企业决策者而言，这本书尤为可贵。

冯大刚

36 氪董事长、首席执行官

我们正站在大模型应用爆发的临界点上。从 ChatGPT 的横空出世，到行业级人工智能应用的遍地开花，大模型技术已从实验室走向千行百业，成为推动生产力变革的核心引擎。沈抖博士的《大模型浪潮》恰逢其时，为这场变革提供了清晰的技术地图和行动指南。

这本书不仅梳理了大模型的技术演进，更聚焦于一个关键命题：如何让大模型真正落地，解决实际问题？从预训练的规模化效应到智能体的自主决策能力，从检索增强生成的企业级实践到混合专家模型的成本优化，书中既有对前沿技术的深度解读，也有金融、教育、医疗等行业的鲜活案例。沈抖博士提出"算法—算力—数据"的黄金三角，揭示了技术商业化落地的底层逻辑，而"智能体即服务"的前瞻观点，更是为开发者指明了下一代人工智能应用的形态。

对开发者而言，这是一本技术实战手册；对企业决策者而言，这是一份转型路线图；对普通读者而言，这是一扇窥见未来的窗口。大模型应用时代已来，而这本书将帮助你成为浪潮中的弄潮儿，而非旁观者。

蒋涛

CSDN（专业开发者社区）创始人，

中国技术社区开拓者

《大模型浪潮》这本书最大的特点，就是知识的颗粒度适中、脉络清晰。

对大部分有志于深入了解人工智能和大模型的人来说，很大的挑战都是重新构建知识体系的艰苦过程——从1956年的达特茅斯会议开始，到今天DeepSeek的大热，中间的技术路线、理论突破、专家观点、权威论文，涉及的相关内容无论数量还是深度，都足以让一个初入者瞬间迷失在浩瀚的信息海洋中。哪怕投入大量心血潜心研究，也需要花费一段时间才能对人工智能有比较清晰完整的认知。

而《大模型浪潮》一书在层层递进中巧妙取舍技术细节，基本上可以让你在北京飞深圳的一个航班上，就建立起对于符号主义和联结主义、反向传播、Transformer、强化学习、预训练、RAG、混合专家模型、智能体、蒸馏、推理等诸多复杂概念的正确认知和逻辑联系，初步建立起人工智能的知识框架，迅速推开这一全新领域的大门。无论对于自身发展，还是大模型在企业的落地，这本书都具有极大的帮助作用。

刘湘明
钛媒体联合创始人、联席首席执行官

大模型浪潮席卷而来，技术迭代的速度常让人眩晕，但更值得关注的是它如何真正转化为生产力、重塑生产关系。沈抖博士所著的《大模型浪潮》，对技术原理和产业实践做了扎实梳理，尤其可贵的是呈现了"落地"过程中的关键思考，比如技术选型的合理性、工程实现的路径、产品设计的要点、不同类型和处于不同阶段的企业适合的策略、商业价值的可持续性等。这些关键思考，恰恰是大模型能否从实验室走向产业要面对的核心挑战。

当下行业不缺宏大预言，缺的是从真实问题出发的实践框架。《大模型浪潮》一书对教育、金融、消费、制造等领域的案例进行拆解，能让读者看到务实的技术落地路径。

向所有关心"如何做"而不仅关心"是什么"的人推荐这本书。技术浪潮里，冲浪者分享的实践最不容错过。

张鹏
极客公园创始人、总裁

目 录

推荐序一 / 张亚勤　　　　　　　　　　　　　V

推荐序二 / 吴晓波　　　　　　　　　　　　　IX

自　序　　　　　　　　　　　　　　　　　　XV

第一章　历史演进：大模型带来人工智能应用拐点

第一节　人工智能螺旋式发展，越来越强　　　003

第二节　大模型有什么独特之处　　　　　　　026

第三节　大模型带来通用人工智能的曙光　　　041

第四节　大模型为商业带来新范式　　　　　　045

第五节　大模型在中国的发展　　　　　　　　055

第六节　小结　　　　　　　　　　　　　　　059

第二章　技术突破：大模型为何更具有商业化价值

第一节　预训练：工程化属性带来加速发展　　065

第二节	有监督微调：让大模型更好理解并执行实际的需求	073
第三节	人类反馈强化学习：对齐人类价值观	079
第四节	检索增强生成：发挥企业专有数据的优势	089
第五节	智能体：用"超级管家"为业务提效	098
第六节	混合专家模型：给业务快速配备一批专家	109
第七节	长上下文：更聪明地处理复杂信息	116
第八节	DeepSeek：如何掀起大模型的效率革命	121

第三章 机遇研判：大模型成为生产力，时机已到

第一节	大模型的波折与前行	139
第二节	便捷享用新型人工智能基础设施	147
第三节	大模型和中国产业结合的时刻	160
第四节	技术革命时常产生于"危机"中	162
第五节	小结	166

第四章 抓住红利：大模型带来技术平权

第一节	技术栈的变化，提升了开发便利	171
第二节	模型开发，轻松实现	181
第三节	人工智能原生应用的开发，更加便利	197
第四节	成熟应用一键集成	237

第五章　产业变革：大模型赋能千行百业

第一节	手机：成为智能私人助理	269
第二节	汽车：更智能、更舒适的"第三空间"	277
第三节	具身智能：与大模型互相促进	285
第四节	金融：智能体数字员工的崛起	295
第五节	能源：借助大模型加速形成新质生产力	311
第六节	教育：在大模型促进下的产教融合新范式	316
第七节	电商：用大模型让营销更快捷	324
第八节	小结	330

第六章　实践路径：高效落地的建议与未来展望

第一节	借助新技术保持领先的建议	335
第二节	大模型从技术到生产力，步步为营	340
第三节	做好大模型评估，选对模型、降低风险	351
第四节	未来趋势展望	365

推荐序一

张亚勤

中国工程院、美国艺术与科学院、澳大利亚国家工程院
院士，清华大学智能产业研究院（AIR）院长，
百度原总裁，微软原全球高级副总裁

作为亲历全球人工智能技术跃迁的从业者，我始终坚信大模型将重构千行百业的运行范式。2016年，当我在第一届百度云智峰会上宣布"ABC战略"——AI（人工智能）、BIG Data（大数据）、Cloud Computing（云计算）——之时，大模型技术尚处于实验室探索阶段。而今天，大模型和生成式人工智能已如星火燎原，逐渐成为主流技术与产业路线，也将成为今后10年内的创新主轴与连锁变革的导火线，推动人类社会加速迈向智能文明的新纪元。

在这场变革中，中国的企业如百度、DeepSeek，都站到了浪潮之巅。此刻阅读沈抖博士的《大模型浪潮》这部著作，既欣喜于我们在大模型产业化征程中收获的突破性认知，更感受到智能技术演进与产业变革共振的时代脉搏。

回望人工智能发展史，大模型技术的突破堪称第三次范式

革命的里程碑。相较于前两次以监督学习、深度学习为主导的技术浪潮，大模型通过海量数据预训练与人类反馈强化学习的融合，展现出令人惊叹的通用智能涌现特性。这种突破不仅在于技术参数的指数级增长，更在于其开创了人机协同的新范式——通过自然语言理解与生成能力，将人类专业知识转化为可复用的智能资产。沈抖博士在书中系统梳理了大模型技术从实验室突破到产业落地的完整路径，这种跨越产学研的全局视野尤为珍贵。

此书最值得称道的价值在于，其构建了技术创新与产业需求的双向对话机制。百度智能云作为中国大模型产业化的先行者，在这本书中呈现的诸多实践案例，恰是技术创新与商业价值良性循环的典范。我欣喜地看到，团队通过"云智一体"战略构建起包含算法框架、算力支撑、应用开发的完整技术栈，既攻克了千亿参数模型高效训练的技术难关，更在汽车、具身智能、金融、能源等行业中创造出数十个场景化解决方案。期待百度智能云持续深耕行业场景，将大模型的"智能涌现"能力转化为千行百业的"价值涌现"动能。

站在智能革命的临界点，我们需要清醒认知：当前的大模型产业化只是序章。书中关于多模态融合、具身智能、价值对齐的前沿探讨，预示着我们正站在通向通用人工智能的阶梯之上。这要求从业者既要有攀登技术高峰的勇气，更需保持对技术伦理的敬畏。人工智能的发展必须建立在"以人为本、安全可控"的基石上。令人欣慰的是，《大模型浪潮》一书在描绘技术蓝图的同时，始终秉持负责任创新的态度，对模型可解释性、数据隐私保护等关键议题进行了深入探讨,这种科学精神与人文关怀的平衡,恰是人工智能健康发展的必要保障。

沈抖博士以躬身入局的实践者姿态,为行业奉献了这部兼具理论深度与实践温度的作品,相信每位读者都能从中获得启发,在智能时代的星辰大海中找到属于自己的航道。当大模型的智能之光穿透产业迷雾,我们终将见证:每一次技术的涌现,都是人类文明向更美好未来迈出的坚实一步。

推荐序二

吴晓波
财经作家

关于大模型的书,我首选这一本。

"我们的目光所及,只是不远的前方,但是可以看到,还有许多工作要做。"

——艾伦·图灵

一

1950年,38岁的英国数学家艾伦·图灵发表论文《计算机器与智能》,在开篇,他就提出了一个开天辟地式的问题:"机器可以思考吗?"

6年后的1956年,10多位数学家聚集美国新罕布什尔州的达特茅斯学院,举办了第一场"人工智能夏季研讨会",很可惜,图灵无法与会,他在1954年因服用含氰化物的苹果去世。1956

年被视为"人工智能元年"。

其后 30 年，数学家们在符号主义和联结主义两条路径上分别突进，前者在很长时间里处于主流地位，直到 1986 年，杰弗里·辛顿等人提出反向传播算法，推动了神经网络理论的诞生。

几乎与此同时，1985 年，被日本企业打得晕头转向的英特尔放弃存储器业务，转而专攻 CPU（中央处理单元），拉开了算力飙升的大幕，摩尔定律像魔咒一样激发芯片计算能力的指数级提升。1999 年，英伟达在纳斯达克上市，黄仁勋在 GPU（图形处理单元）战场上掀起了一场规模更大的海啸。

2006 年，杰弗里·辛顿提出深度学习算法，李飞飞发起创建大型图像数据集项目 ImageNet。自此，算法、算力、数据三轮驱动，人工智能悄然进入引爆期。2022 年 11 月底，OpenAI 发布 ChatGPT（聊天机器人模型），全球为之震动，感叹人工智能正迈入"iPhone 时刻"。

2025 年 1 月，中国的 DeepSeek-R1 横空出世，全民热议人工智能时代的降临。

二

2025 年 4 月，我在路上读完了沈抖博士的《大模型浪潮》的书稿。在这期间，我去青岛海信的空调"灯塔工厂"调研，同时走访了深圳、上海和北京的 9 家人形机器人公司。

这是一次非常奇妙的阅读体验：白天，我在工厂和实验室现场看到了层出不穷的人工智能创新；夜晚则在沈抖的新书里，求证到技术变革的演化路径和系统诠释。

是的，一切都是"在路上"。

这一路风起云涌，所有坚硬的似乎正在烟消云散，而又有一些新的科技范式和商业模式在宛然生成。

沈抖的《大模型浪潮》共分六章，循序渐进，理论与实践交织聚合。

他在第一章讲述了人工智能的百年发展史，以及大模型在应用层面所带来的拐点和突破。第二章详细描述了大模型的类别，并试图回答人们都非常关心的一个问题："大模型靠什么能力为各行各业、多个场景的业务带来显著提升并展现商业价值？"

从第三章到第五章，沈抖进入"生产力场景"，细致而具体地对大模型赋能千行百业的实践进行了描述，因为他常年在一线"作战"，绝大多数的案例来自实操，因而显得非常鲜活且有借鉴性。同时，作为中国大模型产业的领军人物，他对行业的系统性思考和战略洞察，也在叙述之中展露无遗。尤其令我印象深刻的是，他对人工智能基础设施的构建设想和行业大模型在应用中的"know-how"（技术诀窍）的思考。

全书的第六章是"实践路径：高效落地的建议与未来展望"，他提出要培养人工智能原生思维的组织，在实践中，提高试错意愿，降低试错成本，步步为营，让大模型在企业运营中发挥生产力效率。

全书颇多专业名词和图表，但是读来绝不拗口难懂。沈抖左手理论，右手案例，掌击声响处，风景渐现，曲径通幽。

当今中国产业界，人工智能和大模型已是"显学"，各类图书不在少数，而若让我推荐，沈抖的这本《大模型浪潮》应是首选之作。而且，我特别建议大学院校在相关课程的教学中将此书作为必读书目之一。

三

沈抖是清华大学硕士、香港科技大学博士，现任百度集团执行副总裁、百度智能云事业群总裁。

我第一次造访百度是在 2004 年，而与沈抖的相识却是在并不久远的 2023 年 5 月。颇有意味的是，就在我们那次见面的一个多月前，3 月 16 日，百度发布了文心一言，这是中国公司应对 ChatGPT 风潮的第一个语言大模型。

在《大模型浪潮》一书中我了解到，作为中国拥有数据量最大的互联网公司之一，百度很早就开始布局人工智能。早在 2012 年，百度参与竞购由杰弗里·辛顿创办的一家公司（最终被谷歌收购）。2013 年，百度成立深度学习研究院，并在美国加州设立人工智能实验室，它把深度学习应用于搜索优化，比谷歌还要早。2019 年初，百度发布了在线语音领域全球首创的注意力大模型 SMLTA。

沈抖于 2012 年加入百度，2019 年起负责移动生态事业群组，

2022 年主掌智能云事业群组。正是在技术突变的风云际会中，他成为百度智能云的重要操盘人。

在中国几家重要的云服务大型公司中，百度是战略意图最清晰和企图心最大的一家。在率先发布文心一言之后，百度提出了建设系统级智能基础设施的战略主张。经历两年多的努力，百度构建了以"百度百舸 GPU 算力平台"为基座、"百度智能云千帆大模型平台"为大模型企业服务解决方案的人工智能基础设施系统。我调研的很多企业，包括阅读此书期间走访的几家人形机器人公司，几乎都是百度的客户。

可以说，正是在这场大模型浪潮中，百度重新回到了科技创新的核心主战场。

沈抖在新书中的诸多观察和创见，是他且战且思的宝贵沉淀，而他引用的绝大部分案例，都是百度在企业服务中的实战成果，这也是我一路读来兴致盎然的原因。如果您是一位企业经营者，日后展读此书，当能在众多鲜活的案例中举一反三，进而反求诸己，获得现实的启迪与快意。

《大模型浪潮》面世的 2025 年夏季，是人工智能时代的萌芽期，每一个国家、企业和个人都被裹挟其中，无一例外。作为全球人口大国和最大的制造业国家，中国注定将成为人工智能最丰饶的应用市场和模式创新国家，此正是中国之国运所在，也是你我生命之幸事。

而或，也是这本书在此刻出版面世的意义之所在。

75 年前，艾伦·图灵在《计算机器与智能》一文的最后，意犹未尽地写道："我们的目光所及，只是不远的前方，但是可以看到，还有许多工作要做。"现在正是开展这些工作的最好时机。

是为序。

乙巳年立夏
于杭州激荡书院

自　序

1997 年，我考入华北电力大学，主修计算机专业。那时，计算机尚未普及，有的宿舍几个人拼凑一台组装电脑，同学们会去轮流使用。尽管条件简陋，但正是从那时起，我与计算机和互联网结下了不解之缘。

我本科毕业那年，正值"互联网泡沫"破裂。但放在更长的时间轴上看，那其实是新一轮技术浪潮的起点。1998 年谷歌、腾讯成立；1999 年 Paypal（贝宝）正式上线，阿里巴巴诞生；2000 年李彦宏先生回国创立百度……新兴的科技浪潮即便有波折，但方向却不会受到影响。

2001 年，我到清华大学读研，师从陆玉昌教授，开始专注于人工智能的研究，2004 年到香港科技大学师从杨强教授，并取得人工智能方向的博士学位。从最早的文本挖掘，到今天的大模型与智能体，这个领域持续吸引着我不断探索。

人工智能诞生于 20 世纪 50 年代，最初只是少数学者的理论研究。过去几十年，人工智能在图像、语音、语言等领域不断取得突破。但直到大模型出现，它的理解、生成、逻辑、记忆能力，才真正将这些分散的技术系统化地串联在一起，让人工智能具备强大的通用能力。更重要的是，智能体（Agent）的应用创新，让大模型逐步具备了自主规划任务、调用工具、解决复杂问题的能力。这意味着人工智能已正式进入产业化的深水区。未来，人工智能所带来的产业变革，或将远超蒸汽机和电气时代。

近两年，大模型演进迅猛，相关技术和生态也快速变化，社会各界都在关注。我有幸参与了一些政府组织的专题研讨，并受邀为央国企管理者、企业客户、合作伙伴、EMBA/MBA（高级管理人员工商管理硕士/工商管理硕士）学生授课，与他们交流。其间，大家普遍关心的问题是：大模型究竟是什么？我们该如何抓住机会、快速落地？

正因如此，我萌生了撰写本书的想法。希望结合企业内部实践与一线交流体会，对当前的人工智能技术体系、大模型演进趋势以及产业落地挑战进行系统性的梳理与总结，为更多人理解、使用大模型，提供切实、有价值的参考。

支撑我做这件事的，是百度在人工智能领域长期积累的技术底座与产业实践。百度不仅形成了从芯片到框架、从模型到应用的完整人工智能体系，还在互联网、金融、制造、能源、交通、政务等关键领域，积累了大量真实的案例。这使我得以在教学与交流中，不只讲技术趋势，也为企业、开发者提供可复制的落地路径。

2024年，我曾用"毛竹"的生长过程来比喻大模型的发展。毛竹在栽种后的前3年，地上部分生长缓慢，高度几乎无变化，而在地下扩展庞大根系。竹笋破土后，在生长旺季便以每天数十厘米的速度迅速拔节。今天的大模型正处于这样的阶段——国家鼓励政策陆续出台，技术体系已然扎根，通用能力迅速增长，产业化应用全面提速。更重要的是，中国具备完整产业链、丰富场景和深厚数据资源，为人工智能提供了独特的"土壤"。无论是互联网、移动互联网时期的各类应用工具，还是中国30年来企业数字化转型的丰富硕果，都可以通过各类开放协议，一键继承到人工智能原生时代。大模型可以迅速连接这些资源，让企业积累多年的数字财富继续发挥作用，形成"模型—应用—数据"的飞轮效应，释放新的生产力。

当然，技术越强，门槛越高，不平等的风险也越突出。我们必须正视这一点，加强智能基础设施建设，加速人才培养和知识普及，让更多企业和个人都能分享人工智能带来的红利。所有的技术，用起来，才是王道；用到好处，才是正道。只有将人工智能融入产业和生活，化为看得见、摸得着的现实生产力，才能实现我们共同的目标——让生产更高效，让生活更美好。

最后，我想特别说明：大模型技术仍处于高速演进之中，相关的技术路径、产品架构、产业趋势都在不断发展与更新之中。本书所呈现的内容，是基于成稿时期的个人理解与实践整理，理解有误或者表达不当之处，敬请读者包涵、指正。

第一章

历史演进：
大模型带来人工智能应用拐点

以史为鉴，可以知兴替。大模型是人工智能（AI）的一个分支，而"人工智能"概念的首次提出则源于 1956 年美国达特茅斯会议，这个概念到现在已经发展很多年了。为什么这次大模型的出现与众不同？本章将通过历史追溯的方式解答这个问题。跟随人工智能发展历史的演进，可以了解以下内容。

首先，大模型技术并不是一蹴而就的，而是人工智能 70 来年发展的传承，是一步步发展而来的，有着坚实的基础，既可靠，也可用。

其次，人工智能的发展，虽然经历了一个个高峰和低谷，但整体趋势是不断前行且越来越好的，并不是在原地踏步。

最后，大模型技术和以往的人工智能相比确实有很大不同，不仅是技术进步，更是提高了"商业落地"的可行性、价值度。例如，大模型展现出了涌现能力、泛化能力，不仅擅长写诗作画，而且以润物细无声的方式渗透到了"研产供销服"环节，走进了普通人的生活，走进了生产力场景。

因此，简单总结就是，"人工智能 + 万物"的时代真的来了，这是每位企业家、每个决策者以及每个人都需要关注、了解的时代趋势。

第一节　人工智能螺旋式发展，越来越强

简单来说，人工智能就是复制人类智能。这个目标又可以分解为三个核心问题：怎么定义智能（也可以理解为怎么评判是否算智能）？如何实现智能？怎样使用智能？人工智能领域围绕着这三个问题，发起了一轮轮探索，开创了一个个里程碑。

一、从幻想智能到定义智能

古代人对于复制人类意识充满想象。例如，在古希腊神话里，掌管火与工匠的神赫菲斯托斯是一位技艺高超的铁匠，他制造了一批女性形象的机器人，被称为"黄金女孩"，"她们有会思考的心智，通说话语，行动自如"。[1]

---

[1] 资料来源：《荷马史诗·伊利亚特》，上海译文出版社，2021年。

在我国的神话里，动物和植物修炼成精、具备人类意识的故事不胜枚举。关于机器人也有一则故事，《列子·汤问》记载了一个偃师制造了机器人并将其献给周穆王的故事。对于机器人的描述原文如下：

巧夫镇其颐，则歌合律；捧其手，则舞应节。千变万化，唯意所适。王以为实人也，与盛姬内御并观之。技将终，倡者瞬其目而招王之左右侍妾。

王大怒，立欲诛偃师。偃师大慑，立剖散倡者以示王，皆傅会革、木、胶、漆、白、黑、丹、青之所为。王谛料之，内则肝、胆、心、肺、脾、肾、肠、胃，外则筋骨、支节、皮毛、齿发，皆假物也，而无不毕具者。合会复如初见。王试废其心，则口不能言；废其肝，则目不能视；废其肾，则足不能步。

从古文记载可以看到，偃师制造的机器人不仅能歌善舞，还能根据人的指令做出相应回应。周穆王原以为是真人假扮成机器人，但拆解后发现，虽然机器人外有筋骨皮毛、内有肝胆心肺，但确实都是用各种材料制造而成的，每个部件功能明确，可谓天工之作。

这则故事的真伪无法考证，普遍认为它是虚构的，主要表达了《列子》作为道家学派的著作对天、地、人的思考。偃师制造机器人的故事，对人类的主观能动性进行了高度肯定，对复制人类意识进行了多彩畅想。

可以看到，无论是古希腊还是我国古代的神话，对机器人的终局期待都是"像真人一般"。然而，人的想象力可以一步到位，科学研发却往往是步步为营。在研发自主意识机器人这条漫漫征途的起点，首先要解决的核心问题是：如何判断机器有智能，标准是什么？

在这个问题的探索上，最具有代表性且获得广泛认可的标准当属"图灵测试"。1950年，艾伦·图灵发表了一篇非常重要的论文，题为《计算机器与智能》。在论文开头，图灵就提出了一个关键问题：机器可以思考吗？

图灵在论文中表示，虽然"智能"比较难定义，但是可以通过测试方法来判断：如果机器能够在双方不接触的对话中模仿人类进行交流，以至于观察者都无法区分交流对象到底是人类还是机器，那么这台机器就可以被认为"具有智能"，这个过程如图1-1所示。

多名评委在被隔开的情况下，通过设备向一台机器和一个人随意提问。多次问答后，如果超过30%的人不能确定被测者是人还是机器，那么该机器就具备人类智能。

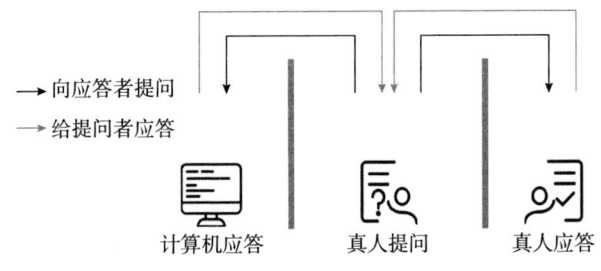

图1-1 图灵测试示意图

资料来源：CSDN。

图灵测试并不完美，例如只关注了语言交流而忽略了其他智能表现，但不可否认的是，图灵测试仍然是人工智能发展中的重要里程碑，是经典的评估标准，促使人工智能从"幻想"进化到了"可定义"。图灵的论文也吸引了众多优秀人才参与机器智能的研究，引发了学术界关于机器学习、意识等方面的深入思考。

从此，人工智能开启了科学研究的新征程。

二、一场会议，恰如"星星之火"

1956年通常被认为是人工智能元年。那一年，在美国新罕布什尔州达特茅斯学院担任数学系助理教授的约翰·麦卡锡作为主要发起人，举办了一场叫作"人工智能夏季研讨会"的学术会议。[①]

这场会议具有很强的偶然性。当时美国大学的传统是9个月的聘用期，因此，教职人员需要在假期的3个月自行"拉赞助"来解决收入问题。麦卡锡等人就以人工智能研究的课题获得了洛克菲勒基金会资助的一笔经费。

这场会议规模不大，但"群英荟萃"，参会人员包括哈佛大学数学系和神经学系青年研究员马文·明斯基、贝尔实验室数学家克劳德·香农、IBM（国际商业机器公司）信息研究主管纳撒

---

① 资料来源：斯图尔特·罗素、彼得·诺维格，《人工智能：现代方法》（第4版上下册），人民邮电出版社，2022年。

尼尔·罗切斯特等 10 余位学者。

这次会议历时近两个月，然而，关于如何实现人工智能并没有达成共识，会议结束时也没有产生轰动学术界的大会论文或报告。但是，这场会议就像点燃了"星星之火"，参会人员把对于人工智能的兴趣、思考、分歧、讨论，从达特茅斯学院带回了各个地方。此后，关于人工智能的研究开始有了体系化的发展。

这个时期的研究中，有两大学派逐渐形成，分别是符号主义（也称为逻辑主义）和联结主义（也称为连接主义），这也成为随后 60 余年，人工智能发展的两条主要路线。

（一）符号主义：编好规则

符号主义学派认为，人类认知和思维的基本单元是符号，认知过程就是对这些符号进行操作和计算的过程，因此可以将世界的物体、关系等也都抽象为符号，并通过逻辑计算来模仿人类思考。人和计算机都可以被看成具备逻辑推理能力的符号系统，从而将人类智能和机器智能的理论实现统一。

简单地说，就是"编好规则"。

这个思路的关键在于对知识进行编码，形成数据库，继而通过规则系统、推理引擎进行推断，解决问题。

符号主义最著名的成果之一是艾伦·纽厄尔和赫伯特·A. 西蒙等人开发的程序"逻辑理论家"，人们普遍认为这是第一个人工智能程序。该程序能够证明《自然哲学的数学原理》中的数学定理，向世人展示了计算机在逻辑推理方面的能力。

另一个典型成果是聊天机器人鼻祖 ELIZA，它可以针对某些关键词进行交流答复。虽然 ELIZA 只有 200 行程序代码和有限的对话库，基于单纯的规则，并不理解聊天内容，但依然引起了大众的惊叹。

当然，符号主义也有很多不足，例如在知识的自动获取、多元知识的自动融合、常识知识的处理以及不确定知识的表示和求解方面，都遇到了不少障碍。然而，由于符号主义的理念容易被理解、功能容易实现（包括规则编制等），所以迅速成为主流，得到快速发展。

（二）联结主义：造个大脑

联结主义也是重要学派。该学派认为，智能应该是内在的思维过程，也就是人类大脑各神经元之间进行信息交流、信息处理的表现。因此，只要建立一套可以模拟大脑神经系统结构的人工神经元网络，就能实现相应的智能行为。现在很流行的"神经网络"就是联结主义的门徒。

简单地说，就是"造个大脑"。

它的工作方式是，给定一些数据，机器可以自己学习、总结出规律，然后举一反三。可以看到，联结主义与符号主义的一个显著区别是，符号主义需要人为给定规则，而联结主义则可以让机器自己总结规律。

联结主义的先驱有美国心理学家沃伦·麦卡洛克和数学家沃尔特·皮茨,他们在1943年共同提出了麦卡洛克-皮茨模型,也被认为是最早的神经元网络模型。

联结主义最著名的成果之一是,1957年,弗兰克·罗森布拉特在IBM的基础上发明的感知机模型。感知机在前期主要用来做图像识别,它的逻辑结构包括输入层、权重、偏置、激活函数、输出层等,而物理结构则采用光探测器模拟人类的视网膜,用电子触发器模拟神经元等。

对于人类大脑有多少个神经元,学术界还没有统一观点,通常认为是860亿个左右。这个数量级别是20世纪60年代的硬件能力难以模拟实现的。因此,联结主义虽然有一段辉煌的时间,但在较长一段时间内陷入了沉寂。

由此可以看出,联结主义并非原理有重大缺陷,而是其发展与算力高度相关。

(三)小结

从达特茅斯会议之后,整个社会对人工智能的热情空前高涨,政府也出资支持研究,一些人工智能产品陆续问世。例如,IBM科学家阿瑟·塞缪尔编写了一套西洋跳棋程序,在1962年成功战胜了当时的西洋跳棋大师罗伯特·尼利。再如,美国斯坦福研究所研制了世界上第一台移动式智能机器人Shakey,它可以自主进行感知、环境建模、行为规划并执行任务，例如寻找木箱并将其推到指定位置等。

然而，由于当时的计算能力和存储能力有限，以及推理规则仍不够完善，所以人工智能产品虽然很惊艳，但实用性不强，甚至连翻译工作也不能保证准确率，时常偏离原意。

1973年，英国著名数学家詹姆斯·莱特希尔发布了一份关于人工智能发展状况的调查报告，名为《人工智能：综述》（也被俗称为《莱特希尔报告》）。该报告认为，当时的人工智能都是夸大其词，实际效果很差，研究已经彻底失败。随着该报告的传播，各国政府对于人工智能的投资也大幅削弱，人工智能领域迎来了一次低谷。

客观地说，这份报告对当时状况的总结是正确的，但评价却并不客观。人工智能的早期研究正是燎原之星火，为后续的发展奠定了基础并指引了方向。

三、专家系统，符号主义的巅峰之作

人们对人工智能应用的期许是，它可以比绝大多数人"更聪明"，这就是专家系统的初衷。所谓专家系统，就是让系统基于"专家知识库"，根据编写的规则进行逻辑推理，生成接近专家水平的决策信息，从而协助人类（普通人或专家）提高工作效率并解决复杂问题。知识库既包括客观知识，也包括专家特有的经验，可以直接采用、实践。因此，专家系统也可以被认为是

"知识库+推理机"的组合。

1965年,美国斯坦福大学的爱德华·费根鲍姆教授设计出了第一个专家系统DENDRAL。它具有丰富的化学知识,可以根据质谱数据,帮助化学家快速推断物质的分子结构。随后,麻省理工学院也开发了应用于数学领域的MACSYMA系统(通用公式推演系统)。

1972年,美国斯坦福大学开始研制医疗领域的专家系统MYCIN,该系统主要用于诊断和治疗感染性疾病。在测试中,MYCIN成功处理了多个病例,展现了较高的医疗水平,被认为是经典的专家系统,也是后来许多专家系统的基础。MYCIN的优点包括:架构清晰,提出了知识库的概念;使用自然语言同用户对话,可以回答用户提出的问题;可以根据知识库给出建议,通过学习扩充新知识、新规则等。

专家系统在学术界引起了不小的轰动。但一项技术必须有商业价值才能吸引更多的社会关注,专家系统也是如此。它在商业领域的应用,才真正再次点燃了大众对人工智能的热情和期待。其中,最具代表性的商业应用是XCON系统(进行计算机系统配置的专家系统)。

1980年,美国卡内基梅隆大学研发的专家系统XCON(前身为RI系统)正式商用。当时正赶上小型计算机在美国逐步普及,但如何配置合适的小型机还是一个比较专业的工作(更标准化的个人台式计算机还没有普及),因此XCON最初的设计目的是帮助计算机销售企业做业务。该系统可以根据用户订单,自动选择最合适的计算机系统部件，如 CPU（中央处理单元）型号、操作系统种类、存储器、外部设备及电缆等，并生成系统配置清单和部件装配关系图，从而大大提高这个环节的效率和准确度。

RI 系统的一个大客户是 DEC 公司（美国数字设备公司），该公司的主要业务是销售小型计算机。它率先在公司内部使用 RI 系统，而且把系统规则数量从原来的 750 条增加到 3 000 多条，大大增强了系统功能，RI 系统也被正式命名为 XCON 系统（字母取自"expert configurer"，即配置专家）。

对于 XCON 的使用效果，网络上通常会引用一个海外数据（由密德萨斯大学统计），即截至 1986 年，XCON 为 DEC 公司处理了 8 万个订单，准确率达到 95%~98%，每年可以帮助 DEC 公司节省 2 500 万美元。DEC 公司在 20 世纪 80 年代初业务快速发展，成为当时仅次于 IBM 的全球第二大计算机公司，业务遍布 100 多个国家和地区。

DEC 公司对专家系统的使用具有很好的示范效应。许多公司纷纷紧随其后，开始在公司内部署专家系统。

随着专家系统在商业领域的使用，政府又开始为人工智能研发提供赞助支持。1981 年，日本通商产业省组织了日本主要的 8 家计算机公司，计划耗资 5 亿美元，用 10 年时间，共同研发"第五代计算机"。该项目的最终目的是造出一台人工智能计算机，能够实现与人对话、翻译语言、解释图像、完成推理等功能。英国政府也在 1982 年启动了"阿尔维计划"，预计在 10 年内用 3.5 亿英镑全面推进软件工程、人机接口、智能系统和超大规模集成电路等领域的研发。

可以说，专家系统是当时符号主义的巅峰之作。学术、商业、政府多方面的全新进展，让人们忘记了 1973 年《莱特希尔报告》的悲观，并再次对人工智能充满期待。

虽然 DEC 公司积极使用了人工智能的新技术，但却低估了另一个新趋势——个人计算机的爆发。DEC 公司过分依赖成功路径，从小型计算机到个人计算机的转型过慢，随着小型计算机不再流行，公司业务逐年下滑，最终被康柏公司收购。这也充分说明，任何时候都不应该低估"新"趋势——包括但不限于新技术、新服务、新产品形态等。

四、神经网络，加速机器自主学习的效率

在专家系统代表符号主义盛行的同时，联结主义也在低调"发育"。研究人员一直在探索一个问题：如何能让机器更好地自主学习？1986 年公布的反向传播算法（BP 算法）推动了神经网络的发展，成为联结主义的关键一跃。

1986 年，杰弗里·辛顿、戴维·鲁梅尔哈特和罗纳德·威廉斯共同发表了一篇题为《通过反向传播算法的学习表征》（Learning Representations by Back-propagating Errors）的论文。在论文中，他们提出了一种适用于多层感知器的算法，叫作反向传播算法（见图 1-2），即利用链式法则，逐层计算每个参数的梯度，然后利

用这些梯度来更新权重。此处不再对该算法进行过多解释，需要强调的是，该算法解决了多层神经网络的训练问题。在此之前，简单的神经网络只能求解线性问题，而反向传播算法使神经网络能够处理非线性问题，极大地扩展了神经网络的应用范围。

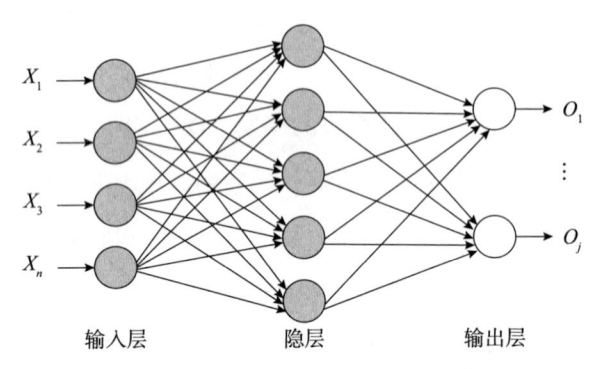

图 1-2　多层感知器和反向传播算法示意图

资料来源：CSDN。

不过反向传播算法也有自身缺陷，例如在训练深层结构时会遇到梯度消失或梯度爆炸的问题。

如何理解呢？如果采用不完全精确的通俗表达，以爬山为例，梯度消失就是，从山顶到山谷，每次只能走一小步，但越往下，每一步的步距会越来越小，导致越走越慢、越走越无效。在训练中，梯度值越来越小时，训练就会变得非常缓慢，甚至无法更新权重，导致训练无效。梯度爆炸就是，站在陡峭的山坡上，只要稍微用力、跨大步距，就跨过山谷到对面的山坡上去了。在训练中，梯度爆炸会导致训练十分不稳定，无法控制学习的过程，结果也完全不能用。

反向传播算法遇到的问题在现实中也很关键，相当于人工智能有个枷锁，而且埋下了一颗"地雷"，这也导致神经网络方面的研究一度消沉。幸运的是，正所谓"解铃还须系铃人"，反向传播算法遇到的困难最终还是由它的"发明人"提出了解决办法。

2006年，辛顿和他的同事又发表了一篇论文，题为《深度信念网络的一种快速学习算法》（A Fast Learning Algorithm for Deep Belief Nets）。这篇论文提出了深度信念网络的概念，并介绍了一种称为"逐层预训练"的技术。该技术的思路是分步骤地训练网络中的每一层，而不是同时训练整个网络。

逐层预训练较好地解决了反向传播算法遇到的困难。例如，可以逐层优化网络参数，确保每一层在训练时都更容易找到较优的局部解，从而为后续层的训练提供更好的起点，由此减少梯度消失或梯度爆炸的出现。而且，逐层预训练可以将复杂的训练任务分解为多个简单的子任务，这可以降低整体训练的难度，提高训练效率，也能大幅改善模型性能。

一句话总结就是，逐层预训练使神经网络变得可控、高效。于是，神经网络开始商用于文字图像识别、语音识别、数据挖掘等任务场景。

另外，神经网络的快速发展既得益于算法的改进，也离不开计算能力提升的支持，使高效训练成为可能。例如，1985年，英特尔决定从存储业务进军CPU领域，正式拉开了算力飙升的大幕。随后在摩尔定律（每18个月到24个月，处理器的性能翻一倍，同时价格下降为之前的一半）的驱动下，CPU 计算能力飞速发展。以 CPU 主频为例，1986—2006 年，其从 12.5MHz（兆赫）提升至 2.93GHz（吉赫），扩大了 200 多倍。在 CPU 之后，计算能力更强大的 GPU（图形处理单元）为人工智能带来了更加显著的进步。

芯片计算能力的指数级上升，相当于给人工智能发展找到了算法之外的另一条道路——算力，尤其是可以享受到摩尔定律的红利。

与之相反，专家系统却由于规则更新慢、无法自主学习等限制，并不能享受到算力芯片性能提升的红利，系统性能越来越落后，逐渐被学术界降低了研发力度。

神经网络的发展，相当于机器可以越来越高效地自己学习。由此，人工智能驶入了快车道。

五、深度学习，大幅提高人工智能的精准度

2006 年，在斯坦福大学任教的华裔科学家李飞飞专注于图像识别领域的人工智能研究。她认为目前人工智能的效果还不够好，不能准确识别图像里的信息，这是因为人工智能所需要的数据还远远不够。于是，她发起创建了一个大型的图像数据集项目 ImageNet（一个用于视觉对象识别软件研究的大型可视化数据库），希望大家能够上传图像并标注图像内容，为人工智能在图像识别领域提供充足的数据。2009 年，ImageNet 正式发布，数

据库收录了 1 500 万张图片，覆盖了 22 000 个不同类别。

2010 年，ImageNet 邀请全球开发者和研究机构，通过大规模视觉识别挑战赛（ILSVRC）来进行人工智能图像识别算法评比。前两届比赛影响力不大，参赛人员数量甚至出现下滑，但 2012 年就不一样了——杰弗里·辛顿来了。

2012 年，辛顿和他的学生伊尔亚·苏茨克维、亚历克斯·克里切夫斯基共同设计的深度卷积神经网络模型 AlexNet 在比赛中大获全胜，识别准确率高达 85%，比上一年的冠军高出 10 个百分点。这样压倒性的优势再次引起业内轰动，也迅速成为图像识别任务中最受欢迎的技术。

如图 1-3 所示，AlexNet 和之前的算法（LeNet）相比，大很多，也复杂很多。

例如，之前的算法采用 2 个可训练的层、25 个神经元、12 000 个参数，而 AlexNet 则采用 8 个可训练的层、65 万个神经元、6 000 万个参数，可谓优势巨大。

为什么 AlexNet 可以做到这样的规模？因为他们发现了 GPU 的神奇之处。

之前的人工智能训练大多是采用 CPU 进行的。CPU 的优势是逻辑运算，而 GPU 的优势则是大规模的并行计算。粗糙地打比方来说，一块 CPU 就是一名教授，可以计算高深问题，可以指挥调度；而一块 GPU 就是一群高中生，虽然不擅长计算高深问题，但计算普通问题就可以发挥人海优势。并行计算，可以大幅节约时间，提升计算效率。

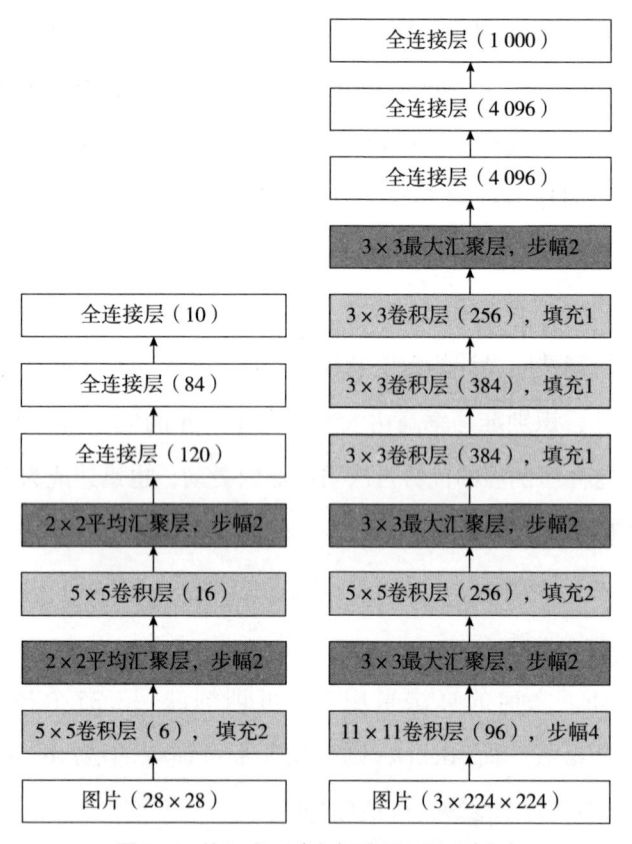

```
全连接层（10）              全连接层（1 000）
     ↑                         ↑
全连接层（84）              全连接层（4 096）
     ↑                         ↑
全连接层（120）             全连接层（4 096）
     ↑                         ↑
2×2平均汇聚层，步幅2       3×3最大汇聚层，步幅2
     ↑                         ↑
5×5卷积层（16）            3×3卷积层（256），填充1
     ↑                         ↑
2×2平均汇聚层，步幅2       3×3卷积层（384），填充1
     ↑                         ↑
5×5卷积层（6），填充2      3×3卷积层（384），填充1
     ↑                         ↑
图片（28×28）              3×3最大汇聚层，步幅2
                              ↑
                           5×5卷积层（256），填充2
                              ↑
                           3×3最大汇聚层，步幅2
                              ↑
                           11×11卷积层（96），步幅4
                              ↑
                           图片（3×224×224）
```

图1-3　从LeNet（左）到AlexNet（右）

资料来源：CSDN。

　　GPU可以用于人工智能领域，也得益于英伟达在2006年发布的CUDA产品。CUDA是一种并行计算平台和编程模型，它利用英伟达GPU的强大计算能力，为通用计算任务提供加速。这一创新极大地推动了高性能计算、机器学习等领域的发展。

　　2012年辛顿参赛的AlexNet算法，训练时仅用了一对英伟达GPU。另一个例子是，吴恩达在谷歌时曾用2 000多块CPU

搭建深度学习服务器，而随后仅用 12 块 GPU 就实现了相同的效果。[①]

辛顿团队的探索，不仅让人工智能可以完成高精度的图像分类任务，更为人工智能发展提供了新的思路：一是 GPU 芯片的使用大幅提升了人工智能的算力，使训练能力大幅提升；二是李飞飞发起的项目，使数据量大幅提升；三是深度卷积神经网络让业内意识到了大参数的重要性。

至此，研究人员总结出人工智能不再是由传统的知识驱动，而是由三大要素驱动，即算法、算力、数据。每个要素都是关键驱动力。

由于 AlexNet 的优异表现，辛顿和他的学生受到了科技巨头的追捧。2012 年 12 月，辛顿及其学生共同设立的公司 DNNresearch 刚刚"满月"没多久，就被谷歌、微软、DeepMind（深度思考）和百度四家公司以竞拍的方式竞相收购。最终，谷歌以 4 400 万美元成为赢家，完成了对辛顿及其学生的人才收购。谷歌随后就将这项技术应用到了自己的相册产品中，推出了新的图片搜索功能，也推动了谷歌街景业务的发展，实现了非常显著的商业化。

不过，2012 年这场竞拍并没有输家。

竞拍刚结束，2013 年 1 月，百度就成立了专注于深度学习的研究院，即百度深度学习研究院（Institute of Deep Learning）。随后，百度在美国加利福尼亚州的库比蒂诺建立了人工智能实验

[①] 资料来源：金泰，《英伟达之道》，中信出版社，2024 年。

室，成为国内第一家将深度学习提升到核心技术创新地位的公司，不仅和海外巨头在人工智能领域并驾齐驱，而且有更前瞻的探索，例如率先把深度学习应用到搜索优化里，甚至比谷歌还要早。[1] 进入 2014 年，百度先后邀请到谷歌大脑创始人吴恩达、Anthropic（美国人工智能企业）的联合创始人兼首席执行官达里奥·阿莫迪、英伟达人工智能研究科学家范麟熙等人加入。这些顶级人才也推动了百度在人工智能领域的不断进步与发展。

2024 年，约翰·霍普菲尔德和杰弗里·辛顿两人也因"在使用人工神经网络的机器学习方面的基础性发现和发明"[2]，共同获得了诺贝尔物理学奖。

总结来看，经过 60 余年的发展，研究人员对于人工智能"如何更加智能"的驱动力越来越清晰，人工智能越来越聪明，精准度越来越高，而且在语音、图像识别等领域，也都有了商业化项目的落地。但是，人工智能离通用化能力还有一段距离，需要研究人员继续探索。

六、Transformer，点燃大模型热情

2017 年 6 月，谷歌的八位工程师共同发表了一篇论文，题

---

[1] 资料来源：《诺奖得主辛顿的中国 AI 往事｜钛媒体 AGI》，钛媒体，2024 年 10 月 12 日。
[2] 资料来源：《两名科学家因机器学习方面的贡献分享 2024 年诺贝尔物理学奖》，新华网，2024 年 10 月 9 日。

为《注意力就是你所需要的一切》(Attention Is All You Need)。这篇论文的初衷是解决自然语言处理（NLP）和机器翻译领域对更高效、更强大模型的需求。

在该论文发表之前，自然语言处理中大都采用基于循环神经网络（RNN）的编码器–解码器（Encoder-Decoder）结构来完成序列翻译。①

原理不再详解，需要强调的是 RNN 模式的缺点：循环结构导致它在处理数据时需要按时间逐步展开，每个时间步的计算必须等待前一个时间步的计算完成，因此速度缓慢且无法并行计算，也就无法将 GPU 并行计算的威力发挥到最大。

随后，谷歌提出了 Transformer 模型（一种基于自注意力机制的神经网络架构），通过使用多头注意力（Multi-Head Attention）和位置编码（Positional Encoding）机制，能有效捕捉序列数据中的长距离依赖关系。

如图 1-4 所示，简单来说这个模型有两大创新。

一是"自我注意力"机制，只关心输入信息之间的关系，不再关注输入和对应输出的关系。这样既节省了之前需要的人工数据标注费用，也可以更准确地猜测哪些信息影响最大、最有关联、最应该被展示。二是摒弃了递归结构，可以同时处理序列中的所有元素，实现并行计算。这不仅是算法的提升，更可以充分挖掘 GPU 的优势，与算力结合更加紧密。

---

① 资料来源：伊恩·古德费洛、约书亚·本吉奥、亚伦·库维尔，《深度学习》，人民邮电出版社，2021 年。

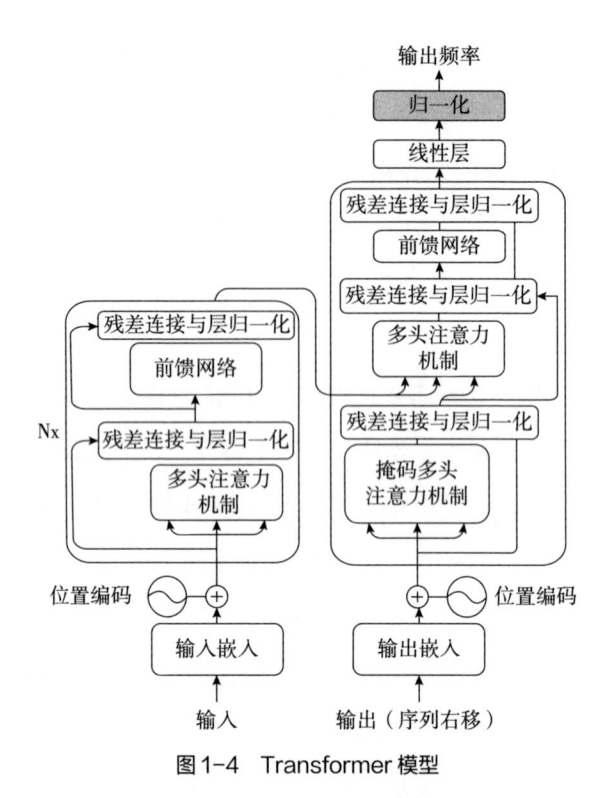

图 1-4　Transformer 模型

资料来源：Ashish Vaswani, Noam Shazeer, Niki Parmar, et al.,"Attention Is All You Need", 2017。

　　Transformer 确实改善了机器翻译的效果。但是，《注意力就是你所需要的一切》这篇论文在发表之初，并没有产生非常大的影响，甚至在发布当年的人工智能会议上都没有获奖。

　　然而，Transformer 的威力终究还是被业内看到了。2018 年 6 月，OpenAI（开放人工智能研究和部署公司）基于 Transformer 发布了 GPT 系列模型的第一版 GPT-1。GPT 就是 "Generative Pre-trained Transformer" 的缩写，即生成式预训练变换器。随后谷歌也发布了 BERT 模型（一种预训练的自然语言处理模型）。

2019 年初，百度语音团队发布了在线语音领域全球首创的注意力大模型 SMLTA（Streaming Multi-Layer Truncated Attention，流式多级截断注意力）。该模型专门为解决 Transformer 应用于在线语音识别任务时遇到的问题而设计。SMLTA 相对准确率提升了 15%。2021 年，百度发布了该模型的第二个版本，用来克服传统 Transformer 模型在处理长音频数据时遇到的计算爆炸、焦点丢失等问题。

这些新的模型，已经开始广泛应用在工业界，但并不为大众所了解。然而，2022 年 11 月，OpenAI 发布了基于 GPT 模型的人工智能对话应用服务——ChatGPT，对话带来了相当惊艳的效果。在发布后的两个月里，ChatGPT 的月活用户规模量就突破了 1 亿。随后，微软公布了即将给 OpenAI 投资 100 亿美元的消息，于是大模型在全球爆火，成为话题中的话题、热点中的热点。

大模型（也称基础模型），是指基于广泛数据（通常使用大规模自我监督）训练的模型，大模型的发展标志着特定任务模型向通用任务模型的转变，目前在各类领域均有广泛应用，如自然语言处理、计算机视觉、语音识别和推荐系统等。自 OpenAI 推出 GPT-3 后，业界常说的大模型便更多聚焦在大语言模型（LLM）上，通过在海量无标注数据上进行大规模预训练，能够学习到大量语言知识与世界知识，并通过指令微调、人类价值对齐等关键技术，获得面向多任务的通用求解能力。为便于阅读，本书也将大语言模型简称为大模型。

大模型如此令社会关注，核心亮点是其展现出的涌现能力、泛化能力（后文会讨论），不仅在语言领域有效，也逐渐应用于图像视频、自动驾驶等方向，这让人们看到了通用人工智能（Artificial General Intelligence，AGI）的可行性，以及大模型在各个领域的商业化前景。

七、回溯人工智能历史的意义

至此，我们可以看到，人工智能虽然历经数次预期破灭的低谷，但并不是毫无进展，而是在各种技术路线中不断探索，在各种影响智能效果的要素中不断尝试，才对影响人工智能性能的要素有了更深刻的认知，即算法、算力、数据，才有了实现通用人工智能的可能（见图1-5）。人类的预期会波动，但技术永远在前行。尽可能地发挥技术价值，利用技术红利，这就是回顾历史的意义。

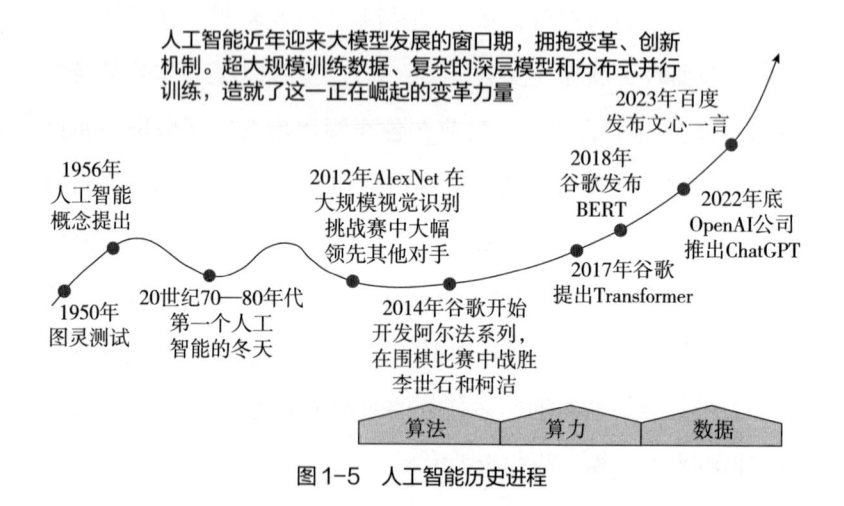

人工智能近年迎来大模型发展的窗口期，拥抱变革、创新机制。超大规模训练数据、复杂的深层模型和分布式并行训练，造就了这一正在崛起的变革力量

- 1950年 图灵测试
- 1956年 人工智能概念提出
- 20世纪70—80年代 第一个人工智能的冬天
- 2012年AlexNet在大规模视觉识别挑战赛中大幅领先其他对手
- 2014年谷歌开始开发阿尔法系列，在围棋比赛中战胜李世石和柯洁
- 2017年谷歌提出Transformer
- 2018年谷歌发布BERT
- 2022年底OpenAI公司推出ChatGPT
- 2023年百度发布文心一言

算法　算力　数据

图1-5　人工智能历史进程

图灵认为，智能虽然无法精准定义，但可以通过测试来判断，并提出了著名的"图灵测试"，当无法区分交流对象到底是人类还是机器时，那么这台机器就可以被认为"具有智能"。

1956年被认为是人工智能元年，这一年美国达特茅斯学院数学系助理教授约翰·麦卡锡发起了"人工智能夏季研讨会"。

人工智能主要有两条发展路线：符号主义，即"编好规则"，需要人为设置规则，代表形式是专家系统；联结主义，即"造个大脑"，由机器自主学习，代表形式是神经网络。

1973年，《莱特希尔报告》问世，认为人工智能并没有取得什么效果。

专家系统，也可以被认为是"知识库+推理机"的组合，是符号主义的巅峰之作。XCON是最有名的商业化专家系统，由DEC公司率先使用。

辛顿等人提出了反向传播算法，加速了神经网络的发展。但反向传播算法有梯度消失或梯度爆炸的缺陷。辛顿等人提出的逐层预训练方法，克服了反向传播算法的缺陷，促进神经网络更加可控、高效。

相比于符号主义，联结主义更容易享受到摩尔定律的红利，从而逐渐成为技术主流。

李飞飞为了提高人工智能在图像识别领域的能力，发起了大规模视觉识别挑战赛。辛顿团队的深度卷积神经网络模

> 型 AlexNet 向业界展示了模型参数和复杂度提高后，精准度也会提升。研究人员开始意识到"大"的重要性。
>
> 深度卷积神经网络模型的发展离不开 GPU 的支持。尤其是 2006 年英伟达发布的 CUDA，使 GPU 的并行计算能力可以应用于通用计算领域。
>
> 2012 年，谷歌成功收购了辛顿团队，完成了人才引进。
>
> 2013 年，百度成立了深度学习研究院，与海外巨头在人工智能领域并驾齐驱，并在全球范围内率先将深度学习用于搜索产品中。
>
> 深度卷积神经网络大幅提高了人工智能图像识别的精度，也向业内揭示了人工智能新的发展思路：算法、算力、数据。
>
> 谷歌提出的 Transformer 模型成为 GPT 的基础，其展现的涌现能力、泛化能力非常重要。

第二节　大模型有什么独特之处

毫无疑问，这是一个全新的时代。今天，人们把人工智能、大模型称作"第四次工业革命"，认为大模型将会非常长远、深刻地改变一切。那么，大模型有哪些独特之处，配得上如此高的评价，值得如此期待呢？

一、从量变到质变，智能开始涌现

大模型，本质上是在做什么？其实它就是在根据用户的引导，推测应该输出什么内容。为什么叫大模型？回想一下联结主义的初衷，即希望打造一个类似人类大脑的产物，而大模型则依然瞄向这个目标发展，且更进一步。

人类的大脑内部有许多神经元。在日常不断学习的过程中，神经元之间的连接会发生变化，有的变粗，有的变细，最后就会形成一个神经网络。在这种情况下，再通过大量的经验改造，大脑就可以处理很多问题。

与此类似，大模型有大量参数，这就相当于人类的神经元及其连接也需要许多数据来训练、学习，在不断训练的过程中，参数会不断跟随调整，最后调整好的模型就类似于已经发育良好的大脑，从而具有很强的语言推测等能力。

在训练过程中，大模型也展现了"大"的特点：算力消耗大、数据量大、模型参数大等。

算力，即运算的能力。众所周知，人类的思考计算依靠大脑。大模型的思考计算则依赖以 GPU 为主的各类处理芯片。思考都需要能量。就像大脑只占人类重量的 2%，却要消耗 20% 的能量。从 OpenAI 的技术报告看，当时训练一次 GPT-3 大模型需要 10 的 23 次幂的计算。以一秒钟计算 60 万亿次的英伟达 H800 显卡为例，也需要 1 000 块显卡计算 50 天，对应的成本达到 500 万~1 000 万美元。如果采用中国传统打算盘的方式来计算，则需要全世界 80 亿人计算 100 万年,才能算一遍、训练一次。因此,从这个角度来讲,大模型的出现绝对称得上是个奇迹,仅靠个体是绝对解决不了如此规模的计算问题的。

大模型需要的数据,相当于人类需要学习的知识。大模型对数据的需求量非常大,例如 GPT-3 的预训练数据量达到了 45TB(太字节),[①] 这相当于 10 万人一辈子不睡觉才能达到的阅读量。数据类型通常可以分为两类——标注数据和无标注数据,也就是经过人工打标签后的数据和未经打标签的原始数据。

接下来重点介绍模型参数。先引入一个数字例子。如图 1-6 所示,假设平面上有三个点,我们希望可以根据这三个点的信息实现给定任意横坐标 X 就能给出对应的纵坐标 Y。显然,最直接的思路是找到一个函数。

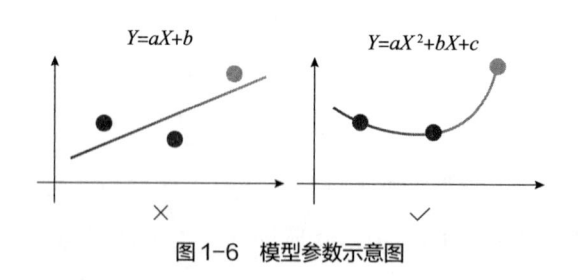

图 1-6 模型参数示意图

如果规定只能用两个参数来构建函数,那么可以用 $Y=aX+b$ 来描述,a 代表斜率,b 代表截距,得到的则是一条直线,但这条直线无法准确表示三个点的关系,也就无法实现我们所希望的

---

① 资料来源:《"炫富"的 GPT-3 来了:45TB 数据,1 750 亿个参数,还会三位数加减法》,量子位,2020 年 6 月 1 日。

给定横坐标 X 后就能准确预测对应的 Y 值。

那么，再增加一个参数，我们可以用三个参数构建一个一元二次函数，这时就能准确地模拟出一条曲线。这条曲线不仅能覆盖三个点的关系，而且能实现更加精准的预测。

以此类推，如果用更多参数来构建函数，那么就可以更精准地描绘一些更复杂的点的分布。这就说明，给的参数多了，预测能力就可以变强。当然，这个例子并不严谨，没有考虑"过拟合"的情况，只是示意参数和模型能力之间关系的一个简化表达。对于大模型而言，大参数意味着模型有更多的参数来适应数据中的细微差别和特征，能够学习更加复杂的数据模式和函数关系，这就增强了模型的表达能力，使其能捕捉数据中更丰富的信息。

大模型参数增加的过程，也很有现实对照意义。就像一些生命体一样，不太聪明的水豚，其大脑只有3亿个神经元，猴子的大脑有17亿个神经元，猩猩的大脑有90多亿个神经元，而作为智慧生物顶端的人类，则有几百亿个神经元。到了百亿的量级后，人类的智慧一下子就得到了大幅提升，出现了智慧的飞跃。

对于模型，也有类似的观察，如图1-7所示的几个例子中，纵坐标表示模型的效果，横坐标表示模型的参数规模，可以看出，在模型参数规模比较小的时候，随着模型参数规模开始变大，模型效果的提升并不明显，但在大模型的参数规模达到十亿、百亿、千亿级别时，智能水平会从量变转化为质变，各类任务的效果出现了明显的拐点，这也被科学家称为"智能涌现"。

(a)模运算

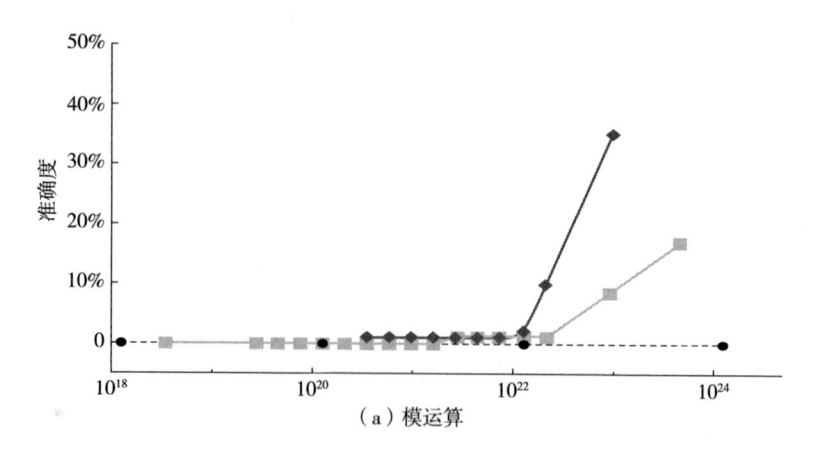

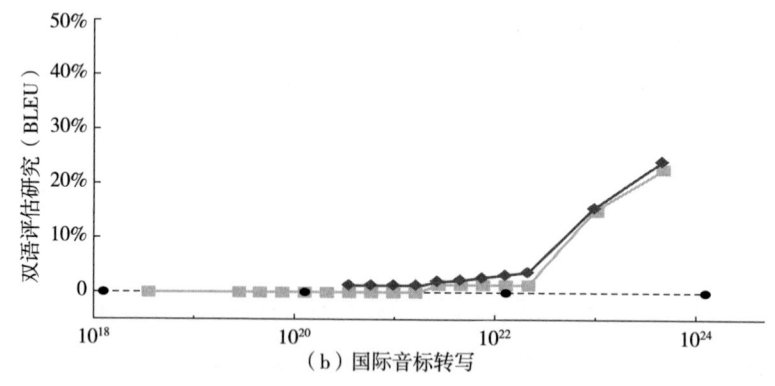

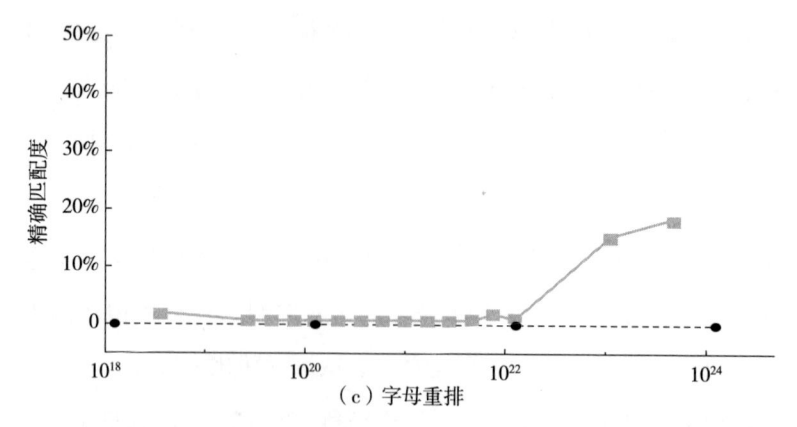

(b)国际音标转写

(c)字母重排

（d）波斯语问答

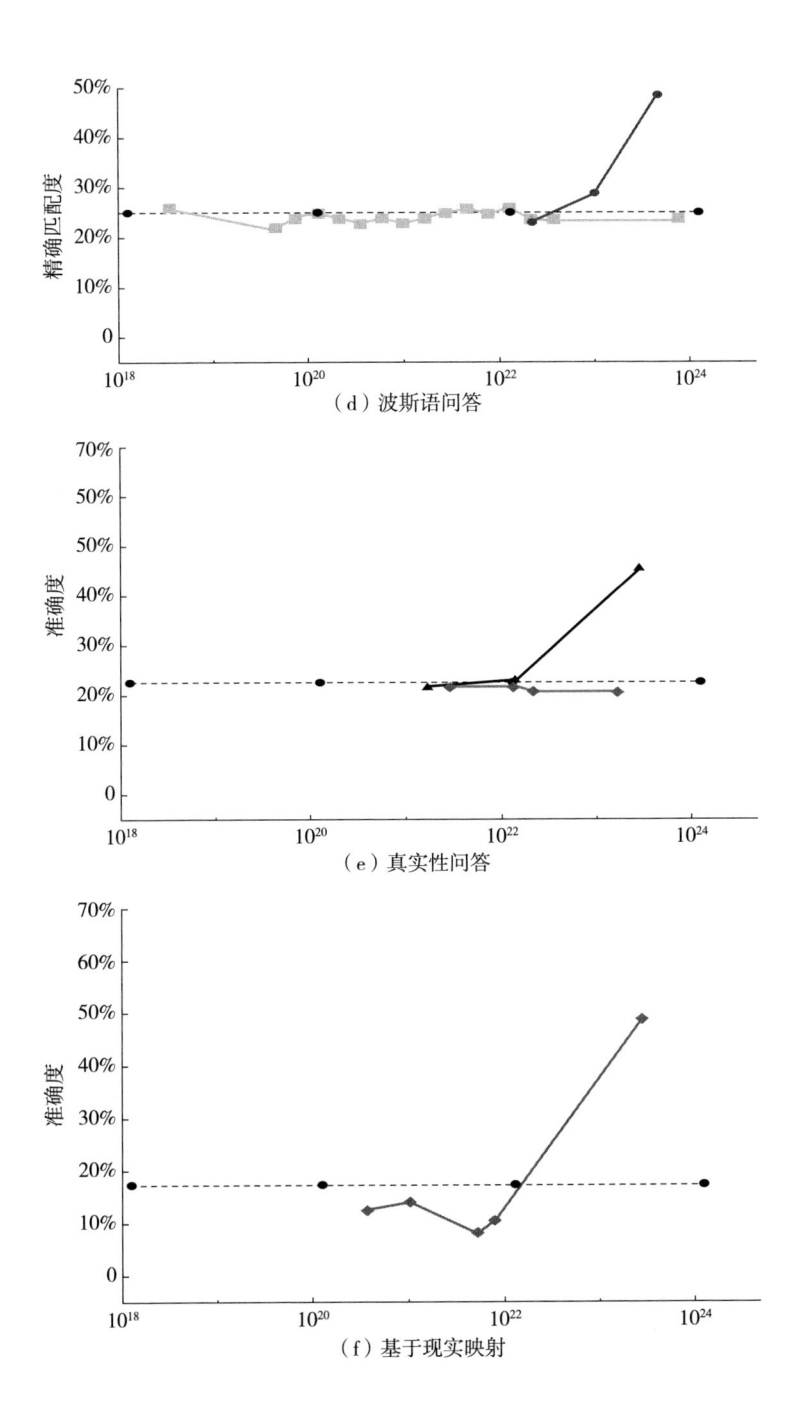

（e）真实性问答

（f）基于现实映射

（g）多任务自然语言理解

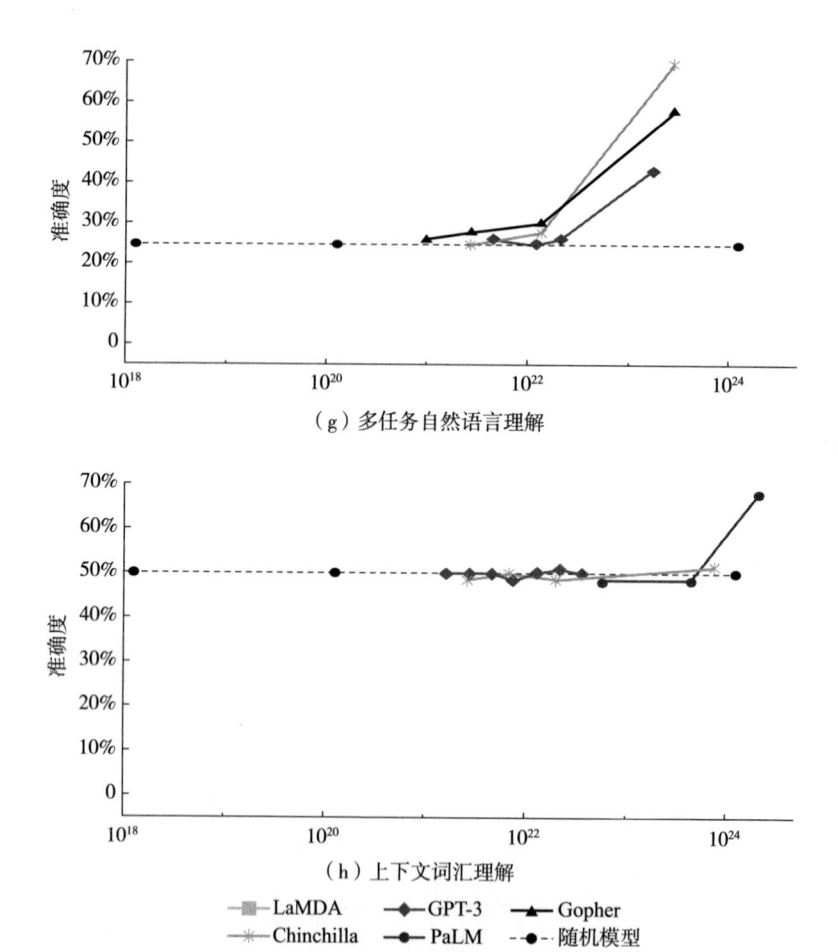

（h）上下文词汇理解

图1-7　不同参数规模的大模型能力涌现

注：LaMDA是谷歌推出的一个面向对话的神经网络架构，GPT-3是OpenAI研发的人工智能语言模型，Gopher和Chinchilla都是DeepMind推出的大模型，PaLM是谷歌发布的大模型。

资料来源：Jason Wei, Yi Tay, Rishi Bommasani, et al., "Emergent Abilities of Large Language Models", 2022。

这里说的效果通常是指任务的准确度、问答匹配度、真实性、上下文关联、复杂任务完成率等指标,而这些效果指标的提升依赖大模型的语言理解能力、生成能力、逻辑推理能力等。

但是,参数并不是越多越好。参数过多可能导致"过拟合",也就是在给定的数据上表现很好,在新数据上表现很差,可以通俗理解为只会死记硬背,不能举一反三。除了参数规模,模型的结构或者说底层的函数形式也很重要。比如在前文图1-6所示的例子中,如果只有一个一元多次函数,无论用多大规模的参数,所能描述的也只是一个平面上 x 和 y 的关系,无法刻画三维空间的关系。大模型的发展,正是归功于Transformer这样的模型架构。

简单理解就是,与以往的人工智能相比,大模型的特点是量变引起了质变。因此,也可以看到各家公司都在模型参数上展开"军备竞赛",不断挑战更大规模。

二、泛化能力凸显,比传统人工智能适应更广泛场景

能否举一反三,是老师们经常用来评价学生是否真正掌握了知识、是否有学习智慧的一个重要指标。在人工智能领域,这也是评价模型聪明与否的重要参考。所谓举一反三,实际上就是泛化能力。大模型所具备的泛化能力,是传统的人工智能技术所不具备的,这是一个非常重要的变化。

大模型是如何获得泛化能力的?从技术来看,大量的训练数据、大量的训练,可以让模型学会有效地提取有用的信息和特

征。这些特征不仅包含数据的表象信息，还包含其背后的深层次规律和结构。因此，大模型就可以将预训练中学到的经验规律、知识策略等，迁移应用到崭新、未知的场景中，提升模型的普适性。

众所周知，人工智能的研发成本很高，良性的发展是进入商业场景，由商业客户平摊成本。但如果人工智能只能应用于特定领域或行业，那么这些客户要平摊的成本就会很大，使用人工智能的意愿就会降低。而且，如果只有几个领域使用，人工智能企业获得的反馈也会更少，不利于后续研发。

传统人工智能模型通常只具备某个领域的能力，例如只聚焦视觉、图像识别、语音、文本等，没有通用性。每一个产品去做应用开发的时候，都需要从头做一遍，包括收集数据、训练模型、验证效果、开发应用，交付成本高，而且不容易规模化。因此，传统人工智能公司经营研发压力大，客户应用也不方便。

具备泛化能力后就不一样了。如果人工智能落地一个应用是一场千米跑，在传统人工智能技术下，其基础能力或许只能覆盖100米，剩下的900米都要定制开发。现在有了大模型，900米都是公用的，只有最后100米是要定制的。通用性提高意味着下游使用场景更丰富、客户更多，要平摊的成本也会降低，客户使用人工智能的意愿会加强。同时，更多场景也意味着人工智能研发企业可以获得更多反馈，提升研发效率。这就确保了人工智能可以从实验室走进商业场景，并且积累更多的数据进行不断迭代，进入良性循环。

此外，大模型能够适应新状况，并能够举一反三，才会更贴近人类的实际生活与思维模式。因为再多的规则也是无法对现实做充分预判的，再多的数据也是无法对现实做充分模拟的。社会不断发展，人类不断探索，就必然会有新场景、新领域出现。如果人工智能不能具备持续学习的能力，那么不仅研发成本会增加，实际应用的吸引力也会大幅减弱。

因此，泛化能力让大模型对客户和研发企业的商业价值都大幅提升了。

三、精度显著提升，人工智能做业务更可靠

模型精度在人工智能应用中扮演着至关重要的角色，它直接影响人工智能系统的性能、可靠性、用户满意度以及在实际应用中的广泛性和深度。高精度才能更准确地反映数据的真实情况，提供更可靠的预测或决策支持。

大模型显著提升了人工智能精度。第一，在算法层面，Transformer可以使模型捕捉长距离依赖关系，提升数据分析的准确性，自注意力机制也提升了信息整合能力。第二，大模型的数据质量和数量都有大幅提升，传统人工智能的训练数据都在万或者百万的量级，而大模型采用的数据量动辄千亿级别。而且，数据处理技术（包括清洗和特征提取）也得到了提升。第三，在预训练之后还采用了微调等技术，进一步提升了模型精度。第四，芯片的快速发展带来算力提升，也使提升数据量、提升精度变得更为可行。

算法、算力、数据三要素共同发力，使人工智能的精度不断提升。

四、知识相关能力，超越普通人

人工智能能力的提升，在棋类竞赛领域体现得很明显。1997年，IBM 的超级计算机深蓝（Deep Blue）以 3.5∶2.5 的微弱优势战胜了当时的世界国际象棋冠军加里·卡斯帕罗夫。而从 2016 年起，谷歌旗下的 AlphaGo（阿尔法围棋）就先后以 4∶1 大胜李世石、3∶0 完胜柯洁的战绩展现了实力。但毕竟下棋还是娱乐项目，只有在生产力领域超越人类，才更具商业价值。

首先，人类的知识是不连续的。无论华佗有多厉害，总结了多少经验，他都没有办法把这些经验原封不动地传给后人。传承的一个方法是写书，但写书必然会有信息损失，后人再去阅读时因为理解力不足等又会有折损。因此，很长一段时期内，人类得到的知识和经验，没有办法非常有效地传承下去。但大模型改变了这个状况。大模型具备千亿参数，可装载数据量大，而且所有人都可以基于此再训练自己行业的小模型，实现有效传承。

其次，人类交互的带宽比较小。我们面对面聊天，一分钟说一两百字，聊一个小时最多才说一万多字。折算成机器数据，也就是几十 KB（千字节），可见，人和人之间聊天的带宽是很低的，而当下机器和机器之间的网络带宽则扩大了万亿倍，例如，英伟达 Blackwell（人工智能芯片与超级计算平台）GPU 配备 G7 内存，可提供高达 1.8TB/s 的显存带宽。

从这个角度来讲，大模型既能传承知识，又能高效交流，在内容创作、语言理解等方面也已经超越了普通人。

2023 年高考结束后，全网测试各家大模型在语文作文方面的创作能力。根据《第一财经》的测试以及邀请多名高考阅卷老师进行打分，结果表明，大模型的平均分数为 42 分，相当于满分 60 分 70% 的水平。

整体来看，在文本生成、语义理解、信息提取、语言翻译等领域，大模型的表现都超越了大部分普通人。而这些能力对应的使用场景则包括营销方案设计、翻译、智能客服、高效办公、智能财务分析、辅助学习、企业培训等，覆盖了多个商业刚需。

例如，在研究领域，面对信息浩瀚、数量繁多的研究报告，以前需要人工快速浏览，任务量巨大；但有了大模型之后，就可以先由大模型发挥信息提取的能力，快速整理出核心内容，如果用户认为有必要，则再进行相应的详细阅读，这大幅提高了处理文本的效率。

再如，在企业内部培训领域，以往的模式是定期组织相应的培训班进行集中学习，但是员工有可能还是会忘记内容，影响实际操作。有了大模型，员工可以随时随地学习相关内容，而且大模型具备"千人千面"的效果，可以根据员工回答的内容有针对性地进行提升。即使在实际操作中员工遗忘了一些知识，也可以借助大模型进行高效搜索。这对于有较多外部一线实操员工的企业（尤其是蓝领较多、地域较广、培训不方便的企业）非常有用。

五、从文本到多模态，扩展应用场景

大模型并没有局限于语言，而是基于语言的进步经验，正实现从语言到多模态（文本、图像、音频、视频等）的提升，这也是人工智能领域的一个重要发展趋势。在海外，2022年下半年，Midjourney（人工智能绘画工具）、Stability AI（人工智能企业）相继发布了文生图（Text-to-Image）应用，可以根据用户输入的文字生成相应的图片；2024年2月，OpenAI发布了文生视频（Text-to-Video）多模态大模型Sora，可以根据用户输入的文本生成相应的视频，推动多模态向前一跃。在多模态的技术发展潮中，国内公司也没有缺席。

在文生图方面，传统的文生图质量仍较低，经常会有"一眼假"、不符合逻辑的状况，这也被称为大模型的幻觉。如果不能消除幻觉，文生图就只能停留在自娱自乐的状态。因此，2024年，百度自研了iRAG（检索增强生图）技术，把百度搜索的亿级图片资源和大模型基础能力相结合，大幅提升了文生图的真实性，也意味着文生图更具有商业性。

2024年4月，生数科技公司发布了国内首个长时长、高一致性、高动态性的视频大模型Vidu。该大模型可以支持多种类型的生成方式，包括文生视频、图生视频、参考生视频等。生数科技作为清华大学人工智能研究院孵化的创业公司，公司内部的人才密度非常高，团队在贝叶斯机器学习和多模态大模型领域积累了多个原创性成果，从而可以实现文生视频的精髓：对现实世界物理规律进行准确模拟，并提升视频风格和主体的一致性。2025年初发布的Vidu 2.0版本的生成速度大幅提升，用户仅需花费5分钟，即可生成长达1分钟的视频素材。

多模态大模型正在日新月异地发展。那么，多模态有什么用呢？以人类获取信息做类比，人类有五官，获取信息的途径包括视觉、听觉、触觉、嗅觉、味觉等。大模型的多模态则相当于"多感官"，通常情况下，单一感官弱于多感官。一方面，不同模态的数据可以相互补充，避免了单一模态数据的局限性，从而使模型获取信息的能力更加全面、精准。同时，多模态可以提供更丰富的上下文信息，提升大模型的学习能力和对复杂问题的理解、处理能力。另外，多模态能力也使大模型和人类的交互更加便捷，更符合人类的习惯，也更具有普及性。毕竟，和语音、视频输入的人群相比，文本输入的人群基数要大得多。

由此，多模态大模型更接近人类的感知和认知方式，也打开了更多应用场景。

例如，在营销领域，文生图可以生成高质量海报，传统汽车行业拍摄场景宣传海报时动辄需要十几万元，而用了iRAG技术后，创作成本接近于零。另外，数字人、短视频都是非常好的"种草"方式，但无论是数字人还是短视频的拍摄、制作，门槛都不低。借助多模态能力，可以一句话生成3D（三维）数字人，也可以继续生成短视频，从而为营销助力。这部分内容会在第四章详细阐述。

在餐饮领域，例如海底捞，基于百度智能云一见视觉大模型平台，可以进行无死角的视频人工智能分析，实时对海底捞全国1 300多家门店的员工服务规范进行打分，从而形成对所有门店经理的量化排名与考核，提升管理效率，改善消费者体验。

在医疗诊断领域，综合医学影像、病历文本等多模态数据，可以更准确地诊断疾病，降低误诊率。

在客服领域，文字沟通有时候会显得十分冰冷，通过数字人和语音沟通，就会增加用户的亲切感。而且，多模态能力也允许用户以上传图片、视频的方式来表述问题，通过准确抓取相关信息，在降低用户表达门槛的同时，可以快速解决问题。

在交通领域，采用多模态大模型能力后，自动驾驶可以不再单纯依靠前置规则，而可以通过实时的图像采集进行判断、执行，交通管理也可以因为对图像、视频等信息处理能力的提升而得到改善。

在具身智能机器人领域，多模态能力可以让机器人更像人，通过视觉、触觉和声音等多模态传感器获取信息并协作处理，共同完成复杂的生产任务。诸如此类的应用场景还有很多，在第五章会更详细地阐述。

大模型多模态能力将在2025年得到进一步发展，加速人工智能的普及。

大模型的独特之处包括：智能涌现；泛化能力，适用场景更多；精度不断提升，更加可靠；文本能力超群，而且具备从文本到多模态的扩展。

> 智能涌现：当一个系统达到一定规模或复杂度时，会出现一些在较小规模或简单系统中不可见的新特性或能力，俗称"跳跃式拐点"。
>
> 泛化能力：不仅在训练数据上有良好的表现，在训练数据之外的新数据、新场景、新领域中也展现了良好的预测和处理能力，可以举一反三。
>
> 精度提升：算法层面可以捕捉长距离依赖关系，自注意力机制提升信息整合能力；数据质量和数量都有大幅提升；采用微调等技术，进一步提升模型精度。
>
> 文本能力：包括文本生成、语义理解、信息提取、语言翻译等，有文本的地方，就可以发挥大模型的功效。

第三节　大模型带来通用人工智能的曙光

通用人工智能，虽然在字面上容易理解，就是"任何场景、任何任务都可以用的通用的人工智能"，但实际上，业界对通用人工智能的定义、目标和实现时间都还没有达成共识。

关于通用人工智能的定义，此处列出一些不同的解读。例如，斯坦福大学以人为本人工智能研究所（Stanford Human-Centered AI Institute）将通用人工智能视为人类级别的人工智能，并将其描述为全面智能且具备情境感知能力的机器。咨询机构高德纳将通用人工智能定义为一种能够理解、学习，并将这些知识用于许多不同任务和领域的人工智能。OpenAI 将通用人工智能定义为在各个方面都比人类聪明的人工智能系统。

对于我们离通用人工智能还有多远这个问题，也有许多不同观点。例如，微软认为 GPT-4 在可执行任务种类和专业领域知识方面表现出了前所未有的广度，且在大多数任务上能力与人类相当，可以被视为通用人工智能的早期版本。也有研究人员认为，包括 GPT、Bard、Llama、Claude[①] 等在内的最新一代大模型，虽然有各种缺陷，但已经可以被认为是通用人工智能的实例。当然，也有不同意见。图灵奖得主杨立昆不止一次公开表示，我们离通用人工智能的实现还有几十年的差距，现有的生成式人工智能无法理解真实世界，不可能是走向通用人工智能的正确路径。不过在 2024 年 11 月的一次活动上，杨立昆表示，如果发展顺利，也许通用人工智能会在 5~10 年内出现，但肯定不是最近两年。

但普遍的观点是，大模型带动了通用人工智能的快速发展。下文将从另一个视角阐述为什么大模型带来了通用人工智能的曙光。

我们知道，人工智能是希望为机器复制、培育人类意识。这个理念在现实中是有可参考对象的，例如教育，教育就是最成功的"培育"人类意识的行为之一。因此，我们可以从教育的角度观察人工智能的发展，来讨论为什么大模型带来了通用人工智

[①] Bard 是谷歌开发的一款基于 Transformer 架构的自然语言处理模型，Llama 是 Meta（美国互联网公司）发布的人工智能模型，Claude 是美国人工智能初创公司 Anthropic 发布的大型语言模型家族。

能的曙光，从而使科技界乃至全社会都需要重视这个变化。

一、认知的六个层次

美国心理学家本杰明·布鲁姆在 20 世纪 50 年代提出了著名的教育目标分类理论，这个理论将教育目标分为认知、情感和动作技能三个领域。而在认知领域，教育目标又细分为六个层次：知识、理解、应用、分析、综合、评价。[1]

知识（knowledge）：这是认知的起点，它不仅指知识，更要求学习者能直接回忆具体事实、概念、术语、方法、过程等内容。

理解（comprehension）：要求学习者能够对知识进行转换、解释和推断。不仅是对知识的再现，还要理解信息之间的关系，以及进行基本的推理和判断。

应用（application）：强调将所学知识应用于新的、具体的情境中。要求学习者能够在不同的情境中识别并应用所学知识，解决问题或完成任务。

分析（analysis）：主要涉及将复杂的知识分解成其组成部分，并理解各部分之间的关系。要求学习者能够识别信息中的模式、结构、因果关系等，以便更深入地理解问题。

综合（synthesis）：要求学习者将所学的零碎知识整合为知

---

[1] 资料来源：Benjamin Bloom, "Taxonomy of Educational Objectives: The Classification of Educational Goals", 1956。

识体系，创造出新的模式或结构。这需要学习者具备高度的创新思维和问题解决能力，能够将不同的概念、原理和信息融合在一起，形成新的理解和见解。

评价（evaluation）：这是认知领域的最高层次，要求学习者能够基于给定的目标，对材料、方法等进行判断和评价，包括定量和定性的判断。

二、大模型的对比

从认知层次来看，就可以理解为什么大模型令人更期待通用人工智能。

教育儿童时，我们希望他们的认知能力覆盖知识、理解、应用、分析、综合、评价，这是自我意识、创造性不断提升的过程。而人工智能过去几十年的发展，也正契合认知层次提升路线：从最初的知识范围狭窄且被限定、执行规则较固定且比较少，到如今输入数据后机器可以自主学习、自主提升。

从大模型展现的涌现和泛化来看，机器和系统第一次不再是人类的提线木偶，而是具备了理解、记忆、逻辑、生成的能力，后文会详细阐述。可以说，我们已经看到了通用人工智能的曙光。

> 美国心理学家本杰明·布鲁姆认为，在认知领域，教育目标可以细分为六个层次：知识、理解、应用、分析、综合、评价。

第四节　大模型为商业带来新范式

大模型技术不仅推动了人工智能的发展，也带来了影响商业的多个变化，例如人机交互方式、软件应用生态、智能生产方式、数据飞轮的形成等，这些改变会重塑企业提供产品、服务的形式和流程，以及企业内部的流程。

一、大模型，重新定义人机交互

人和各类机器、设备之间的交互方式，是当代商业发展中的重要竞争要素。

例如，在计算机领域，早期的计算机普及度并不高，因为用户需要通过命令符来进行计算机操作，虽然高效，但使用门槛极高。随后，微软发布 Windows 1.0（视窗操作系统 1.0），首次采用了图形界面以及鼠标操作，人和计算机之间的交互门槛大幅降低。新的交互方式让个人计算机的潜在使用人群扩大了千倍甚至万倍，加速了个人计算机的普及，以及办公套件、游戏、浏览器等各种应用的诞生。可以说，从键入命令到点击图标，是信息革命在社会中普及的关键。

再如，在手机领域，从键盘输入到触屏输入，也降低了手机的使用门槛，提供了全新的使用体验，加速了移动浪潮的普及。

人机交互方式的改变会深刻改变终端的竞争格局，例如微软、苹果的强大，诺基亚的没落。同时，也诞生了许多新的业态，例如基于交互产生了新的业态，包括浏览器的出现、游戏公司的诞生、各类应用公司的发展。而传统的公司也需要结合新的交互方式组织生产，例如使用计算机后，公司推动电子化改造，从而获得更高的效率。智能手机普及后，公司围绕移动端开发小程序、公众号等入口，为用户提供服务。

显然，图形界面用鼠标或手指触控来交互，依然不是最自然的交互方式，人机交互方式仍需继续"进化"。

而大模型的出现，将重新定义人机交互。

首先，大模型使人和系统之间的交互靠自然语言驱动，这就再次降低了交互门槛，可以提升交互体验。毕竟，会输入命令符的人很少，会使用图标和鼠标的人多一些，而通过说话来表达需求的人更多。

通过多模态能力，大模型可以整合视觉、听觉和文本数据，提供更为丰富的交互方式。例如，语音交互，借助大模型技术，可以对用户的语音输入进行更加准确的识别，机器的语音输出也更加真人化，有声调、有情感，甚至可以在获得用户授权后，从语音中感受用户的情绪，通过前置摄像头观察用户的面部表情并分析其情绪变化等。

在搜索领域，目前通常需要使用文字来表达自己的意图，使用门槛仍比较高，尤其当用户面临的需求无法用语言精准描述时。例如，当用户出国在海外碰到一些不认识的图标时，如果用传统搜索方式就会比较麻烦。但借助大模型，拍张照片，再用语音输入，就能让大模型理解用户的意图，并提供精准的信息。

其次，大模型将会缩短 App（应用程序）的使用路径，使大模型通过语音交互成为新的入口。

移动互联网时代产生了数百万款 App，这些 App 从不同角度满足了我们在生活和工作中的需求。当使用各类 App 时，用户需要逐一打开 App 来实现自己的目标，但借助大模型技术，开发新的智能体（Agent）后，无论我们有什么需求，都可以由智能体进行自动规划，然后自动访问相关 App，就像有一个看不见的精灵在操控这些 App 一样，满足我们的需求。这种使用习惯一旦形成，将对应用生态、传统行业和用户的交互产生很大的影响。

在企业内部应用端也会有类似的情况发生。例如传统财务流程等，可以通过智能体来实现一键完成。关于智能体，会在第二章进行详细阐述。

最后，大模型能力会逐渐成为用户的刚需。从用户结构来看，就像"80 后""90 后"是"互联网原住民"一样，2020 年以后出生的群体也会成为"人工智能原住民"。用户会通过使用各种或大或小的人工智能应用、人工智能功能，建立对人工智能的天然好感，形成旺盛的人工智能需求。

展望来看，各个面向 C 端（消费者端）的应用，或者企业内部由员工使用的应用，都会是基于人工智能开发的应用。

回溯来看，人机交互正越来越自洽。如图 1-8 所示，从物理交互界面到编程交互界面，打通了物理世界到数字世界的通道；从编程交互界面到图形交互界面，实现了从编程操作到点选操作。大模型的出现，实现了从图形交互界面到对话式交互界面的转换，也打通了人类语言和机器语言。用户只需要用自然语言提出需求，大模型就可以自主理解需求，再生成内容，最后使用工具，由工具提供最终服务，人机之间的融合会进一步自洽，带来的不仅是新体验，还是新范式。

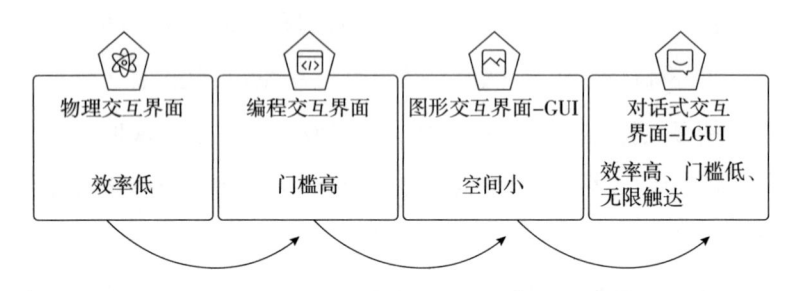

物理交互界面	编程交互界面	图形交互界面-GUI	对话式交互界面-LGUI
效率低	门槛高	空间小	效率高、门槛低、无限触达

物理世界到数字世界　编程操作到点选操作　　打通人类语言-机器语言

图1-8　互联网带来变革示意图

注：GUI表示图形用户界面；LGUI是一个概念上的界面设计理念，它主要强调逻辑性和用户交互的高效性。

无论是企业内部交互、企业和用户之间的交互，还是用户和设备之间的交互，都会因为大模型而带来改变，也会像计算机交互变革、手机交互变革那样，深刻影响商业竞争格局。

二、软件应用，迎来全面改变

各类软件应用已经成为产业场景和生活场景中必不可少的业务入口与服务交付渠道。因此，当软件应用发生改变时，带来的也一定是巨大的机遇和颠覆效应。大模型时代，未来的应用会发生三个重要变化。

第一，真正以用户为中心，提供标准化、个性化服务。"千人千面"是许多公司希望能为用户提供的体验，虽然通过大数据等技术已经可以实现一定的个性化推荐等服务，但存在两个问题：一是算法不够先进，"套路化"仍比较明显，"千人百面"甚至"千人十面"；二是支撑个性化服务的各类工具对中小企业仍有使用门槛。因此，用户感受到的个性化，并不是个体专属，而是某种规则、套路下的群体专属。

大模型提升了各类应用提供个性化服务的能力。大参数、大数据、大算力显著提升了人工智能的能力，可以高效实现各类个性化服务。同时，后文也会讲述，大模型大幅降低了开发门槛，中小企业也可以快捷应用大模型，让个性化能力实现普及。

例如，智能手机可以根据用户的日常行为模式推荐个性化的内容或应用。这种个性化的服务不仅提高了用户满意度，还使人机交互更有人情味，可以让用户获得"更懂我"的情绪价值。

第二，真正出现端到端解决方案型应用，每一个都由人工智能和数据驱动来做决策和操作，极大地提升运营效果和效率。所谓人工智能原生应用不一定是一个独立的App，而是把人工智能应用到业务的原生场景中。并不需要等待像移动互联网时代那样的爆款应用，企业的正确做法就是把大模型用到自己业务的各个环节中，把"研产供销服"的各个相关场景都试一遍，也就是嵌入式人工智能。企业有多少业务场景，未来就可以有多少人工智能原生应用。而这些应用，都由人工智能来控制，并给出极致的方案。

第三，软件应用的开发范式会发生变化。编程不再是少数经过专业训练的程序员的特权，相反，人人都是开发者；编程不再需要从 C/C++（计算机语言）学起，而是从自然语言开始；编程不再是面向过程、面向对象，而是面向需求。大模型时代编程的过程，就是一个人表达愿望的过程。

但是在应用开发的过程中，仍有无数不确定性，许多人不知道如何从模型变成应用。在后文会讲述如何基于大模型，直接、高效、简单地构建智能体应用。

由于应用开发更加容易，创业也会更加繁荣。有观点说，在互联网领域，好的创意是创业成功的一半，但要把创意实现却异常困难。开发所需的技术、资金、人力等，就是一大门槛。因此，应用开发越来越容易也就意味着创业成本会显著降低，就会激发更多有创意的人尝试实现自己的想法。这不局限于互联网领域，其他行业的从业者也开始用人工智能来探索新的业态。

软件应用的变化，并不止于应用本身。创业更加繁荣，经济也会更有活力。

三、带来智能生产的新范式

大模型提升了人类获取知识的效率，从而影响了企业的人才资源，并带来了智能生产的新范式。

传统方式下，个人和组织获取知识的效率是有限的。著名的 1 万小时定律大家都不陌生，马尔科姆·格拉德威尔在《异类》一书中指出，1 万小时的锤炼，是任何人想在某个领域达到大师水平的必要条件。如果一周工作 5 天，每天工作 8 小时，1 万小时的锤炼意味着至少需要 5 年。

即使如此，在这期间获得的知识也是很有限的。假设我们把这 1 万小时全部用来阅读，我们也只能读 1.8 亿个汉字，把它换成二进制数据，只有 500MB（兆字节）左右。

个体能力的边界同样制约了一个组织和企业的进化速度，更何况在绝大多数组织和企业中，每一个人都被大量的事务性、重复性工作所困扰，真正能用于创造性工作的时间少而又少。

但大模型改变了这一切。

在千卡集群上，GPT-3 仅用一个月的训练时间就将 45TB 的数据内化其中，相当于汇聚了 9 万多个不同领域经过 1 万小时锤炼的专家的集体智慧。GPT-3 包罗万象，而且即问即答。GPT-4、文心一言 4.0 等大模型更是进一步扩大了知识量，而且这些模型还在快速演进。

知识从此不再受到时间、空间和语言的局限，每个人都可以跳过 1 万小时的漫长修行，直接从第"一万零一小时"开始。每次只要动动嘴或手，就可以轻松获得所需的信息和知识。这意味着，人们能从更高的起点，以更快的速度，攀登一座座知识的高峰。

对于组织和企业而言，智能生产的新范式正在形成。员工不再需要投入大量时间去死记硬背常规内容，有问题时只要去问大模型，就能快速获得高质量的解答，相当于提升了每位员工的知识储备和企业的人才密度。对于知识密集型的领域，尤其如此。

大模型也可以显著提高专家的工作效率。专家只需要说几句话，就可以让大模型自动去调度、指挥多个系统或智能体，完成大量的事务性工作。大模型让专家能够专注于高质量、富有创新性的工作。

更重要的是，大模型强大的理解和生成能力，能够整合不同领域的知识，创造出前所未有的"人工智能新物种"。

历史上无数次重大创新，其实都来自跨界创新。例如，蒸汽机和纺纱机相结合，从而创造了蒸汽纺纱机这个跨界新物种，彻底改变了纺织业的生产力。电池技术和汽车动力系统相结合，就有了电动车，彻底改变了汽车产业的格局。

可以预见，有了大模型后，创新不再是天才的专利，通过便捷地将不同领域的知识进行整合，每一个企业、每一个团队甚至每一个员工都有机会实现真正的颠覆式创新。此外，大模型对于 ToB（面向企业客户）业务的改造会是非常深刻和彻底的，比互联网对于 ToB 的影响力要大一个数量级，这是每个企业家都应该重视的大趋势。

四、加速数据飞轮形成

数据是金矿，这个理念已经被越来越多的人接受。然而，数据要变成金矿并不容易。原始数据十分庞杂，质量参差不齐，传统技术对数据的处理能力也有限，而大模型则有效加快了这个流程。

例如，百度打造了面向大模型场景的大数据工程，支持海量非结构化数据入湖，并通过元数据发现提取元信息（表结构），构建原始数据集；接下来，通过一整条从数据采集到数据标记分类、数据过滤、数据去重、数据脱敏的流水线，就可以高效完成数据清洗，最终产出 AI-ready[①]的高质量数据集，用于大模型的预训练或者精调。

有了大模型，要让大模型更懂你的业务，还需要让它能够利用企业的专属知识。而检索增强生成（RAG）等技术（后文会详细阐述），则可以充分挖掘企业内部数据。模型用起来以后，数据飞轮就可以启动了。

如图 1-9 所示，企业可以把应用中产生的宝贵数据反馈给模型，再通过各类微调模型，使模型性能越来越好。模型变好，产品体验就会变好，用户就会更多，进而创造更多的反馈数据。就这样周而复始地创造新数据，利用新数据去迭代模型，用好的模型来升级应用，用好的应用来吸引用户创造更多数据，就是我们常说的数据飞轮。一个企业的数据飞轮一旦转起来，该企业在这个场景下的优势就会越来越大，形成雪球效应。

---

① AI-ready 指的是企业在数据系统方面为应用人工智能做好准备的状态。

数据飞轮将被激活，持续提升应用效果

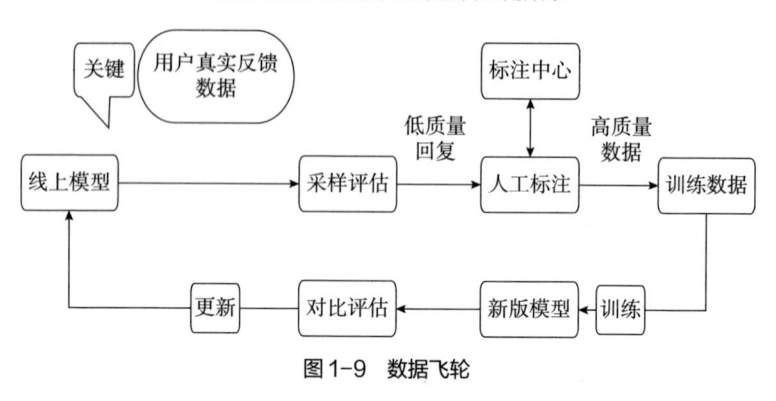

图1-9　数据飞轮

  每一次交互变革，都会带来巨大的产业影响。在计算机领域，从输入命令符交互到鼠标点击图标交互，大幅降低了计算机的使用门槛，扩大了计算机的使用人群，也加速了信息革命的普及，诞生了许多新业态。

  而大模型重新定义了人机交互，使人和系统之间的交互可以完全靠自然语言驱动，也促使大模型语音交互成为新的入口。另外，人工智能原住民群体逐渐增加，也促使大模型成为面向C端、企业内部等应用的必备技术。

  大模型带来应用的改变。第一，真正以用户为中心，提供标准化、个性化服务。第二，真正出现端到端解决方案型应用，每一个都由人工智能和数据驱动来做决策和操作，极致地提升运营效果和效率。第三，软件应用的开发范式会发生变化，人人都是开发者。

  大模型带来智能生产新范式。每个人都可以跳过1万小

> 时的漫长修行，直接从第"一万零一小时"开始。每次只要动动嘴或手，就可以轻松获得所需的信息和知识。可以显著提高专家的工作效率，也可以整合不同领域的知识，创造出前所未有的"人工智能新物种"。

第五节　大模型在中国的发展

　　回溯人工智能的发展历史可以看出，美国一直是创新中心，但中国正在迎头赶上。尤其在大模型领域，中国从2020年起进入了快速发展期，与美国保持着同比增长态势，成为全球的主要玩家。美国有OpenAI、Anthropic、微软、谷歌、Meta等公司，而我国有百度、阿里巴巴、华为、腾讯、智谱、DeepSeek（深度求索）等公司。

　　在技术领域，各大模型产品涌现。百度发布了文心一言，阿里巴巴发布了通义千问，字节跳动发布了豆包，华为发布了盘古，腾讯发布了混元，智谱发布了GLM，月之暗面发布了Kimi，等等，这一度被称为"百模大战"。

　　"百模大战"，一方面通过竞争促进了大模型产业的发展，另一方面也造成了资源浪费。产业应用并不需要如此多的大模型，而高昂的大模型训练成本也决定了一定会有不少大模型公司掉队。因此，整体而言，"卷"大模型，不如"卷"应用。对于用户而言，应谨慎选择大模型产品，优先选择技术实力、资金实力以及整体盈利能力靠前的大公司，从而避免因大模型供应商的问题（例如在竞争中掉队、产品更新停滞等），而影响自身业务运营。

在众多大模型公司中，百度和 DeepSeek 是两个重要的行业参与者。

百度是我国也是全球较早开始研究人工智能的公司，并率先在国内发布了大模型产品，持续推动大模型技术的发展。

如图 1-10 所示，从 2013 年起，百度就坚定认可人工智能，并吸引了一批批优秀人才加入。2014 年 5 月，机器学习和人工智能领域的权威学者吴恩达加入百度担任首席科学家，负责领导百度研究院以及百度硅谷人工智能实验室的工作。吴恩达是机器学习和人工智能领域的权威学者。他曾经在谷歌公司任职，是"谷歌大脑"项目的重要参与者。他加入百度，也是当时中国互联网公司引进的最重量级的人物。

一批批人才的加入，迅速提升了百度人工智能的实力，使百度形成了扎实的先发优势。2022 年 12 月 27 日，百度智能云发布国内首个全栈自研的人工智能基础设施"人工智能大底座"；2023 年，百度在国内首发了对标 ChatGPT 的产品文心一言，后续保持了快速的迭代，陆续发布了百舸 AI 异构计算平台、千帆大模型平台，以及丰富的人工智能原生应用样板间与行业解决方案，满足客户在人工智能原生时代的不同业务需求。

图 1-10　大模型发展历程

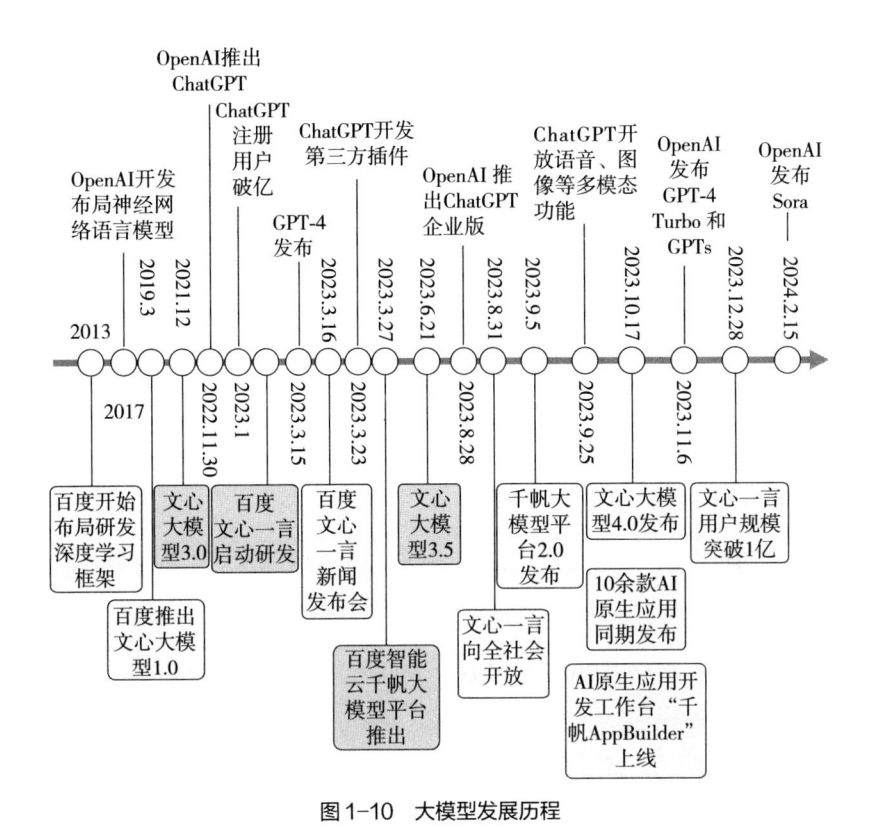

注：AppBuilder 表示应用开发工具。

位于杭州的 DeepSeek 在 2024 年 12 月发布了代号为 DeepSeek-V3 的大模型，成为美国科技圈的热议话题。DeepSeek-V3 大模型参数量高达 671B[①]，其性能和主流模型不相上下，但是在预训练阶段，却仅使用 2 048 块 GPU 训练了两个月，根据 DeepSeek 官方的推算，训练成本约为 557 万美元。根据业内对比，其成本

---

① 671B 模型指拥有 6 710 亿参数的模型。

与性能相当的模型（例如 Meta 旗下的 Llama 3）相比，降低了约 90%。简单来说，DeepSeek-V3 采用了混合专家（MoE）模型，并通过注意力机制优化、通信优化、数据优化等技术应用，不仅提升了模型性能，还降低了成本。其中，混合专家模型会在第二章进行详细介绍。

可以看出，中国的大模型起点并不晚于海外，当前的发展也正从追赶走向齐头并进，未来甚至有望实现引领。在这个过程中，起到核心作用的毫无疑问是技术创新，要愿意创新，并能够承担创新带来的风险。

伴随着技术的发展，国内各大公司也主动承担产业责任，降低大模型价格。比如，2024 年 5 月，DeepSeek 率先降低了国产大模型的价格。2024 年 7 月，百度宣布旗下的 ERNIE 3.5 基座模型降价 92%。而 ERNIE Speed 和 ERNIE Lite 这两款主力模型，依然免费供客户使用。

在技术向上、成本向下的发展趋势下，越来越多的企业、个人愿意使用大模型，并从尝鲜场景走向生产力场景。

以百度文心大模型为例。截至 2024 年 11 月初，百度文心大模型的日均调用量已经超过 15 亿，是一年前首次披露的 5 000 万日均调用量的 30 倍，是半年前 2 亿日均调用量的 7.5 倍。

如图 1-11 所示，文心大模型调用量不仅体现了百度大模型的发展，更反映了过去一段时间整个国内大模型产业的发展。而这只是大模型发展的一个序幕，大模型所带来的深刻影响才刚刚开始显现。

图1-11　2024年百度文心大模型调用量趋势

注：AgentBuilder表示智能体开发工具，ModelBuilder表示模型定制工具。

许多观点认为，人工智能产业就是看中国、美国两个国家。中国的优势，在于丰富的场景。中国的大模型公司，尤其是百度，率先提出要"卷"应用才更有商业价值。可以预见，中国的大模型和产业结合将是一出波澜壮阔的商业"大戏"。

> 大模型正从尝鲜场景走向生产力场景。百度文心大模型的调用量出现了剧烈增长。
>
> DeepSeek-V3掀起了大模型"成本革命"。

第六节　小结

通过回溯人工智能的演进历史可以清晰地看到，大模型技术并不是横空出世的，而是基于近70年的积累和探索。在这个过程中，研究人员找到了提高人工智能表现的"秘方"，也就是算法、算力、数据。正是基于多个领域技术的加速发展，人工智能才迎来了突破性时刻。

大模型不会是一场泡沫,而是在各种技术的支撑下带来了众多独特之处——有了智能涌现,通用性大幅提升,提高了人工智能精度,从文本到多模态全面进步,正一步步逼近甚至超越人的能力表现,从娱乐领域走向生产领域,开始渗透到企业"研产供销服"的各个环节,成为新的生产力。

大模型具有很强的商业价值。与以往的人工智能相比,大模型更容易落地,所带来的变革也有更深刻的影响力。本书第二章会再详细阐述大模型的商业价值是从哪些能力而来的。

以史为鉴,可以知兴替。人工智能和大模型,被誉为人类发展的第四次工业革命。很幸运,我们每一位个体、每一家企业都可以参与其中,迎接机遇、抓住机遇、享受机遇。

第二章

技术突破:
大模型为何更具有商业化价值

大模型的通用能力、泛化能力，是以往人工智能技术所不具备的，因此更容易和产业结合，发挥商业价值。

常言道，知其然，还要知其所以然。如果要了解大模型为什么可以和产业结合并且想用好大模型，就需要了解大模型的商业化能力从哪里来。"大模型"，虽然只有短短的三个字，但其背后是一系列技术的支撑和突破。这一章将聚焦影响大模型性能以及其与业务效益相关的多个重要技术。主要分为两类：第一类与大模型训练相关，第二类与应用开发相关。

训练出一个好的大模型，一般分三个阶段：预训练、有监督微调（SFT）、人类反馈强化学习（RLHF）。

用一个简单的例子来解释这个训练过程。假设要培养一个孩子学会写好作文，大概分为三步。第一，做大量的阅读和理解，这个阶段对应大模型的预训练。经过这个阶段的学习，大模型就能开始模仿人类语法，可以顺着话头往下说。就好像家里的 3 岁小孩背唐诗，我们说一句"锄禾日当午"，孩子就可以接下一句"汗滴禾下土"。大数据也需要有各种用来死记硬背的数据，例如唐诗、新闻、论文、代码库等，这个数量相当于数十万人一生的阅读量。更关键的是，这部分数据必须保证符合人类价值观，需要各种预处理。第二，看范文。这个阶段对应大模型的有监督微调。例如，重点学习 10 篇命题作文的范文后，就能体会到这类作文的基本套路，从而写出风格类似的文章。第三，强化训练。这个阶段对应大模型的人类反馈强化学习。写完作文后，由老师评分、指导，再改进、重新写，无限循环这个过程，直到能写好作文。

第二步和第三步合在一起也被称为"指令学习"。通过这个阶段，大模型就具备了与人类对齐的价值观，以及处理各类问题的能力。

在大模型进入产业的过程中，也需要有其他技术来应对一些特定需求或加速应用开发，例如大小专家模型混合、长上下文、检索增强、智能代理等。

如果你是非技术背景，在阅读本章时也不需要担心，本章并不会过多讨论技术细节，而是有的放矢，重点关注技术的背景、基本原理、技术特点以及带来的效果等内容。

这样的出发点，可以用电力应用来做类比。当电力时代来临时，各个企业、单位、家庭、个人等并不需要从电磁感应等原理开始了解电，而只需要了解如何安全高效地使用电力。

大模型时代也是如此。就大模型应用而言，并不需要人人成为大模型底层技术的专家。

本章主要回答一个问题：大模型靠什么能力为各行各业、多个场景的业务带来显著提升并展现商业价值？

第一节　预训练：工程化属性带来加速发展

如果关注国内外大模型发布会，会看到一个现象：各家大模型厂商都在宣传自家大模型的参数非常大，而且越来越大，从几百亿增加到了2 000亿、3 000亿等。同时，各家厂商也在强调其拥有的算力很大，从千卡集群不断增加到万卡集群，甚至具备10万卡集群能力。例如，2024年9月初，马斯克提到他们建设了10万卡集群，未来还会扩张到20万卡。这不会是个例，很快，就会有更多的10万卡集群出现。

如果你喜欢球类运动，应该会熟悉一句话——"大力出奇迹"，也就是用强大的力量来弥补技巧的不足，通过量的增加来激发质变。

在大模型的发展过程中，也出现了这个现象。这就是被广泛讨论的尺度定律（Scaling Laws），也称规模化法则，即模型的性能（例如准确率、损失等），与模型参数量、数据量和计算资源量三个因素之间存在关系。当增加模型参数量、数据量、计算资源量后，都可能会显著提升模型的性能（该性能呈现了跳跃性，且是小模型无法比拟的）。简单总结就是一种暴力美学，大算力、大参数、大数据带来大能力。

常说的尺度定律作用于大模型的第一个阶段——预训练。这是决定大模型基础能力的关键环节。因此，尺度定律也被称为大模型的"第一性原理"。它带来一个重要的产业启示：人工智能能力的提升，具备了工程化属性，也就是可以规模化、模块化、可复制、可预测地提升能力。更直白一些解释就是，规则下的投入，必有产出，而且投入越大，产出越多。这对于大模型和产业应用都非常重要。

一、第一性原理：尺度定律

在大模型训练的过程中，通常会有这么几类需求，例如，公司要提升人工智能能力，是不是只有改善算法这一条路可走？公司有10TB的数据量，需要多少算力，能训练多大规模的模型？公司有100张顶配显卡，可以用多大规模的数据、训练多大参数的模型才会让显卡资源物尽其用？公司计划把模型参数从10亿扩大到100亿，能带来多大效果的改善？

总之，大家关心的是模型的性能和数据量、算力、参数之间到底是什么关系，有什么规律。而这些问题的答案，在过去很长一段时间内，只能依靠资深研究员的经验来估算。但是，人工智能的从业者并不满足于此，在不断探索和总结下，终于迎来了尺度定律的发现。

首先，要明确一下，尺度定律并不是大模型特有的定律，而是一种数学表达，用来描述系统随着规模的变化而发生规律性变化的现象。这种规律变化，多数呈现幂律关系，也就是一个变量和另一个变量的幂具有比例关系，数学上关系一般表达为 $y=kx^a$。其中，k 为常数，a 为幂律指数。尺度定律广泛存在于物理学、生物学等学科内。

2020 年，OpenAI 的研究员发现大模型同样遵循着尺度定律，并在论文《神经语言模型的尺度定律》（Scaling Laws for Neural Language Models）中进行了详细描述，即代表模型性能的 L（交叉熵损失，越小越好）与模型参数量 N、数据量 D、计算资源量 C 这几个变量相关。

具体关系为，在 N、D、C 三个变量中，固定任意两个变量时（例如固定 N、D），模型的性能 L 则与剩下未固定的第三个变量（例如 C）呈幂律关系。也就是说，随着模型参数量变大，或数据量增加，或用于训练的计算资源量增加，模型损失 L 都会平稳下降（见图 2-1）。这也意味着，模型性能可以被预测了。

第一章已经对算力、数据、参数进行了解释，这里对参数再换个角度进行阐述。大模型的参数可以理解为各有用途的零部件，例如，权重，负责根据重要性区分信息，重要的信息、相关性高的信息就赋予高权重，从而提升大模型识别的准确性；偏置，帮助模型确定何时激活或抑制某些特征等。

通常而言，参数越多越复杂，大模型的性能就越强，这类似于零部件越多越精密一样。

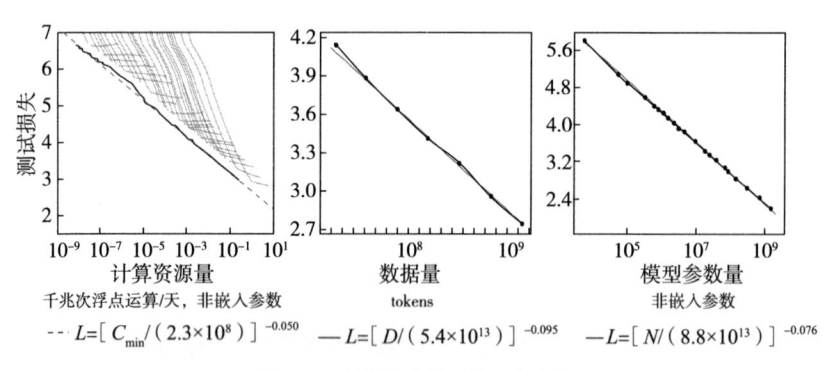

图 2-1　神经语言模型的尺度定律

$L=[C_{min}/(2.3\times 10^8)]^{-0.050}$　　$L=[D/(5.4\times 10^{13})]^{-0.095}$　　$L=[N/(8.8\times 10^{13})]^{-0.076}$

注：在人工智能领域，token 表示"词元"，指在自然语言处理过程中用来表示处理文本的最小单元或基本元素。

资料来源：Jared Kaplan, Sam McCandlish, Tom Henighan, et al., "Scaling Laws for Neural Language Models", 2020。

二、尺度定律的工程化属性

如果一项业务希望能够快速扩张，那么就需要具备工程化属性。例如，传统的中餐店很难做到大规模连锁，因为中餐品类丰富多样，菜品质量依赖炒菜大师傅的手艺，不容易复制。相比之下，西餐店就容易连锁，因为菜品较少，而且生产流程相对标准化。这些年，中餐领域的预制菜能够快速发展，也是因为实现了一定工程化的效果。

工程化没有清晰的定义，但整体而言，应该包括系统化的思维、模块化的设计、标准化的操作、可重复的过程、自动化的实施、规模化的应用。从效果来看，具备工程化属性，就具备了快速发展、成本下降的路径。而尺度定律的发现，则增强了人工智能的工程化属性，为人工智能的发展带来了新思路。

在过去较长一段时间内，学术界比较重视探索新算法、新模型结构来提升人工智能的能力。但是这条路的工程化属性并不强，原因有两个。第一，算法的改善探索具有一定随机性，与研发资源并不是线性关系。即使将研发人员扩充 10 倍，也并不意味着一定有新算法出现。第二，算法资源，也就是研发人员不是标准化的，每个人的能力不同，所以很难规模化复制。因此，在实践过程中，即使希望提升人工智能在业务中的"地位"，但对于如何增加算法研发资源，却是不容易决策的。

尺度定律引导了另一条路——通过提升参数、数据量、计算量来提升性能，从而大大增强了工程化属性。

第一，计算资源（中央处理单元、图形处理单元、张量处理单元等），以及数据等，都是标准化的，扩展性很强，部署方便，降本路径也清晰。

第二，计算资源、数据等因素和性能具备可以预测的关系。这就意味着，提升人工智能性能的决策会更加容易拍板和实现。例如，批量购买显卡提升算力、批量增加数据、不断扩充参数等方式，都可以提升性能。而且在大部分情况下，增加投入就一定会增加产出。

由此，大模型开启了性能"狂飙"之路。

三、尺度定律带来的实践效果

尺度定律揭示的幂律定律，不仅告诉我们大参数、大数据、大计算量可以提升性能，同时也告诉我们"大"是有限度的，随着规模的持续提升，性能的提升效果会逐渐减弱。这两个指引，在大模型实践中都得到了广泛应用。

第一，通过"堆料"的方式获得能力涌现。大模型在沿着提升参数、数据、计算量的路径研发中，实现了"大力出奇迹"，即模型在执行某些下游任务（例如推理、记忆、创作等场景）时性能出现了大幅度、跳跃式的提升，实现了从量变到质变，这正是前面章节提到的能力涌现。因此在商业上，可以通过加大资源配置获得更强的能力。

第二，引导企业优化资源配置。尺度定律可以帮助研究员、大模型用户在训练大模型时实现资源的最佳配置，达到计算效率最优。例如，根据幂律关系，绘制相应曲线，从而预估不同规模模型的性能，选择最优的模型规模。再如，在训练特定规模的模型时，可以根据尺度定律来估算需要多大规模的数据量。另外，提升大模型性能时，也可以估算模型规模和数据量，从而达到最佳效果，避免资源的浪费。

在算力资源配置方面，OpenAI、谷歌先后得到了一些数量关系。例如，OpenAI 认为，为了达到最佳性能，每增加 10 倍计算量，数据集要增加 1.86 倍，模型参数要增加 5.5 倍；谷歌则认为，数据集要增加3.16倍，模型参数也要增加相同的3.16倍。[①]但要注意，这里的倍数关系是基于论文中的数据集，在实际应用过程中，倍数关系根据数据集的不同、处理方法的不同而变化。

整体而言，借助于尺度定律，就可以回答我们在开篇中提到的关于资源配置、效果预测等方面的决策问题。因此，尺度定律迅速成了大模型设计和训练的重要工具。而参数大小、算力大小，也成为判断大模型能力强弱最直接的显性指标。

四、尺度定律的不足与展望

虽然尺度定律对大模型发展起到了非常重要的作用，但是这个定律也并非完美无瑕。主要问题有两点。

第一，尺度定律是对模型训练损失和参数规模、训练数据量之间函数关系的经验总结，不同数据集合或模型结构得到的函数关系会有差别。尤其是关于能力涌现的现象，研究员们虽然知道可以通过"堆料"来激发，但背后的机理是什么，目前仍不清楚。这就降低了人工智能的可解释性，也导致无法清晰认定涌现的安全范围。

第二，尺度定律仅在语言模型下被充分验证，而视觉等多模态场景，因为尚未有类似语言模型的下一个词预估（Next Token Prediction）的有效自回归机制，所以还没有对应场景的尺度定律分析。

[①] 资料来源：万俊，《大语言模型应用指南》，电子工业出版社，2024年。

因此，从人工智能的发展历史来看，当前的尺度定律并不是提升大模型性能的唯一路径。然而，这仍是一个重要的里程碑，也是最值得关注的变化。

对于业务实践而言，"堆料"的方式依然有效，优先选择参数大、算力足的大模型服务，是具有理论和实际支撑的决策。

尺度定律被誉为大模型的"第一性原理"，是在预训练阶段发现的规律。定义为：模型的性能（例如准确率、损失等），与模型参数量、数据量和计算资源量三个因素之间存在关系。当增加模型参数量、数据量、计算资源量后，都可能会显著提升模型的性能（该性能呈现了跳跃性，并且是小模型无法比拟的）。

模型参数，可以简单理解为各有用途的零部件。通常情况下，参数越大，意味着大模型越复杂，能力也越强。类似于机械设备中零部件越多就越精密。

尺度定律增强了人工智能的工程化属性，即系统化的思维、模块化的设计、标准化的操作、可重复的过程、自动化的实施、规模化的应用。例如，要提高大模型性能，可以通过批量购买显卡提升算力、批量增加数据、不断扩充参数等方式；而且大部分情况下，增加投入就一定会增加产出。

尺度定律对业务的启示是，当前阶段，通过增加模型参数量、数据量、计算资源量来提高大模型能力的方式，依然有效。

第二节　有监督微调：让大模型更好理解并执行实际的需求

也许你会有疑问：不同行业、不同领域、不同场景、不同任务下，对大模型的能力要求都不一样，大模型真的都可以胜任吗？如果采购大模型直接应用，会不会效果并不好？

有疑问是正常的，担忧也是对的。因为只经过预训练阶段的大模型虽然也有良好的通用能力，但从实践效果来看，在面对一些特定的下游任务或用户的定制需求时，大模型的表现依然不够好。正如前文所说，预训练后的大模型还需要"打磨"，进一步进行特定训练、参数改进，也就是有监督微调。

本节聚焦有监督微调，阐述大模型如何在不同领域也能胜任，且精准度大幅提升。这也是回应用户常关心的话题：如果不想自己开发大模型，但又觉得买来即用的大模型不够好用，那要怎么处理？

一、为什么需要微调

如果大模型仅仅经过预训练阶段，那么在日常业务使用场景中，时常会遇到三类约束状况，从而导致只经过预训练的大模型可用度降低。

第一，专业化要求高。例如，在医学、金融、法律等多个领域，都有特有的名词、特定的使用场景和目的，如果大模型只了解语言表层的含义，无法理解专业术语，那就不能深入理解人类的指令，自然也就无法满足用户的需求，并且和用户之间的交互质量也会降低，最终导致人工智能的使用场景受限，实用性大幅降低。因此，在这些对专业化要求高的领域，就需要对大模型再进行特定训练，也就是微调。

第二，合规性要求严。例如，在金融、法律、政务等领域，对数据有着严格的合规要求，在大模型使用过程中，要确保数据安全和隐私保护。这就产生了一个矛盾——要不要使用大模型？一方面，在上述领域，文本信息多，文本事务也多，非常适合大模型发挥作用，也可以显著提升效率。但另一方面，仅经过预训练的通用大模型，可能会因为缺乏上述领域的数据，使能力并不完全匹配。因此，这些特定领域在使用大模型时，需要符合合规要求，在数据安全的范围内对大模型进行微调。

第三，资源有限。每个领域、每家企业，都从零起步研发自己专属的大模型，可行性并不高。因为大部分企业并不具备自研的能力，而且成本会显著增加，也会造成资源浪费。同时，企业拥有的数据有限，大部分并不足以训练大模型。因此，可以让资源被充分利用且效果更好的方案就是，在大模型已有的数据基础上，再结合稀缺的特定数据进行微调训练。这种"先通用，再微调"的理念，在现实中很常见。例如，我们在装修房子时，通常也会有一个通用的设计，然后再根据个人喜好进行调整。

在上述场景中，需要进行的操作就是有监督微调：在预训练的基础上，根据有监督的数据集进行微调，学习特定任务的指令遵循能力。

所谓有监督，是和预训练的自监督相对应的。自监督的数据是利用互联网广泛存在的语言文本，根据前文预测下一个词来构成学习的样本。而有监督的数据，则是人工专家标注好的、结构化的、高质量且数量规模相对较小的数据集。

有监督微调，可以高效利用基础模型，节约从零训练的时间，减少计算资源，还可以在保持原有训练任务知识的基础上，提高特定任务、领域的性能，强化专业能力。简单来说，就是让预训练模型适应下游任务，而非下游任务适应模型。

二、微调怎么做

（一）微调的技术

微调是比较专业的技术，在实践过程中，微调的实施通常由客户或大模型服务商的开发人员协同进行。此处仅对技术原理进行阐述，以便于读者在后续业务中能够进行选择。

微调技术可以分为两类：全量参数微调和高效参数微调。全量参数微调，即对所有参数进行调整。高效参数微调，即将原参数全部冻结，增加网络结构和参数，微调仅更新新增参数部分（见图2-2）。[1]

---

[1] 资料来源：万俊，《大语言模型应用指南》，电子工业出版社，2024年。

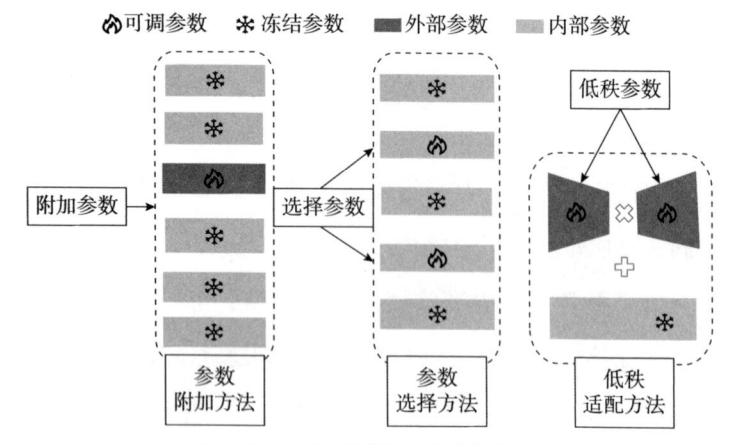

图 2-2　全量参数微调和高效参数微调

资料来源：CSDN。

通常情况下，全量参数微调的效果更好。但是，大模型的参数量巨大，进行全量调整既浪费资源，又未必需要。因此，在大模型时代，高效参数微调是目前采用的主要方法。其中，LoRA（大语言模型的低秩适应）又是最受欢迎的高效参数微调技术。

LoRA 的技术思路是，在固定模型的线性权重参数基础上，通过更新新增的很少量低秩矩阵参数实现对模型权重的微调。也就是说，不去直接改变大模型的参数，而是搞一个"外挂"，通过升级"外挂"，实现对大模型参数做修改的效果。

LoRA 提高了参数效率，节省了计算资源，也可以快速适应新任务，而且具有很好的灵活性。据 LoRA 论文报告的结果，在训练 GPT-3 175B 的实验中，通过 LoRA 微调需要的显存占用量为 350GB（吉字节），比全参数微调的 1.2TB 大幅降低，训练速度也提升了 25%。[①] 目前，业界不少应用场景都在基于 LoRA 持续迭代更先进的算法，实现更少资源、更好效果。

（二）微调的流程

微调以预训练大模型为基础，使用特定数据集对模型再次训练，通过反向传播算法调整模型参数，从而使预测输出和实际标注之间的差异达到最小化。实践流程包括多个步骤。

第一步，大模型使用者自行决策或和大模型服务商协同，明确微调的任务、领域、希望达到的目标等。

第二步，收集与特定任务或领域相关的数据集，并进行清洗、标注等处理工作，以提高微调数据的质量和多样性。微调数据质量的重要性远高于数量。

第三步，选择预训练模型，确定微调的参数，包括学习率、训练轮数等，开始模型微调训练。

第四步，评估微调后模型在特定领域任务的效果，如果效果不满足任务要求，则对训练数据或微调超参数进行调整重新训练，如此重复迭代直到模型效果满足任务需求。随后部署模型到应用中进一步验证效果。

[①] 资料来源：Edward J. Hu, Yelong Shen, Phillip Wallis, et al., "LoRA: Low-rank adaption of large language models", 2021。

三、微调的效果和收获

微调，可以带来多项改善。

第一，微调可以增强模型在特定场景、任务下的指令遵循能力。大模型在特定数据下进行训练，可以更好地捕捉特定场景下输入和输出之间的关系，准确遵循相关指令。比如，在医疗场景下进行微调，大模型就可以通过学习医学术语、病症描述等特定数据，从而更准确地回答医疗问题。在金融领域，经过微调的模型，可以理解杜邦分析、布莱克–斯科尔斯模型（简称BS模型）等金融指令。

第二，微调可以优化模型在特定场景中调用工具的效果，能准确把用户的需求翻译成对对应工具的调用指令。简单理解为，每种工具都有功能边界，微调之后，大模型就更了解工具能做什么、不能做什么。例如，在商业数据分析领域，如果用户给出"分析销售数据趋势，并预测未来一年销量"的指令，那么大模型需要优先调用分析工具，而不是可视化工具。

第三，微调可以调整模型输出的语言风格。例如，在角色扮演中，通过微调让人工智能更有特色，而不是机械的"AI味儿"，也可以创作各类平台所需的文案风格，提升营销效果。

第四，微调可以降低模型应用成本。微调不仅可以规避从零开发大模型的成本，而且在实践中可以发现，有时候通过对一些小参数的模型进行微调，也可以得到大参数模型的效果，采购成本反而更低。在实践过程中，基于百度轻量级大模型微调，效果可与旗舰级大模型持平,同时成本可降低 10 倍以上。

总结一下,有监督微调技术对于大模型落地实践非常重要。它既可以充分发挥大模型原有的能力,又可以针对用户所在的特定领域进行更有针对性的提升,开发更专属的能力。同时,也节省了前期大模型通用能力的开发成本,将资源花在特定领域的刀刃上。

更多实际的开发经验、案例,会在后文进行详细阐述。

仅经过预训练的大模型,在面对更丰富的下游场景、任务时,并不能完全匹配。因此,需要进行有监督微调。

有监督的数据,是人工专家标注好的、结构化的、高质量且数量规模相对较小的数据集。

微调技术可以分为两类:全量参数微调和高效参数微调。后者仅对部分参数进行调整,既节约资源,又提高效率,是目前实践中的主流方案。高效参数微调方案中,又以 LoRA 为主。

微调可以增强模型在特定场景、任务下的指令遵循能力;可以优化模型在特定场景中调用工具的效果,能准确把用户的需求翻译成对对应工具的调用指令;可以调整模型输出的语言风格;可以降低模型应用成本。

第三节 人类反馈强化学习:对齐人类价值观

经过微调的大模型,虽然能力已经得到提升,但在现实使用中依然有一些障碍。例如"三观不正"，输出一些看似逻辑正确，但和人类道德、伦理、法律、价值观相违背的信息。如果发生这些情况，对于企业而言，可能就是重大负面要素。

再如"无法定义"，人类对很多任务的结果容易判断，却不能精确描述得到结果的过程。生活中常见的例子是骑自行车，人类能很快学会骑自行车，但很难用语言描述是怎么学会的。例如，在大语言模型生成内容的情况下，判断一段信息是否幽默、生动，人是容易分辨的，但很难通过语言描述怎么生成幽默生动的内容。这就需要新的模型对齐训练技术，通过给模型结果的反馈，来激发模型自己找到生成符合人类价值观和需求的内容的方法。

那么，如何确保大模型的输出符合人类偏好、价值观呢？这时就需要在微调之后增加一个重要的处理环节——对齐。

为了实现对齐，常用的技术是人类反馈强化学习，这是一种微调大模型使其回答更符合用户偏好的训练方式，可以高效地修正模型回答风格和安全性，让企业应用大模型时更安心、更放心。

一、用奖励驱动算法寻找最优策略

（一）强化学习的理念

人类反馈强化学习，这个名称其实是一个组合，即"人类反馈+强化学习"。

先来了解强化学习。强化学习的起源可以追溯到20世纪50年代，当时的研究人员就通过观察动物学习、条件反射等方式来实现人工智能。著名书籍《强化学习导论》（*Reinforcement Learning: An Introduction*）的出版，为强化学习奠定了理论基础。

强化学习的核心思想是，让模型通过观察环境的状态选择行动，并接收环境返回的奖励信号，从而通过试错学习找到一种最优策略，使累积奖励最大化。

这个过程和动物园训练动物非常类似。也许动物并不明白为什么驯养员做出指令A时自己就要做动作A，但是当它发现做出动作A之后，马上就可以获得美味的食物，而做出动作B后却一无所有，那么动物很快就会明白其中的对应关系。指令A对应动作A，指令B对应动作B，以此类推。最终看上去，就是动物学会了许多在人类看来具有智能的动作，例如投篮球、鼓掌、骑自行车等。

这里要再解释一下"奖励"。动物获得奖励的途径是驯养员给予食物，而模型获得奖励的途径则是由另一个算法给出回应。在实践过程中，研究人员会再构建一个奖励模型，奖励模型通常是一个机器学习模型，如深度神经网络等，它能够根据模型的行为或输出，生成相应的奖励信号。模型根据奖励信号再不断更新自己的策略。训练的目的，就是让模型可以最大化获得奖励值。[1]

---

[1] 资料来源：张奇、桂韬、郑锐、黄萱菁，《大规模语言模型》，电子工业出版社，2024年。

用一句话总结就是，让奖励模型训练大模型。显而易见，像动物驯养员一样起到训练作用的奖励模型非常关键，要能够正确地、精准地、高效地给出判断。

（二）强化学习的优劣

强化学习有三个优点。第一，可以自适应学习，从而确保模型在动态变化的环境中也能做出高质量决策。简单地说就是，可以做到随机应变。第二，不需要大量的标注数据或明确的监督信号，仅需要定义好目标和环境交互的接口，就可以在未知的环境中探索和学习。简单说就是，可以做到高效自习。第三，可以学习复杂策略，而且可以在多个时间步骤上做出序列决策，并且考虑到该决策的长期效果。简单说就是，可以做到排兵布阵、从长计议。

这些优点促进了强化学习人工智能在游戏、自动驾驶等场景下的表现。例如，在游戏领域，通过强化学习训练后的人工智能在《刀塔2》（一款复杂的策略竞技游戏）"5对5模式"中战胜了人类玩家，在射击游戏《雷神之锤Ⅲ》（玩家需要合作，通过射击对方、抢夺旗帜来获胜，而地图是随机生成的，且玩法多样，包括防守、偷袭等）中，人工智能也比人类更加高效，一些策略成功率也更高，而且善于合作。

但是，强化学习也面临着一些挑战。

首先，构建奖励函数并不容易。现实场景中的一些任务，奖励信号非常不明确，导致模型无法学习，例如在判断是否幽默、是否有价值等任务中，目标无法清晰定义。

其次，构建奖励函数有时也容易出错，而一旦错了就会影响效果。例如，为学生学习知识构建一个奖励函数，如果以安静地学习作为奖励，那么学生就会放弃提问的机会，即使遇到不懂的知识也保持安静，这就偏离了学习的目标。模型在训练时也会遇到类似的情况。

最后，模型可能会为了实现奖励最大化而采取一些危险或者不道德、不符合预期的行为。[1]例如，学生上课是为了获得知识，但是如果奖励函数为得到高分可以获得奖励，那么学生就有可能为了获得高分而作弊，这就偏离了教育的初衷。[2]

因此，为了解决上述强化学习面临的挑战，研究人员引入了人类反馈，也就是在算法训练师之外，再找一个人类高级训练师。

（三）人类反馈

既然问题出在奖励模型，那么人类反馈就是对症下药，通过人类主动评价来辅助或替代传统的奖励模型。

---

[1] 资料来源：Gabriel Dulac-Arnold, Nir Levine, Daniel J. Mankowitz, et al., "Challenges of real-world reinforcement learning: definitions, benchmarks and analysis", 2021。
[2] 资料来源：《离职OpenAI后Lilian Weng博客首发！深扒RL训练漏洞，业内狂赞》，新智元，2024年12月6日。

人类反馈有多种形式。一是专家示范，即通过展示理想行为，帮助模型理解正确决策。二是评价性反馈，对模型的行为或输出，直接给出好或坏的评价，直接用作奖励信号。三是纠正性反馈，即在训练过程中提供反馈，帮助模型从错误中学习。四是指导性反馈，给出具体的指导或指令，告诉模型下一步应该采取什么行动或如何实现某个目标。五是隐式反馈，即通过观察人类的行为或反应，例如点击、停留时间或身体语言等，间接推断出的反馈等。

引入人类反馈也带来了性能提升。第一，可以为大模型引入明确的价值判断标准，提供价值导向。第二，可以通过人类干预加快学习进程，尽快找到最优策略，节省时间和资源。第三，可以提高大模型的可解释性，从而提升大模型的可信任度。例如，在医疗诊断领域，这个提升就非常关键。第四，可以根据不同偏好，提供个性化服务。

二、三个核心步骤

人类反馈强化学习，以有监督微调后的大模型为起点，可以分为三个核心步骤：反馈收集、奖励模型训练、策略优化。

（一）反馈收集

在人工智能做出决策后，让人类评估人工智能的决策并提供各种反馈。

收集反馈的方式有多种，包括：用户界面评价，即通过用户界面，直接让人类对模型的行为进行评价；参与式反馈，即人类直接参与模型的决策过程，提供即时反馈；问卷调查和在线评价，通过这些方式收集广泛的人类反馈数据。

在收集反馈数据时，要注意保障数据的代表性和多样性。因此，可以有多样化的参与者、多样化的任务，并采用随机抽样、分层抽样等维度。

（二）奖励模型训练

在获得人类反馈后，接着对奖励模型进行训练。这个步骤的目的是，让奖励模型能够更加像人一样做出评价，从而更好地训练模型。

（三）策略优化

根据更新后的奖励模型来优化模型，这个思路就是"策略优化"。不同的策略带来不同的效果。仍然以训练动物为例，是一个动作连续训练几十次，还是一组动作交叉训练？是从最简单的动作开始训练，还是直接训练最出彩的动作？做出不同的选择，就会有不同的训练效果。

模型的训练也类似，如何针对奖励模型的变化进行迭代，也有不同的策略。

常用的优化策略是PPO（近端策略优化）算法。[1]本书不对技术进行详细论述，仅阐述该算法的原理和优点。

PPO算法的核心优点是步步为营、奖励最优。它使用了一个目标函数，其中包含概率比率，也就是旧策略和新策略产生动作概率的比值。这个比率被限制在一个范围内，从而可以使策略变化更平稳、学习过程更稳定。

同时，PPO算法又允许对同一样本进行多次更新、尝试。每次策略更新后，PPO算法会比较新策略和旧策略之间的差异，如果分数更高，就保留变化；如果分数更低，就会找出原因，给出改进思路。简单说就是，奖励表现最好的。

如果以学习做菜为例，PPO算法意味着厨师可以用一批同样的食材，从最初的食谱开始，进行多次尝试，直到做出最美味的饭菜。每次尝试时，只允许将旧菜谱的做法变化一小部分，看看效果，再变化一部分，再次试错看效果。如此往复，直到找到最美味的做法。

PPO算法可以高效利用样本数据，迭代也较为稳定。但PPO算法也有缺点，比较显著的劣势是训练过程对资源要求高，生成人类反馈信息、训练奖励模型的成本会比较高。

---

[1] 资料来源：John Schulman, Filip Wolski, Prafulla Dhariwal, et al., "Proximal Policy Optimization Algorithms", 2017。

三、省去奖励模型直接训练

DPO（直接偏好优化）算法，是目前比较新的探索，其核心思想是省略奖励模型，不再需要像PPO算法那样先用人类反馈数据来训练奖励模型，也不再需要用奖励模型训练，而是直接用反馈数据来优化模型。[1]

DPO算法主要有两个步骤：收集反馈、基于反馈进行模型优化。显而易见，DPO算法省去了一个步骤，复杂度降低，也降低了所需资源和时间。其缺点是对于反馈数据要求高，尤其在复杂的环境任务中，要获取足够高质量的数据来确定人类偏好，成本还是比较高的。

整体而言，除了PPO、DPO之外，研究人员也在探索其他算法，例如TDPO（token级直接偏好优化）、ORPO（最优奖励代理优化）等。对于读者而言就是，在让大模型对齐人类价值观的方向上，技术也在不断进步，朝着提高效率、减少资源的方向越来越好。

四、对齐后的效果

引入人类反馈强化学习后，大模型的能力得到提升，包括四个方面。第一，翔实的回应。通常各类大模型的回应会比较冗

---

[1] 资料来源：Rafael Rafailov, Archit Sharma, Eric Mitchell, et al., "Direct Preference Optimization: Your Language Model is Secretly a Reward Model", 2023。

长,这是人类反馈强化学习的直接产物。第二,公正的回应。即大模型给出较为均衡的回答。第三,拒绝不当问题。针对不符合人类价值观或者法律法规的问题,抑或是有意引导大模型给出违规答案的问题,引入人类反馈强化学习后,大模型会直接拒绝回答,避免"踩坑"。第四,拒绝其知识范围以外的问题。人类反馈强化学习技术使大模型能够隐式地区分哪些问题在其知识范围内、哪些问题不在其知识范围内。[①] 这在实际应用过程中也非常重要。

经过了预训练、有监督微调、人类反馈强化学习后的大模型,基本就完成了训练阶段,可以进入生产场景。

人类反馈强化学习是一个组合,即"人类反馈 + 强化学习"。

强化学习的核心思想是,让模型(人工智能程序及其载体)在环境中执行动作并接受奖励,再根据奖励状况进行学习、提高。

奖励模型通常是一个机器学习模型,如深度神经网络等,它能够根据模型的行为或输出,生成相应的奖励信号。模型根据奖励信号再不断更新自己的策略。

人类反馈强化学习可以分为三个核心步骤:反馈收集、奖励模型训练、策略优化。

[①] 资料来源:符尧、彭昊、图沙尔·霍特,《拆解追溯 ChatGPT 各项能力的起源》。

> PPO是常用的策略优化算法，核心优点是步步为营、奖励最优。它使用了一个目标函数，其中包含概率比率，也就是旧策略和新策略产生动作概率的比值。这个比率被限制在一个范围内，从而可以使策略变化更平稳、学习过程更稳定。
>
> DPO算法是目前比较新的探索，其核心思想是省略奖励模型，不再需要像PPO算法那样先用人类反馈数据来训练奖励模型，也不再需要用奖励模型训练模型，而是直接用反馈数据来优化模型。

第四节　检索增强生成：发挥企业专有数据的优势

就像需要外部专家协助大模型一样，大模型所能覆盖的知识也并不是完备的。因此，有两种情况发生：一种情况是，大模型的回答看似逻辑、语法正确，但实际内容是错误的、与事实不符的，也就是说出现了幻觉；另一种情况是，需要用到的数据有一定的私密性，无法从公域获得，例如企业内部的知识文档等。

在实际业务中，要想把大模型用到业务流里，大模型必须"懂业务"。让大模型快速"懂业务"的一个方式就是检索增强生成技术，也就是把海量的企业数据和行业知识做成"外挂"知识库，给到大模型。

一、时效、专业与安全

检索增强生成技术，也就是 RAG 技术比较"年轻"，在 2020 年被正式提出，发展迅速。RAG 结合了检索和生成的过程，是一种使用外部数据源的信息辅助文本生成技术。

RAG 首先会对用户输入的问题进行分析理解，并根据问题检索出相关信息，然后把检索到的信息和用户原有问题合并为提示，再让大模型从包含外部信息的提示中学习知识并生成答案。也就是把海量的企业数据和行业知识做成"外挂"知识库，给到大模型。

研究人员最初对 RAG 的研究方向是如何通过预训练模型、注入额外知识来增强语言模型的能力。如今，研究人员也在聚焦融合 RAG 和微调策略，持续优化预训练。最终目的都是提高机器生成文本的相关性、准确性和多样性。

使用 RAG 技术可以带来三个方面的改善。[1]

第一，提高时效性。大模型预训练需要时间，训练结束后，我们调用大模型的时间和大模型训练所用的数据之间就会存在时间差，导致有可能缺乏对近期事件的了解。例如，在训练期间有新的知识和信息产生，这些知识和信息就无法被大模型利用并学习，那么当询问关于这些新的知识和信息的内容时，答案就会存在滞后的情况。例如，向大模型询问 2024 年奥运会比赛中一些

---

[1] 资料来源：Yunfan Gao, Yun Xiong, Xinyu Gao, et al., "Retrieval-Augmented Generation for Large Language Models: A Survey", 2023。

运动员获奖的信息时,如果大模型训练的时候还没有这些信息,它的回答肯定是不能令用户满意的。因此,就需要有检索环节,将检索到的最新信息一并输入给大模型。

第二,提高专业性。在许多场景下,有不少专业数据是无法公开获得的,例如企业内部知识库等,但这些场景又需要用大模型来提高工作效率,这时候,也需要用 RAG 技术将大模型和企业内部知识进行结合。

第三,确保安全性。由于大模型存在幻觉状况,但许多领域对信息的准确性、安全性要求很高,例如在新闻领域,大模型可以不回答,但是不能胡扯。而通过 RAG 技术,可以将大模型的信息来源限定为企业指定的数据库,从而实现数据库之外的提问一概不回答;数据库之内,发挥大模型信息检索、理解、生成等能力。最终,让用户安心、放心地使用大模型。

百度推出的企业级 RAG 技术,通过与百度云资源打通,可以支持无限容量的知识库存储和检索。在速度上,能做到 1.5 秒内输出答案。RAG 技术全部关键环节,包括解析、切片、向量化、召回、排序等,都可调、可配。企业可以灵活配置最适合自己业务的方案,也提供了企业级的安全性和稳定性。

二、核心部件

一个典型的使用 RAG 技术回答的场景如图 2-3 所示。

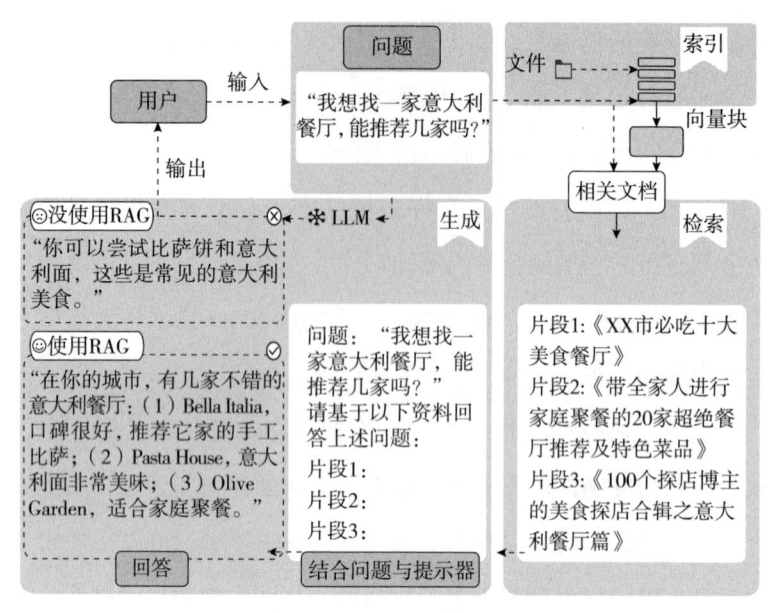

图 2-3 RAG 技术回答场景示意图

假设有一个需求：求助于智能助手，场景为查询餐厅推荐，用户的问题是："我想找一家意大利餐厅，能推荐几家吗？"

在智能助手不使用 RAG 技术的情况下，它的回答可能是基于内部知识或固定的数据库："你可以尝试比萨饼和意大利面，这些是常见的意大利美食。"

优点是回答速度快，但缺点是信息不够具体，无法提供实际的餐厅推荐。

在智能助手使用了 RAG 技术后，它会先从外部数据库中检索相关信息，然后生成回答："在你的城市，有几家不错的意大利餐厅：（1）Bella Italia，口碑很好，推荐它家的手工比萨；（2）Pasta House，意大利面非常美味；（3）Olive Garden，适合家庭聚餐。"

这个回复的优点是，提供具体的餐厅名称，推荐信息更实用，回答更个性化，直接满足用户的需求。缺点是可能需要更多的计算资源和时间来检索信息。

其中，包括多个核心部件和重要流程。RAG 有四个核心部件：向量数据库（Vector Database）、查询检索（Retriever）、重新排序（Re-ranking）、生成回答（Generator）。[1]

（一）向量数据库

向量数据库是技术关键。数据库可以理解为数据的仓库。就像仓库里货物摆放方式的不同，会导致可摆放的数量不同、仓库管理效率不同，数据库对数据的存储格式不同、处理方式不同，也会对大模型的效率和能力产生影响。

传统的关系型数据库，是根据数据之间的关联以表格形式（行与列）存储数据，适用于处理结构化数据。关系型数据库比较常见，在电商、银行系统、教育、医疗等领域都被广泛使用。例如，教育领域存储个人信息数据，按照姓名、年龄、出生地、户口所在地、所在学校、班级等一一对应。再如，银行数据，按照账号、姓名、开户行、金额、交易信息等对应处理。关系型数据库可以提供高效的关系查询、分析等功能。

---

[1] 资料来源：Wayne Xin Zhao, Jing Liu, Ruiyang Ren, et al., "Dense Text Retrieval based on Pretrained Language Models: A Survey"，2022。

向量数据库是专门设计用来高效存储和检索向量数据的数据库系统，这种数据库以向量作为基本数据类型，并利用向量的数学特性来实现存储、索引、查询和计算，聚焦的是信息之间的距离计算、相似性搜索。

百度自研的向量数据库 VectorDB，支持百亿级向量规模，在海量数据规模下有很强的检索能力，支持主流大模型框架集成开发。检索场景包括标量检索、全文检索、向量检索、混合检索和重新排序等。在资源开销方面，与主流产品相比，也实现了下降，单分片索引内存节省 40%，内存利用率提升了 2.35 倍。

（二）查询检索

查询检索也可以称为"检索器"。这一环节的主要目的是，将用户的问题或查询转化为向量形式，并在向量数据库中搜索与之语义相似的知识文本或历史对话记录。

（三）重新排序

重新排序也可以称为"重排器"。在 RAG 的原始方法中，检索阶段可能会检索到大量的上下文信息，但并非所有这些信息都与用户的问题紧密相关。重新排序技术的目的是，对这些检索到的上下文进行重新排列和筛选，通过 Top-K（取最相关的前 K 名）等规则，将最相关、最重要的信息置于前列，从而帮助语言模型在生成回答时优先考虑这些高质量的信息。

(四) 生成回答

生成回答也可以称为"生成器"。这是负责将检索到的信息生成最终文本输出的组件,它利用这些检索到的信息,来构建回答或完成特定的文本生成任务。

三、基本流程

RAG 可以分为五个基本流程:知识文档的准备,嵌入模型,形成向量数据库,查询检索,生成回答。后面三个步骤在前文核心部件部分已经进行了介绍,下面主要介绍前两个基本流程。

(一) 知识文档的准备

知识文档的准备是 RAG 流程的起点。涉及收集和准备模型可能需要的所有知识源,包括 Word(文字处理器应用程序)文档、txt(文本文档)、CSV(逗号分隔值)数据表、Excel(电子表格软件)表格,甚至是 PDF(可移植文件格式)、图片和视频等。处理的流程如下:第一,文本转换,使用专门的文档加载器(例如 PDF 提取器)或多模态模型[如 OCR(光学字符识别)技术],将丰富的知识源转换为大模型可以理解的纯文本数据;

第二，数据清洗，提高数据质量，便于大模型使用；第三，文档切片，考虑到大模型对长文档的处理能力较短文档有下降，以及长文档自身的长结构也不如短结构更便于信息检索等，因此，还需要对知识文档进行重要的处理。文档切片就是将长文档分割成多个文本块，以便于高效处理和检索信息。

（二）嵌入模型

嵌入模型的主要作用是将文本、单词、短语或其他类型的数据转换为数值向量的形式。这些向量能够捕捉原始数据的特征、语义和上下文信息。语义相似度高的文本等数据，向量距离也更近。同时，嵌入模型通过降维技术将数据转换到低维空间，生成的密集向量可以更好地表达语义的关系，同时可以更高效地进行文本相似度计算和语义搜索。

随后形成向量数据库，再进行查询检索，最后生成回答。

四、应用场景

RAG广泛应用于对话、文本生成等任务，包含这些任务的商业场景如下。

智能客服系统，RAG可以从企业的知识库中检索相关信息，生成更精准的解答。在法律、金融、医疗等专业领域，RAG可以结合这些领域的知识库，提供更佳的咨询建议。

新闻机构的媒资管理，RAG可以将机构多年的数据进行高效整理，并确保大模型严格遵循数据库进行回答，生成高质量的报道，确保不生成错误、虚假、有害的信息。

在在线教育领域，RAG可以根据学习者的进度和需求，生成个性化的学习材料，包括试题回答、练习题生成等。

在文本摘要领域，RAG可以从海量文档里检索相关信息，生成高质量、简洁的摘要。

总结而言，如果业务场景是数据不断动态更新的环境，或者数据具有私密性、非公域性，抑或是业务场景具有很强的专业性，那么使用RAG技术辅助大模型落地，会具有良好的可行性和经济性，而且企业部署、使用RAG技术也会越来越方便。

关于RAG技术的开发与案例，我们会在后文进行更详细的介绍。

RAG结合了检索和生成的过程，是一种使用外部数据源的信息辅助文本生成技术。它首先会对用户输入的问题进行分析理解，并根据问题检索出相关信息，然后把检索到的信息和用户原有问题合并为提示，再让大模型从包含外部信息的提示中学习知识并生成答案。

RAG有四个核心部件：向量数据库、查询检索、重新排序、生成回答。

传统的关系型数据库，是根据数据之间的关联以表格形式（行与列）存储数据，适用于处理结构化数据。向量数据

> 库是专门设计用来高效存储和检索向量数据的数据库系统，这种数据库以向量作为基本数据类型，并利用向量的数学特性来实现存储、索引、查询和计算。

第五节 智能体：用"超级管家"为业务提效

在电影《钢铁侠》中，钢铁侠有一个名叫"贾维斯"（J. A. R. V. I. S.）的全能人工智能管家，只用语音对话就能自主解决众多难题。贾维斯的全称是"Just A Rather Very Intelligent System"（只是一个相当聪明的智能系统）。虽然用的是"Just"（只是）这样轻描淡写的词，但实际上要实现这个效果是非常具有挑战性的。然而，人工智能的研究人员并没有放弃，一直在探索，而且也有了一定的成果。例如，在大模型浪潮里，智能体就在扮演大模型和现实世界的连接者这一角色，通过高效的自主决策，努力成为一位为用户服务的超级管家。李彦宏在多个场合表示，智能体是人工智能时代的网站，是目前最能激发大模型潜力的应用方向。2024年5月，OpenAI的首席执行官萨姆·奥尔特曼在麻省理工学院参加活动时提出，智能体将是人工智能的杀手级应用。[1] 2024年11月，黄仁勋在英伟达AI峰会上表示，未来有两种类型的人工智能会非常受欢迎：数字人工智能工作者

---

[1] 资料来源：《奥尔特曼承认了神秘gpt2！哈佛MIT巡演继续，斯坦福演讲完整版公开》，量子位，2024年5月4日。

（智能体）和物理人工智能（机器人技术）。吴恩达在参加2024年Snowflake（互联网服务和基础设施公司）峰会开发者日时也表示，智能体工作流将在2024年推动人工智能取得巨大进步，甚至可能超过下一代基础模型。[1]

被如此多大咖看好的智能体到底怎么样，将带来什么影响呢？下文会对此问题进行详细阐述。

一、自主决策、自主执行

当我们跟大模型互动、向大模型发布指令时，例如"请帮我设定闹钟"，我们希望得到的不是大模型详细地解释闹钟是什么，或者回复设定闹钟的几个步骤，而是希望它真的去做，希望它能代替人类完成闹钟设定。这就是智能体的需求来源。

那么，如何定义智能体呢？1986年，美国人工智能研究学者马文·明斯基出版了一本书，名字是《心智社会》。在这本书中，他探讨了人类思维是如何产生的。他认为，人类思维是通过许多较小的、具有专门功能的智能体的相互作用而产生的，智能的本质就是在许多有着各异能力的智能体之间进行受管理的互动。

这可以算是第一次科学意义上对智能体的定义。根据明斯基的看法，这些智能体可以是简单的计算模型，它们能够处理特定的任务或信息，并且可以交互，有时甚至是相互竞争。智能体

---

[1] 资料来源：《从刚得诺奖的杰弗里·辛顿到AI Agent｜人工智能的过去和未来》，"复旦管院高层管理教育"公众号，2024年10月18日。

既可以相互独立，也能够协同工作，从而形成一个复杂的系统，产生智能行为。

明斯基的理论，打破了传统上认为智能是单一、集中过程的观念，而是强调智能的分布式和协同性，并为人工智能智能体的构建提供了参照理论。

人类与人工智能协同的模式可以分为三种（见图2-4）。

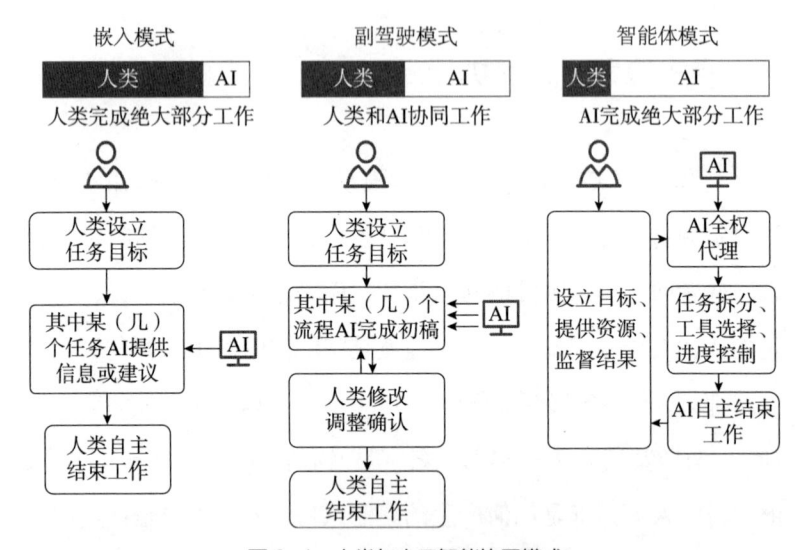

图2-4　人类与人工智能协同模式

资料来源：Vion Williams，《AI智能体与人类的未来协作方式、合作组织与生产空间（万字长文）》。

第一种是嵌入模式，即以人类为主完成绝大部分工作，人工智能只是在某（几）个任务中提供信息或建议，人类自主结束工作。在这种模式下，人工智能更像一个工具。

第二种是副驾驶模式，即人类和人工智能协同工作。人工智能会参与更多流程,然后经人类修改确认后,人类自主结束工作。在这种模式下,人工智能更像一个同事。

第三种是智能体模式,即人工智能完成绝大部分工作,人类只需要设定目标、监督即可。人工智能会根据目标,做出任务拆分、工具选择、进度控制等行为,并且最终由人工智能自主结束工作。在这种模式下,人工智能更像一个管家。

从这个分类就可以看出,智能体能够自主理解、规划决策、执行复杂任务。它接到一个任务后,会进行自主思考、任务拆分、方案规划,并调用工具,全程自动完成任务,具有积极性、反应性、自主性和社交能力。

积极性意味着智能体不仅告诉用户"如何做",它更愿意去做。反应性意味着智能体能够快速对环境变化做出反应。自主性意味着能够自主地去完成这些任务,无须持续的外部控制或干预。社交能力意味着智能体可以和人类、其他智能体等进行交互、协作。

一句话总结就是,智能体技术提升了人工智能的自主行动力,使人工智能越来越像人。

二、智能体和大模型的关系

智能体是目前最能激发大模型潜力的应用方向。

大模型与人类之间的交互是基于提示词(Prompt)实现的,用户的提示词是否清晰、明确,会影响大模型回答的效果。而需要智能体工作时，仅需给定一个目标，智能体就能够针对目标独立思考并做出行动。大模型时代的智能体，意味着是基于大模型技术的代理，是大模型技术落地的理想形态。

实际上，构建智能体并不是大模型时代才有的想法，在此之前研发人员便进行了尝试。例如，在发展强化学习的过程中就引入了智能体，通过引入奖惩机制，智能体可以通过反复尝试和学习做出最佳的决策。基于这个思路，也就有了 AlphaGo 的诞生，以及在围棋界战胜顶级人类玩家的战绩。然而，受限于算法、算力、数据等资源，当时的智能体并不具备很强的通用性。而大模型技术则使智能体可以更泛化，更适合复杂场景。

三、智能体的演进

斯图尔特·罗素和彼得·诺维格所著的《人工智能：现代方法》一书表示，根据感知的智能和能力程度的不同，智能体被分为五类。

一是简单反射智能体。这类智能体的决策过程仅依赖于当前感知到的环境状态，不会考虑过去的信息或未来的状态。它们对环境的感知和行动选择是直接映射的，没有内部状态或记忆，也不涉及复杂的决策过程。例如避障机器人，当检测到障碍物后，就会立即停止或转向。

二是模型驱动的智能体。这类智能体会维护一个关于环境状态的内部模型，并基于这个模型来改进决策过程。决策时，会考虑当前感知和内部模型,以做出最佳决策。例如一些智能导航,可以根据当前路况和内置地图规划路线。

三是基于目标的智能体。这类智能体会设定一个或多个目标,并根据目标做出决策。它们会评估不同行动方案对实现目标的潜在贡献,并选择最佳可行方案。例如扫地机器人,可以根据目标位置规划最优路径,确保把地面清理干净。

四是基于效用的智能体。这类智能体不仅关注目标的实现,还能评估不同行为对实现目标的效用或价值。评估每个行动的后果后,选择预期效用最大的行动。理想的家庭智能助手就应该如此,例如当观测到用户情绪需要提升时,可以在调节灯光、播放音乐、烹饪美食、预备睡眠等行为中选择最有效的一项。

五是学习智能体。这类智能体具备从经验中学习的能力,会根据历史交互来改进其行为。它会使用各种机器学习算法来调整行为策略,以更好地适应环境。例如,AlphaGo就是如此,通过大量对弈学习棋局策略和规则,并在比赛中不断优化自己的决策。

如果按照这个分类,那么当前的智能体则是基于大模型的智能体。这类智能体可以充分发挥大模型的泛化能力,适合复杂环境。而且,随着大模型能力的提升,智能体的能力也会得到提升。

四、智能体的四大核心模块

关于智能体的架构并没有统一的划分,从工程实现上,除了大模型基础，通常可以再划分出四大核心模块，分别是规划、记忆、工具、行动，即"智能体＝大模型＋规划＋记忆＋工具＋行动"，其中大模型扮演了智能体"大脑"的角色，在这个系统中提供推理、规划等能力。[①]智能体整体架构如图2-5所示。

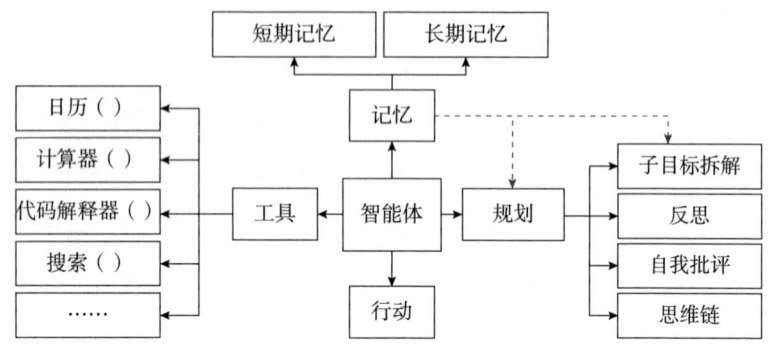

图 2-5 智能体整体架构

（一）规划

规划主要包括子目标拆解、反思与自我批评、思维链。

子目标拆解，是将一个复杂任务拆解成一系列更小、更易于管理和解决的子目标的过程。可以确定任务中的关键目标，将任务拆解为顺序步骤、并行任务、子任务等类型，确定优先级之后进行资源分配。这种"一步一步"的方式，非常符合人类思维方式，从而确保智能体可以处理复杂任务、复杂场景。

反思与自我批评，是智能体在执行任务的过程中，对自己

[①] 资料来源：Lilian Weng, "LLM Powered Autonomous Agents", 2023.

的行为、决策和结果进行评估，并根据评估结果进行调整和优化的能力。简单来说，就是持续学习，从错误中成长。这对于提高智能体的智能水平和适应性非常重要。

思维链，迫使大模型将推理过程划分为中间步骤，展示其思考过程。

（二）记忆

记忆可以分为短期记忆和长期记忆。其中，短期记忆是指在处理当前任务或与用户交互时，存储和处理临时性信息的能力，可以来自用户输入的提示，或者大模型上下文能力。短期记忆容量相对有限，通常用于理解用户意图、生成回答、任务状态跟踪等场景。

长期记忆是长期存储和处理持久性信息的能力，可以来自用户的历史数据、知识库、模型参数等。长期记忆通常通过利用外部的向量存储和快速检索来存储和召回信息，可以用于个性化服务、智能推荐等场景。

（三）工具

工具模块指的是智能体为了完成任务或达成目标，所能够使用的外部资源、API（应用程序接口）、数据集、硬件接口或软件组件。这些工具扩展了智能体的能力，使其能够执行原本不可能完成或不高效的任务。

工具类型丰富，包括信息检索、通信、可视化、自动化等，例如日历、计算器、代码解释器、搜索等。工具模块可以提升智能体的能力扩展性。

（四）行动

依靠规划、记忆、工具等模块，智能体决策出最终需要执行的动作是什么，并通过连接到智能体的执行器（如显示屏、机械臂等）进行输出。

五、工作流程

从智能体的工作流程来看，可以简单地划分为三个步骤：感知、规划、执行。

（一）感知

感知是智能体智能化和自主性的基础，也是智能体与外部环境交互的第一步。它通过传感器、摄像头、麦克风等设备收集外部信息，包括文本数据、声音、视觉图像等。这些信息随后被转换为计算机可处理的数据格式。

感知能力突破了大模型的文本限制，从而使智能体能够像人类一样感知世界，实时获取环境状态，为后续的分析和决策提供基础数据。

（二）规划

在获取到感知数据后，智能体会利用大模型等技术对这些数据进行分析，包括特征提取、模式识别等过程。通过分析数据、提取有价值的信息，从而识别环境的模式，发现数据背后的规律和趋势，并据此进行进一步推理和判断。

在分析感知数据后，智能体会利用规划和推理等技术来制定决策。规划技术能够将复杂任务拆解成多个子任务，并定义好这些子任务之间的逻辑关系。推理技术则帮助智能体根据已有知识和当前情况推导出最合适的行动方案。

规划是智能体的核心，也是自主性和灵活性的体现，决定了行动的效率和效果，是实现目标和任务的关键步骤。

（三）执行

在制定了决策方案后，接着就是通过行动模块将决策转化为实际行动。行动模块负责调用各种外部工具（如 API、数据库等）和内部资源（如处理器、内存等），以实现决策方案中的具体动作。执行对智能体实现其价值至关重要。

六、智能体的应用展望

智能体被誉为大模型时代最佳的落地方式，适用范围广，特别是在需要自动化、智能化处理任务的场景中，可以发挥显著效果，包括金融、在线教育、智能客服、政务、IT（信息技术）等。

例如，用户有一个需求，希望大模型制定一个国庆节去山西旅游三天两晚的计划，路线参考游戏《黑神话：悟空》中涉及的山西景点。用户希望住在品质好且性价比高的酒店，好评优先，价格在 500 元以内，而且用户希望自驾。

用户通常会怎么做呢？先用百度 App 查一下山西涉及《黑神话：悟空》的景点，再规划三天两晚的旅游攻略，然后用旅游类 App 挑选酒店、比价，最后用百度地图 App 按顺序规划好自驾的路线。这个过程中的每一步都需要用户自己手动完成，要用到 3~4 个 App。

有了智能体之后就会不一样。智能体会先打开百度 App 查找山西涉及《黑神话：悟空》景点的三天两晚旅游攻略；然后又自主地打开一款旅行 App，筛选出适合的酒店，看了价格后又会用另一款旅行 App 找同一家酒店比价，它发现第二款旅行 App 上的价格更低，便进行了预订；最后它会打开百度地图 App 规划好一条最合适的自驾路线。最终输出一份完整的行程规划。

总结而言，智能体可以让大模型的技术更加便捷、高效地在现实中发挥作用，而无须用户过多干预。同时也可以随着大模型技术的提升自动优化性能。智能体的开发实例、行业应用等更多内容，我们将放到第四章、第五章进行详细阐述。

> 智能体能够自主理解、规划决策、执行复杂任务。它接到一个任务后，会进行自主思考、任务拆解、方案规划，并调用工具，全程自动完成任务，具有积极性、反应性、自主性和社交能力。
>
> 智能体＝大模型＋规划＋记忆＋工具＋行动。工作流程可以划分为三个步骤：感知、规划、执行。

第六节　混合专家模型：给业务快速配备一批专家

有句俗语叫"隔行如隔山"，各个领域都有其独特的经验、知识，这就导致大模型虽然有很强的通用能力，但依然不能胜任所有专业场景。

如何解决困难呢？一个解决思路是，让大模型在各个领域都进行训练。这种方式虽然可以提升大模型处理复杂任务的能力，但是会带来另一个显著的问题：成本过高，也缺乏良好的扩展性。那么，有没有更好的方式来平衡成本和能力提升呢？

答案就在另一句俗语中："三百六十行，行行出状元。"既然各行各业都有状元，那么为大模型配备一批"状元"就可以应对各类专业场景、任务。这就是混合专家模型，这是一种模型设计策略，可以有效提高模型的容量和效率，让大模型面对复杂问题时，不仅能胜任专业领域工作，而且需要的资源和全领域训练相比也大幅减少。可以说是"既跑得快，又吃得少"。

一、技术原理："多专家＋调度"

混合专家模型的前身是集成学习。集成学习是指，先训练多个模型来解决同一问题，然后再将多个模型的预测结果进行组合处理，例如平均组合或投票筛选等，从而得到更理想的输出结果。这种做法可以提高模型的泛化能力和预测性能。

混合专家模型的定义是，由多个专家模型和门控模型组成稀疏门控制的深度学习技术，主要包括两个要素：多个专家、门控网络。[1]

多个专家：这里的专家，并非指真人，而是一个个针对特定数据、特定领域、特定任务而训练的模型，各自负责处理擅长的领域。专家们并不一定同时工作，而是根据门控网络的安排来工作。

门控网络：负责专家的调度。它会根据输入数据的特征动态，决定哪些数据、哪些任务应该交给哪些专家来处理，并且可以决定每个专家的输出应该匹配多少权重，通过加权平均处理，

---

[1] 资料来源：Noam Shazeer, Azalia Mirhoseini, Krzysztof Maziarz, et al., "Outrageously Large Neural Networks: The Sparsely-Gated Mixture-of-Experts Layer", 2017.

得出最终的输出。

如果看过动画片《汪汪队立大功》，就会更容易理解混合专家模型。在这部动画片中，主要角色是一个名叫莱德的10岁男孩，以及多只本领高强的小狗。这些小狗有的负责陆地交通，有的负责水面救援，有的负责天空飞行，等等。当要完成救援任务时，莱德会根据场景需求，安排不同的小狗来执行不同的任务。有时出动一两只，有时会全部出动，有时可以在救援之初就安排好任务，有时则会根据突发状况再变更计划。在这部动画片里，小狗就是专家，莱德就是门控网络。

混合专家模型概念的正式提出，可以追溯到1991年。一篇题为《专家分层混合与期望最大化算法》（Hierarchical Mixtures of Experts and the EM Algorithm）的论文介绍了"层次化混合专家系统"的概念，为混合专家模型的发展奠定了基础。早期的专家系统，也为混合专家模型提供了理论基础和实践经验。随着神经网络的发展，混合专家模型也开始被应用于集成多个神经网络。

2017年，混合专家模型被引入自然语言处理领域。2020年，混合专家模型首次被引入Transformer架构中，并提供了高效的分布式并行计算架构。随后，研究人员加大了混合专家模型的研发力度，不断挖掘其优势。2023年7月，谷歌、加利福尼亚大学伯克利分校和麻省理工学院等机构的研究者，共同发表了一篇题为《混合专家与指令调优：大语言模型的成功组合》（Mixture-of-Experts Meets Instruction Tuning: A Winning Combination for

Large Language Models）的论文，这篇论文验证了混合专家模型与指令调优的结合，能够让大模型的性能大幅提升。前文提到的 DeepSeek 也通过混合专家模型的研发应用，不断提升性能、降低成本。总结而言，混合专家模型的核心就是将复杂问题拆解为多个更小的子问题，并由更专业的模型来处理，这已经成为高性能大模型必备的技术。

二、能力核心：稀疏性，跑得快、吃得少

前文说道，混合专家模型可以做到"既跑得快，又吃得少"，这是怎么做到的呢？核心在于稀疏性。这是混合专家模型的重要优势，也是提升模型效率、降低资源消耗的关键。

稀疏性，通常指的是模型参数或特征表示中，包含大量为零或接近零的值，从而使模型在表示数据时更加简洁。[1]

稀疏性有两大优点：一方面，降低复杂度，使模型更容易解释，可以让人们直观地了解哪些特征或因素对结果起到了关键作用；另一方面，降低了存储空间和计算资源，因此在处理大规模数据和复杂模型时，比其他非稀疏模型具有显著优势。

混合专家模型的稀疏性，体现在以下两个方面。

第一，专家激活的稀疏性。混合专家模型在处理输入数据时，并非所有专家都会被同等程度地激活。对于给定的一个输入

---

[1] 资料来源：Noam Shazeer, Azalia Mirhoseini, Krzysztof Maziarz, et al., "Outrageously Large Neural Networks: The Sparsely-Gated Mixture-of-Experts Layer", 2017。

样本，通常只有一小部分专家会被分配显著的激活权重，而大部分专家的激活程度很低甚至接近于零。

第二，计算资源分配的稀疏性。混合专家模型会根据专家的激活情况动态地分配计算资源。每次推理过程中未被激活的专家，不消耗计算资源或者消耗极少的资源。

简单来说就是，并非所有专家都需要同时工作，不工作的专家很少占用资源。"呼之即来，挥之即去"，相当省心省力。

三、实现稀疏性的方式

为了更好地实现稀疏性，混合专家模型有三个比较重要的处理方式。

第一，专家容量限制。混合专家模型为每个专家设置一个容量限制，即每个专家在单位时间可以处理的数据量是有限的，这就可以防止单个专家过载、降低效率。

第二，稀疏激活函数。在门控网络中引入稀疏激活函数，使输出的概率分布更加稀疏，进一步提升在给定时间内，只有少数专家被激活的概率。

第三，动态路由。这个概念最初来自网络通信领域，指通过技术确保路由器可以根据网络状态、数据流量等相关指标，动态地选择或计算出最优的数据传输路径。而在大模型中，动态路由意味着可以根据输入数据的特征，确保每个数据都能动态地选择最优的专家来处理，也就确保了每个专家都能处理其最擅长的数据，提高效率。

四、提高大模型的输出质量

混合专家模型在输出结果方面，不依赖于单一结果，而是更加综合，从而提升输出结果的准确性和有效性。通常会采用的策略是，先进行 Top-K 选择，再做加权平均，从而提升输出结果的准确性和有效性。

加权平均：根据门控网络的输出概率，对不同专家的输出进行加权平均。这种方法简单有效，但需要确保门控网络的输出概率是准确的。

Top-K 选择：这是一种常见的选择机制，广泛应用于机器学习、数据挖掘、搜索引擎、推荐系统等领域。其核心思想是从一组候选对象中选择最重要的或最相关的 K 个对象。在混合专家模型里，这就意味着选择概率最高的 K 个专家进行输出融合。这种方法可以减少计算量并提高推理速度，然而，也可能会忽略概率低，但确实有用的专家输出。[1]

五、应用场景

混合专家模型的应用场景包括机器翻译、文本生成、问答

---

[1] 资料来源：Noam Shazeer, Azalia Mirhoseini, Krzysztof Maziarz, et al., "Outrageously Large Neural Networks: The Sparsely-Gated Mixture-of-Experts Layer"，2017。

系统等，可以根据输入文本的特点，选择最合适的专家模型进行处理。例如，生成多种风格的文章、处理不同类型的文本等。

总结一下，混合专家模型因独特的架构和稀疏性特点，可以提高大模型对不同类型任务的适应性。对于用户的意义是，不用担心所在领域过于专业而无法使用大模型，因为通过混合专家模型，可以达到"雇用千百个不同领域专家"的效果。

> 混合专家模型是由多个专家模型和门控模型组成稀疏门控制的深度学习技术，主要包括两个要素：多个专家、门控网络。
>
> 多个专家，是一个个针对特定数据、特定领域、特定任务而训练的模型，各自负责处理擅长的领域。门控网络，负责专家的调度。它会根据输入数据的特征动态，决定哪些数据、哪些任务应该给哪些专家来处理，并且可以决定每个专家的输出应该匹配多少权重，通过加权平均处理，得出最终的输出。
>
> 稀疏性，通常指的是模型参数或特征表示中，包含大量为零或接近零的值，从而使模型在表示数据时更加简洁。这是混合专家模型的重要特征，提升了计算效率，也降低了计算资源。
>
> 混合专家模型的稀疏性，体现在两个方面：专家激活的稀疏性、计算资源分配的稀疏性。

第七节　长上下文：更聪明地处理复杂信息

　　有一个常见的误解是，很多人以为金鱼的记忆只有7秒，但实际上金鱼的记忆会持续几个月之久。然而，人工智能的记忆，其实并不强。在自然语言处理领域，传统模型往往只能处理较短的输入文本，内容一长，模型就会"失忆"，难以捕捉完整的信息背景，尤其是在应对较长对话，或涉及多重细节的复杂任务时，传统模型的能力和效果就会大打折扣，也很难记住用户和模型之间的历史交互信息，导致使用体验较差。

　　这显然不符合现实使用习惯。毕竟现实世界里的对话、文本处理，都是比较复杂且较长的，例如阅读一篇小说、进行一次深度对话等。而且人们对处理文本大小的要求也不断提升，从几页内容、几千字，扩展到几十页甚至上百页内容、几万字。因此，大模型必须可以理解和记忆更长的上下文，才能准确把握含义，实现有效互动，增强实用性。

　　如何改善呢？答案就是本节聚焦的大模型的能力：长上下文。与传统模型相比而言，这是大模型非常显著的优势，而且研究人员还在持续研发新算法，进一步提升长上下文能力。

一、长上下文是现实应用的必需

　　目前，长文本推理逐渐成为主流。上下文理解能力就显得非常重要。因为大模型需要具备很强的理解能力，包括对代词的理解、对复杂信息的拆解等。例如，我们在自然交谈中经常会用指代词，"刚才的那句话""前面说的那个词""上面的段落"等，这些用语习惯也会在与大模型的交互中出现。因此，大模型需要能够清晰捕捉到这些代词的真正指向。而复杂信息也是常见的，例如让大模型总结一篇论文、一篇长报告等。

如果落地到场景，可以想象一些场景。例如，在游戏领域，如果大模型长上下文能力不强，那可能就没办法编写完整的、更丰富的规则。在客服领域，如果长上下文能力不强，那么人工智能就会经常忘记前面交互的信息，从而导致和用户的对话极其不连贯。在法律等专业领域，输入的文档经常是长文本，如果长上下文能力不强，就会无法处理相关案卷。诸如此类的场景还有很多。

可以说，长上下文的需求，从人工智能问世时就存在。大模型则很好地提高了长上下文能力。因此，也有观点认为，长上下文能力是一种智力表现，意味着可以进行深度思考、逻辑推演。

长文本能力的强弱，通常用长上下文的窗口长度，也就是模型能同时处理的 token 个数来评估。[1] token 是大模型处理文本最基本的单位，可以是单词、数字、符号或其他形式。例如，OpenAI 旗下的 GPT 系列，从 3.5 版本到 4.0 版本，上下文输入长

---

[1] 资料来源：Saurav Pawar, et al., "The What, Why, and How of Context Length Extension Techniques in Large Language Models—A Detailed Survey", 2024。

度就从4K tokens[①]增长到了32K tokens，增长了7倍。文心一言4.0 Turbo版本也将长上下文输入长度扩张到了128K tokens。

目前来看，上下文的长度还没有到极限，依然在不断提升中。这也意味着大模型的复杂信息处理能力、记忆能力都在不断加强中。

二、多种方式提高长上下文能力

提高长上下文能力的技术比较多，本身相对于之前的架构，Transformer架构就已经提升了上下文窗口大小，如果希望进一步提升，还可以采用位置编码插值技术、渐进式扩展策略以及优化注意力机制等。为了便于业务中的使用，此处简单了解一下技术的特点即可。

（一）Transformer

相对于RNN/LSTM（循环神经网络/长短期记忆网络），大模型的Transformer架构提升了注意力的上下文长度。主要包括以下几个方面。

第一，位置编码。通过引入位置信息，使模型能够理解序列中单词的顺序。常用的位置编码技术有绝对位置编码、相对位

[①] 在自然语言处理中，"K"表示"千"，是一种简写方式，"4K"实际上指的是"4 000"。在上下文长度中，"4K tokens"指的是上下文的长度为4 000个tokens。

置编码、旋转位置编码等。[①] 其中，Llama 3 就采用了优化的旋转位置编码技术，提升了上下文长度。

第二，自注意力机制。允许模型在处理序列时，每个元素（如单词或字符）只能和它前面的交互关联，前文可以回溯到超过 10 万元素。因此，可以捕捉到长距离依赖关系。

第三，并行处理能力。放弃传统的按照顺序逐步处理序列，而是在训练和推理的预填充阶段并行处理所有元素，提升了长文本处理。

（二）位置编码插值

这是大模型提升上下文长度常用的技术。当模型需要处理的序列超出了原始训练范围时，原始的位置编码就可能不足以覆盖新的位置索引，因此需要进行插值，从而生成新的位置编码。

对插值方法此处不再赘述。需要明确的是，该方法提高了模型处理长序列的能力。

（三）渐进式扩展策略

在该策略下，模型先从处理较短的文本序列开始，逐步

[①] 资料来源：Yunpeng Huang, Jingwei Xu, Junyu Lai, et al., "Advancing Transformer Architecture in Long-Context Large Language Models: A Comprehensive Survey", 2024。

增加训练的序列长度，直至达到期待的效果，例如十万、百万 tokens 级别。

（四）优化注意力机制

例如，常见的优化注意力机制的技术有 Transformer-XL，通过使用循环机制来处理超出单轮模型上下文窗口长度的序列。层次化注意力，通过在不同层次上应用注意力机制，模型可以同时学习到局部和全局的上下文信息等。此外还有 LongLoRA（超长上下文大模型的高效微调方法）。在传统的 Transformer 模型中，自注意力机制会考虑序列中每个词对其他词的影响。但是，LongLoRA 引入了可训练的参数来控制稀疏性，采用稀疏局部注意力的方式。也就是说，只关注输入序列中与当前词项紧密相关的一小部分词项，从而减少计算复杂度，同时又能捕捉长距离依赖关系，确保模型识别和维持关键的上下文信息。

三、长上下文的应用场景

长上下文能力在记忆、理解、生成等任务方面表现突出，适用场景如下。

智能客服领域，可以更好地理解用户和系统的历史对话记录，以及当前对话中的代词等内容，从而提供更加精准和个性化的服务。医疗健康领域，可以根据患者多年的治疗记录，结合医院数据库中的相关资料，提供更精准的判断。在线教育领域，利用长上下文能力处理关于学生的更多信息，从而提供更加个性化的服务，多轮对话系统可以使对话更贴近真实人类，提高聊天质量。内容创作领域，可以生成更具有严谨性、逻辑性的长篇内容。法律咨询领域，可以帮助律师处理更大容量的卷宗，并高效提取关键信息等。

总结一下，长上下文技术可以提高大模型的理解能力、复杂推理能力，让大模型更加博闻强识。对读者的意义是，大模型将会更加贴近真实对话模式，也可以更高效地处理长信息，与普通人处理文本信息相比，大模型的优势也会越来越明显，因此具有更好的经济性。

长上下文是指，大模型理解和处理较长文本段落或序列的能力。长文本能力的强弱，通常用长上下文的窗口长度，也就是模型能同时处理的 token 个数来评估。

提升长上下文能力的技术包括 Transformer 架构、位置编码插值技术、渐进式扩展策略以及优化注意力机制等。

第八节 DeepSeek：如何掀起大模型的效率革命

2025 年人工智能领域最令人惊叹的事件，莫过于中国大模型 DeepSeek-R1 的发布——其低成本的效率革命，让全球人工智能行业从业者惊叹。这款大模型深受用户喜爱，因此成为全球最快突破 1 亿用户的应用产品。

突破 1 亿用户，是衡量一款产品普及程度和受欢迎程度的重要指标。根据人工智能产品榜的统计，万维网从发布第一个网站到拥有 1 亿用户，大约用了 7 年时间；推特从产品发布到拥有 1 亿用户，用了 5 年 5 个月；微信达到 1 亿用户，用了 14 个月；ChatGPT 达到 1 亿用户，用了两个月；而 DeepSeek 的用户从几乎为 0 到 1 亿，仅用时 7 天。速度之快，令人惊叹。现象级的效应，也推动了人工智能行业在全社会的普及。

那么，DeepSeek 是如何做到低成本的效率革命、高评价的使用效果的呢？是否所有场景都适用 DeepSeek？下文将依次进行探讨。

一、DeepSeek 模型发展

2023 年 11 月，DeepSeek 推出了第一款模型，名为"DeepSeek Code"，它是基于开源的 Llama 架构。这款模型的起步，与国内其他大模型厂商没有太大差异，主要用于撰写代码。同月发布了 DeepSeek LLM，这是具有 670 亿参数的通用大模型，标志着其正式进军通用人工智能领域。

2024 年 5 月，发布了 DeepSeek-V2 大模型，采用混合专家模型，总参数量达 2 360 亿，通过动态分配推理专家显著提升效率，推动了模型服务成本的显著下降。2024年12月，发布DeepSeek-V3大模型，超低成本引发业内热烈讨论；2025年1月，发布DeepSeek-R1模型，这是首个完全依赖强化学习的推理模型，而且性能对标OpenAI o1，在数学、代码任务中表现突出，成为现象级产品。

DeepSeek也将通过开源社区与产业合作，推动人工智能技术基础设施化。截至2025年2月，DeepSeek称正加速研发R2模型。2025年3月25日，DeepSeek宣布DeepSeek-V3模型已完成小版本升级，目前版本为DeepSeek-V3-0324。

二、DeepSeek的慢思考

从模型生成内容和输出方式的角度来看，大模型可以分为两类：一是常规指令型大模型，二是慢思考推理型大模型。

顾名思义，常规指令型大模型是遵循指令进行生成，在回答输入的问题时，通常直接输出结果，除非有明确要求，否则不会展示具体的推理过程。这种类别典型的大模型有GPT-4、文心4.0等。

慢思考推理型大模型则不同，它在回答用户的问题时，会先展示整个推理和思考过程，然后再得出结果。这种类别典型的大模型有OpenAI o3和DeepSeek-R1。

如何理解这二者的差异呢？打个比方，常规指令型大模型就像一位厨师，当顾客点菜后，会直接把做好的菜品端给顾客，让顾客评价菜品是否符合口味，除非顾客要求，否则厨师并不会告诉顾客菜品是如何制作的。而慢思考推理型大模型就像一位侦探，当接到一个案件后，这位侦探会详细地分析案件，逐步推理出整个过程，并把推理过程讲述给众人听，最后得出分析结果。

为什么有了常规指令型大模型后，还需要慢思考推理型大模型呢？因为在慢思考推理型大模型出现之前，人工智能学界存在两个明显的痛点。第一个痛点是，传统基于预训练产生的智能依然受到质疑，尤其在数学领域。世界上许多顶尖数学家怀疑，基于预训练的模型在训练时就已经学习过用来做数学评测的题目，也就是说，用训练过的数据去评测模型，即使模型在数学方面取得高分，也不能说明它真正具备数学智能。因此，人工智能学界意识到，需要探索一种能够具备推理和思考能力的模型，而预训练无法实现这一点，于是大家的目光转向了后续训练。

正如本章所述，研究人员可以通过奖励机制，让模型具备推理和思考能力。随后，OpenAI o1 和 OpenAI o3 陆续推出，数学准确率也有了显著改善，在 2024 年美国数学邀请赛（AIME）的题目测试中，OpenAI o3 的准确率达到 96.7%，超过了 OpenAI o1 的 83.3%。

第二个痛点是，整个训练语料的增长遇到了瓶颈。本书第一章讲道，人工智能的发展依靠算法、算力、数据。在实践中，当 OpenAI 预训练语料达到 15TB 左右的级别时，研究人员发现，很难再通过有效手段来构造更有效的预训练语料，或者说构建语料的成本增长过快，很难持续发展。因此，人工智能学界也意识到，不能再单纯依赖预训练来提升大模型的智能，而要探索其他智能涌现的途径。比如，增强模型的推理和思考能力，使它能够更好地解决各种问题。

基于以上两个痛点，慢思考推理型大模型应运而生。而且，不只是人工智能学界，产业应用中也会遇到一些痛点，促使慢思考推理型大模型需求旺盛。

以金融行业的场景为例。在金融行业的传统风控场景下，传统的指令性大模型就难以应对。因为金融行业的风控依赖众多字段，而且这些字段是动态变化的，不同时期字段的不同值可能会产生不同的影响。比如，客户从事的岗位面临行业整体风险，还款能力也会发生变化。这些情况需要基于多变量因果推演以及风险概率验证才能得出结论，而这正是传统常规指令型大模型的短板。然而，如果是慢思考推理型大模型，就会给出更详细的答复。

三、DeepSeek 的诀窍

根据 DeepSeek 公司发表的论文《DeepSeek-V3：一个强大的混合专家语言模型》（DeepSeek-V3：A Strong Mixture-of-Experts Language Model）、《DeepSeek-R1：通过强化学习激发 LLM 的推理能力》（DeepSeek-R1：Incentivizing Reasoning Capability in LLMs via Reinforcement Learning），以及"开源周"的分享，还有百度大模型研发的实践经验，我认为 DeepSeek 有四个方面的诀窍，从

而呈现了低成本、高性能的效果。

（一）模型架构创新

DeepSeek 对模型架构进行创新，包括混合专家模型、多头潜在注意力（Multi-Head Latent Attention）、多文字预测（Multi-Token Prediction）等。

1. 混合专家模型

在本章中，我们详细探讨了混合专家模型的相关内容。从模型生成输出时参数使用和计算方式的角度划分，大模型被分为两类：一是稠密型大模型，二是稀疏的混合专家型大模型。稠密型大模型是指每次输入时，模型的所有参数都参与运算，并且在运算过程中都处于活跃状态。稀疏的混合专家型大模型则通常由门控网络、路由模型以及一系列专家模型组成。当有输入时，它会通过门控网络将这次输入路由给指定的几个专家模型进行处理，只有被路由到的模型参与计算，其他未被路由到的模型不参与计算。混合专家模型是非常有前途的架构，在扩展模型参数时能更好地管理计算成本。

正如前文所述，混合专家模型并不是秘密武器，不少大模型公司都在使用。为什么 DeepSeek 的效果更佳呢？

传统的混合专家模型在确保专家专业化方面仍然面临挑战，无法保证每个专家之间没有重叠的知识且高度专注，这就会导致一定程度的知识冗余，进而带来计算资源的浪费。而 DeepSeek 的混合专家模型通过两个策略实现了专家的极致专业化：第一个策略是细粒度专家模型，也就是专家数更多，能实现更灵活的专家组合，每个专家参数更小，推理时激活参数更少；第二个策略是隔离共享专家，提供通用知识，降低专家间知识的冗余，并提升路由专家的专业性。

DeepSeek 的混合专家模型有 256 个独立专家和一个共享专家，模型每次推理时，会激活一个共享专家，并由路由模型判断激活 8 个专家模型参与计算，实现更精准的知识分配。在保证性能的同时，计算效率也有极大提升，实验中 DeepSeek MoE 16B 有 16.4B 总参数，每次激活 2.8B，计算量仅为 74.4T/4K tokens，与其他同性能的大模型相比，计算量下降显著。[1]

2. 多头潜在注意力

多头潜在注意力是指对注意力键值（K、V）进行低秩联合压缩，减少注意力键值缓存大小，降低推理内存占用，同时引入旋转位置编码保持位置序列的位置信息。借助一个生活中的场景来理解：想象一位图书管理员需要在一座庞大的图书馆中快速查找信息，这座图书馆的藏书浩如烟海，每本书的内容复杂冗长，而管理员的任务不仅是找到信息，还要在有限的书架空间和时间内高效完成工作。多头潜在注意力，本质上就是一套让这位管理

---

[1] DeepSeek MoE 16B 是 DeepSeek 研发的混合专家模型。其中，"B" 表示 "十亿"，是一种简写方式，"16B" 指的是参数规模 160 亿。

员既省力又聪明的操作方法。

首先,管理员会招募多个"助手"分工合作。比如 DeepSeek 的混合专家模型,会调动 8 位助手同时行动,每位助手被赋予不同的专注方向,如时间、地点、人物、原因等。于是,这些助手可以各自带着明确的搜索目标,快速扫描书籍内容并标注重点,大幅提升提取信息的效率。

其次,管理员需要解决"笔记空间不足"的问题。传统方法中,每位助手会抄录大量原文内容作为笔记,但这些笔记很快会堆满书架(对应计算机的显存压力)。多头潜在注意力的改进在于,给每位助手一本"密码本",把复杂信息进行简单指代,比如遇到"人工智能"相关的复杂术语时,不用抄写全文,而是直接标记为"AI"这一个词。这种方法就是"低秩压缩"技术,可以实现既节省空间,又在需要时还原复杂信息的效果,兼顾成本和准确性。

最后,管理员必须保证笔记的顺序不被打乱。当助手们用密码本压缩内容时,可能会混淆不同段落的先后顺序。多头潜在注意力的解决方案是引入旋转位置编码。例如,对不同页码的内容,即使是同一个符号,也可以按照不同的旋转位置来标注。这样管理员能通过角度差异判断原始顺序,既不影响内容存储,又能维持逻辑连贯。对于大模型而言,就是在处理长文本时,即使压缩了信息,也能准确捕捉上下文关系。

通过这三个步骤的配合,可以实现效率与成本的平衡,从而让大模型回答更快、更准确,而且能流畅处理复杂的长篇内容。

3. 多文字预测

大模型的推理，其实是对内容相关性的预测。在传统模式下，大模型是单字或单词预测，而 DeepSeek 则可以进行多个文字的预测。比如，猜词游戏。对于"我和同学在公园里玩耍，非常开心"。传统模式，可能是"我""和""同学""在""公园"的模式，而多文字预测则可以一次性预测多个文字，可能是"我""和同学""在公园里玩耍""非常开心"，从而给出更完整且有意义的片段。这可以让模型从"挤牙膏式写作"变成"文思泉涌的作家"，通过预判后续内容，批量生成连贯的句子，从而实现人工智能的回答更流畅自然，同时减少卡壳和自相矛盾等情况。

（二）训练方法创新

DeepSeek-R1 模型并不是从零开始的，而是基于基座模型进行训练。在基础模型预训练的基础上，采用强化学习进行后训练。正如本章所述，强化学习可以使模型通过实时反馈进行动态优化，从而具备自我验证、反思和生成长思维链的能力。

以 DeepSeek-R1 为例，它采用了多阶段训练，包括四步：第一，使用有监督微调进行冷启动数据预训练，为模型提供基本的推理结构；第二，强化学习，可以使模型因准确性、连贯性和对齐性获得奖励；第三，拒绝采样微调，可以强化最佳推理模式，让模型具备解决各种不同类型任务的能力；第四，进一步提高泛化能力，使模型在推理和思考过程中更接近人类的推理、思考和自我验证过程。

其中，在强化学习阶段，DeepSeek采用规则化奖励（Rule-Based Reward），而非传统人类反馈强化学习中的奖励模型，用GRPO（群体相对策略优化）算法取代了传统的PPO算法，从而大幅降低内存和计算开销。例如，在代码生成任务中，直接通过编译结果和单元测试通过率来替代人工评分，简化训练流程。

（三）数据构造

为了支持训练，DeepSeek还构建了大量的语料，包括含有推理和思考过程的训练语料、基于奖励的强化学习训练语料、通用语料等。

（四）工程优化

第一个优化手段是FP8[①]精度在训练推理中的应用。在数学模型中，参数用于数字运算，精度指的是每个参数的精确程度，可以理解为参数小数点后的位数。常用的格式有FP32、FP16、FP8，分别对应32位、16位、8位浮点数。小数点位数越多，计算越准确。打个比方，FP32像高精度电子秤，可以显示0.01

[①] FP（Floating Point）指浮点数，是属于有理数中某特定子集的数的数字表示，在计算机中用以近似表示任意某个实数。

克的称重；FP16像普通厨房秤，可以显示0.1克的称重；而FP8像快速估重的手持秤，可以显示1克的称重。精度越小，内存开销越小，计算吞吐量越高。

传统训练推理中会采用FP32或者FP16精度，而DeepSeek-V3以FP8混合精度为核心，DeepSeek-R1根据版本差异采用FP16或FP8混合精度。在敏感部分，采用FP16精度，避免失真；在非敏感部分，采用FP8精度，提高计算速度。

简单总结就是，"能省必省，该花也省着花"。

第二个优化手段是在训练中，通过DualPipe（一项突破性双向流水线并行技术）机制降低流水线并行中的空泡率。所谓空泡率，是指在流水线并行训练中，GPU因等待数据或通信而空闲的时间占比。空泡率越高，GPU资源浪费越严重。

打个比方来说，有一条工厂流水线，工人（GPU）需要按顺序组装产品（训练模型）。如果某个工位提前干完活，必须等下一个工位传过来半成品才能继续，这段"干瞪眼"的时间占总工时的比例，就是空泡率。

DeepSeek优化的核心思想就是，让GPU能同时处理多件事情。其做法有两个核心要点：首先，将训练过程（如前向传播、反向传播）拆成更细的步骤；其次，设计两条可以交替运行的流水线（Pipe A和Pipe B），当Pipe A在处理第一批数据的前半段流程时，Pipe B可以处理第二批数据的后半段流程。通过更细致的任务划分，缩小GPU等待时间。

第三个优化手段是计算、通信完全重叠。这也是降低空泡率的一个方式。其核心思想就是让 GPU 可以一边计算的同时，一边传输数据，避免通信时不计算、计算时不通信等情况导致的资源浪费。

第四个优化手段是专家负载充分平衡机制。在混合专家模型中，需要有动态路由根据输入数据的特点，实时决定交给哪些专家处理；同时，新增一个负载监控来实时统计每个专家的计算量，下次分任务时优先给"闲着的专家"。确保每个"专家"（子模型）的任务不重也不轻，避免某些专家任务过载，反而成为瓶颈，但其他专家空转、浪费资源。简单来说，就是不仅找到专业的人，更要避免有人累死、有人闲死的情况，从而在充分利用资源的同时，也提高了训练速度。

第五个优化手段是在推理阶段，实现大规模多机专家并行技术。与并行相对应的是串行，这是传统处理的方式。串行意味着每个步骤必须等前序步骤完成后才能启动，并行意味着多个步骤可以同时进行。

详细的技术原理，此处就不展开了。可以以病人看病为例来解释这个技术带来的效果。病人到医院就诊，有多个病症需要处理，涉及多个科室和多位专家医生。串行的方式意味着必须由一位接一位的医生逐个来诊断，当第一位医生诊断的时候，其他医生只能等待，显然这会造成资源浪费。因此，DeepSeek 采用并行的方式，第一位医生在诊断的同时，其他相关医生也可以拿到各自对应的病例报告/数据，从而可以同时进行诊断，提高诊断效率。

DeepSeek 采用的优化手段还有很多，例如采用 PTX（并行线程执行）语言从更底层来调动 GPU 资源等，但上述五种技术是比较重要的途径。DeepSeek 将优化思路、经验也进行了开源，分享给了整个人工智能圈，从而推动大模型行业整体实力的提升。

四、DeepSeek 的适用场景

以 DeepSeek 为代表的慢思考推理型大模型具有不少优点。第一，输出精度很高。在输出结果的过程中，会对推理的每一个步骤以及中间结果进行严格验证，大大降低了错误率。这种模型也具备反思机制，会对生成的答案或结果进行自我检查，就像学习好的学生做完试卷后会认真检查一样，进一步保障了输出的准确性。第二，在处理复杂任务方面表现出色，尤其适合长文本分析和多条件约束类问题。第三，具有较高的可控性和透明性。在输出结果的过程中，能够逐步展示推理的逻辑链条、中间步骤的执行情况以及验证过程。当我们对输出结果存在疑虑时，可以通过查看整个推理过程，来核实问题的解决情况。

然而，慢思考推理型大模型也存在一些明显的缺点。第一，响应速度较慢。因为模型需要经过深度推理和思考才会输出结果。第二，资源消耗较高。虽然采用的混合专家模型在同参数量模型中计算速度有一定优势，但慢思考推理型大模型通常参数量较大，导致部署和运行时的推理成本较高。第三，存在过度复杂化的风险。即使面对像"1+1等于几"这样简单的问题,慢思考推理型大模型也会进行深度思考。第四,依赖预设的逻辑架构。如果在训练过程中,模型的推理和思考能力没有适应真实问题场景的正确推理需求,那么在实际应用中,整个推理过程就可能出现错误。

因此,在使用时,我们需要结合场景来选择是否使用DeepSeek等慢思考推理型大模型,实现扬长避短。

我认为,适合DeepSeek等慢思考推理型大模型的场景,包括以下几个:复杂任务的学术研究类场景、代码开发类的编程问题、数学类的复杂计算问题,以及深度分析和推理问题。上述场景均需要深入思考,需要一步步推理和验证才能得出结论,因此比较适合使用慢思考推理型大模型。

当然,也有一些场景并不适用慢思考推理型大模型,而应该使用常规指令型大模型。第一类是对实时性要求较高的任务场景,比如即时问答或实时翻译。第二类是决策类场景和任务,尤其是智能硬件的决策任务。如果对智能家居设备下达"关闭窗帘"的指令后模型没有直接运行,而是先思考半天,再回复"当前是白天,阳光特别好,多晒太阳有助于屋内杀菌,建议你保持窗帘打开",这显然不符合用户的需求。第三类是短文本理解类任务。比如在直播间,有人评价"产品很棒,我非常喜欢",智能运营助手需要立刻和用户互动,但如果是经过十几秒思考后再回复用户"谢谢"之类的话,效果就比较差。

有一个简单的标准,可以帮助用户判断是使用常规指令型大模型还是慢思考推理型大模型。如果场景需要像消防员救火一样，快速做出条件反射式的响应，那通常应该使用常规指令型大模型；如果业务场景需要像哲学家思考问题一样，经过深度推理、验证后再给出结果或回复，那就要使用慢思考推理型大模型。但是，需要注意的一点是，即使是慢思考推理型大模型，也依然存在幻觉。对于核心信息，依然需要进行进一步的核实，或者让大模型给出明确的来源。

整体而言，与之前的大模型相比，DeepSeek慢思考推理型大模型在实践中的效果有了显著的改善，DeepSeek取得的成绩也说明大模型进化得越来越好。但是进化之路，还远未结束。百度文心大模型也在不断迭代，而且百度智能云已经集成了DeepSeek-R1模型，成本更低、稳定性更高。

> 从模型生成内容和输出方式的角度来看，大模型可以分为两类：一是常规指令型大模型，二是慢思考推理型大模型。
>
> 顾名思义，常规指令型大模型是遵循指令进行生成，在回答输入的问题时，通常直接输出结果，除非有明确要求，否则不会展示具体的推理过程。这种类别典型的大模型有GPT-4、文心4.0等。
>
> 慢思考推理型大模型在回答用户的问题时，会先展示整个推理和思考过程，然后再得出结果。这种类别典型的大模型有OpenAI o3和DeepSeek-R1。

> DeepSeek 通过模型架构创新、训练方法创新、数据构造和工程优化四个方面，实现了性能的提升，同时成本也有所下降。
>
> 在数学模型中，参数用于数字运算，精度指的是每个参数的精确程度，可以理解为参数小数点后的位数。常用的格式有 FP32、FP16、FP8，分别对应 32 位、16 位、8 位浮点数。小数点位数越多，计算越准确。

第三章

机遇研判：
大模型成为生产力，时机已到

2023 年，大模型浪潮刚开始的时候，可以用三个词总结产业界对大模型的感受，分别是兴奋、困惑、焦虑。兴奋，是因为大模型的出现，让大家看到很多以前人类不能解决的问题，突然有了新的解决方案，打开了想象的天花板；困惑，是因为许多人不清楚大模型该怎么选、该怎么用；焦虑，则是因为有些人试了一段时间后，发现大模型并没有如所期盼的那样给产业和生活带来质的飞跃，但又担心是自己没有用好，而别人已经熟练使用了，从而产生了焦虑心理。

进入 2024 年后，大模型浪潮的第二年，可以感受到大家的困惑和焦虑已经有所缓解。例如，从百度智能云千帆大模型平台的调用量来看，数据一直在增长，而且增速越来越快。另外，据调查，100% 的央企或多或少用上了人工智能。大模型作为人工智能的最新突破，已经有 63% 的中国企业表示在积极应用这项技术。更为重要的是，用户对大模型已经从最初的"尝鲜场景"进入了"生产力场景"。在困惑和焦虑缓解之时，依然有个问题时常会被问道："大模型虽然好，但是现在处于前所未有的大变局，不确定性高，现在是用大模型的好时机吗？"

时机确实很重要。我国古代的思想巨著《管子》指出，"知者善谋，不如当时。精时者，日少而功多"。美国斯坦福大学组织与战略学教授凯瑟琳·M. 艾森哈特同样认为，抓住时机并快速决策是现代企业成功的关键。

因此，本章会详细探讨为什么说大模型成为生产力的时机已经到了。企业、单位、机构、个体，任何希望用大模型带来效益的群体，都应该行动起来。

第一节　大模型的波折与前行

想要对时机有更好的认识,首先要正确理解大模型发展的曲折性。

对于大模型依然存在着不同观点。有些观点十分悲观,认为这是又一次泡沫,尤其是 2022 年末 ChatGPT 在全球爆火后,大量创业者、资金快速涌入大模型领域,导致一些公司估值增长过快,但产品能力却并没有那么出色。有些观点则十分乐观,认为大模型是"灵丹妙药",可以彻底解决许多问题。

这两种观点,都失之偏颇。更为客观的状况是,大模型在曲折中发展,发展速度也比以往的技术更快,推动着应用即将迎来爆发期。

一、科技曲折发展的规律

关于事情发展的曲折性，我国古人早有深刻认识。例如"好事多磨"，表达了人们对必然要经历曲折的默认和淡然；又如"路漫漫其修远兮，吾将上下而求索"，表达了即使面对困难，也要追求探索的坚定信念；再如"山重水复疑无路，柳暗花明又一村"，则表达了对曲折中迎来新机遇的笃定和惊喜。

万事皆有可能面临曲折，而新科技、新技术的发展经历曲折更加是必然的。不仅经历曲折是必然的，而且曲折还具备"规律"。高德纳公司根据众多技术的发展历史，总结出了一个规律——技术成熟度曲线（见图3-1）。技术成熟度曲线将技术发展分为五个阶段：技术萌芽期、期望膨胀期、泡沫破裂低谷期、稳步爬升复苏期和生产成熟期。这个曲线和现实演绎的吻合度很高，因此也受到广泛认可。

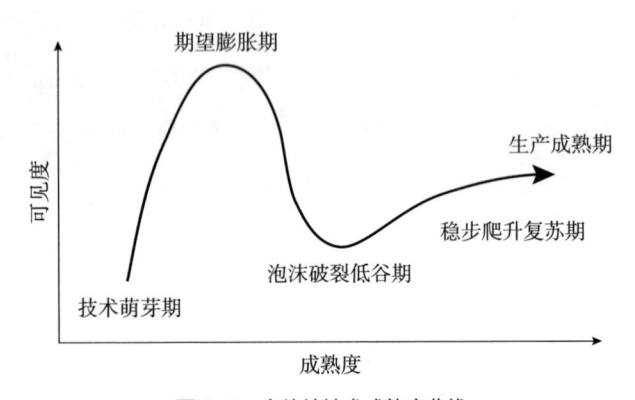

图3-1 高德纳技术成熟度曲线

资料来源：Gartner。

需要强调的是,这个规律适用性很高,但是任何一项技术的发展,并不是严丝合缝地吻合曲线的。曲折也不是一次就能完成的,一些新技术在上升期或下降期时,也可能会经历多个类似的小曲折。人工智能技术的曲折发展,也包含众多细分技术的高峰低谷。因此,以技术成熟度曲线作为曲折性的参考,并不是要求刻板地分析技术发展阶段并进行对照,更多是要强调一个理念——既不要对一项新技术过度乐观,以至于形成非理性泡沫,也无须对新技术的波动过度悲观,以至于错过了真正的浪潮而被时代抛弃。

二、大模型的波折和浪潮

短短几年,大模型也经历了不少跌宕起伏,虽然没有清晰的时间界限,但我们也可以用三次浪潮、两次波折来总结。当下则属于站在第三波浪潮的起点,迎接人工智能原生应用的爆发。

(一)第一波浪潮:早期先行者

在这个阶段,涌现出了 OpenAI、微软、百度等领先企业。它们不仅开发了大模型,而且成功地将其产品化。产品化是这个阶段的关键,因为仅仅拥有强大的人工智能技术并不足以确保成功。例如,虽然早在 2018 年 OpenAI 就发布了最初版本的 GPT 模型,但直到 ChatGPT 的推出,这些模型才真正开始引发市场的广泛关注和商业价值的实现。而 OpenAI 和微软的合作、Copilot（人工智能编程助手）的推出，又进一步让生成式人工智能走进了产业。

不过在这个时期，只有大模型，只"炼丹"（也就是只训练大模型），而没有场景，因此早期先行者也并没有成为这一波浪潮的实际受益者。这也证明，先进技术与市场需求之间的桥梁，是创新的应用和用户体验的改善。

（二）第一次波折：算力短缺和大模型幻觉

第一次波折源于算力和幻觉。

大模型对算力的巨大需求，犹如一个庞大的胃等待被满足。在 2023 年初，算力资源的短缺成为制约大模型前进的关键瓶颈。一方面，大模型的训练过程需要大量的计算资源来处理海量的数据，就好比一场庞大的数字运算马拉松，没有足够的算力支持，就难以在合理的时间内完成训练。另一方面，各个大模型公司纷纷成立，也产生了对芯片的抢购，最终加剧了算力短缺的状况。

大模型幻觉则是大模型落地的另一道难关。所谓大模型幻觉，是指模型在生成结果时可能会出现不准确、不真实甚至是虚构的内容。如果仅仅是用于测试倒也无妨，但如果在产业应用中依然有很严重的幻觉现象，那就远远无法满足实际需求，甚至带来极大的应用风险。

因此，大模型也迎来了短期的波折。

随后，随着算力芯片供应量加大、计算能力升级以及不合理抢购现象退潮，算力短缺的状况得到缓解。与此同时，研究人员也在不断优化模型，引入有监督微调、人类反馈强化学习等技术，降低了大模型幻觉发生的概率和错误程度。

于是，大模型开始从"可玩"转变为"可用"，也意味着技术从实验室走向实际应用的转变。

（三）第二波浪潮：现有应用的重构

随着大模型基本功能逐渐完善，不少企业开始探索大模型的应用。而大部分企业也普遍采取稳妥的做法，即将大模型融入现有的产品中进行改良或重构，而非人工智能原生。这一阶段的受益者，海外公司有奥多比系统公司、Notion（软件服务公司）、Salesforce（客户关系管理软件服务提供商）等。国内公司也纷纷尝试。例如，百度内部开始用大模型技术重构现有的产品，同时将大模型技术开放给国内公司。在 2023 年百度开放大模型初期，就有上百家企业签约，十几万家企业申请测试。随后，百度文心一言的调用量不断提升，各类应用场景也不断增加。

（四）第二次波折：安全可控

随着基于大模型的应用开始增加，如何确保人工智能的可靠性和安全性就成了关键问题。

可靠性是指人工智能系统在不同场景、不同环境和不同条件下都能够保持稳定的表现，包括算法稳定性、数据准确性、系统鲁棒性等。对于应用于金融、医疗、工业安全等领域而言，可靠性非常重要。安全性是指人工智能系统能够抵御恶意攻击，确保其操作不会危害用户或公共安全，包括数据隐私保护、伦理价值安全、系统安全防护、算法安全性等。

只有解决了这些挑战，才能赢得用户的信任和交付，从技术走向应用，尤其是对安全性和可靠性要求严格的企业级应用。也只有解决了这些挑战，研发人员才能放心，使用者也才愿意使用，让人工智能从辅助人类决策转变为独立自主决策，从"副驾驶"转变为真正的"驾驶员"。而这个转变将会是人工智能发展的一个重要里程碑。

实践中，研究人员通过数据管理、算法优化、安全防护、价值对齐等技术手段，来提高可靠性和安全性。与此同时，国内相关部门也出台了相关法规、文件规范技术发展，例如2023年7月发布《生成式人工智能服务管理暂行办法》，实行大模型备案制度，降低大模型的负面效应，也为用户减少选择风险。其中，百度是国内首批备案通过的大模型企业之一，得到了管理部门对其大模型可靠性、安全性的认可。

（五）第三波浪潮：人工智能原生应用的爆发

大模型是一个概率模型，生成的内容具有不确定性。但通过 RAG 等技术，大模型会利用检索到的信息来指导文本或答案的生成，从而极大地提高了内容的质量和准确性。可以说，过去两年，大模型最大的变化就是，基本消除了幻觉，回答问题的准确性大幅提升了，让人工智能从"一本正经地胡说八道"，变得可用、可被信赖。

随着大模型能力、可靠性、安全性的提高，以及使用者对大模型的信心、经验的增加，不少使用者不再满足把大模型应用于现有产品、对现有产品重构，而是希望基于大模型构建原生应用。

对于人工智能原生应用而言，我相信其中必然会诞生千万级用户的应用。然而，对于大多数企业而言，也未必需要追求一个"超级应用"，而更应该追求"超级有用"的应用。

从实践来看，在时间、次序上，第三波浪潮也可能与第二波浪潮同步发生，这就是大模型技术创新的无限潜力。从产业来看，人工智能应用正率先在 B 端（企业端）爆发，百度智能云千帆大模型平台已经帮助客户开发了百万量级的企业应用。在 C 端，大模型允许用自然语言的方式来开发应用，人人都是程序员，也势必会带来各种各样的人工智能原生应用。

三、小结

总体来说，近几年，生成式人工智能的市场正在从"第一幕"向"第二幕"过渡。

"第一幕"的本质，是在回答大模型到底能做什么的问题。尽管"百模大战"非常拥挤，但各家的产品形态差不多。类似于ChatGPT、文心一言等，仍只是一个单点应用。虽然能力上很强、很惊艳，但这些应用的用户黏性相比微信、抖音、百度而言，都是很低的，因为实际上它们还没有为人类创造出关键价值。

"第二幕"会从解决人类问题出发，把新技术作为更全面解决方案的一部分为人类创造价值。基于大模型的应用重构，或者人工智能原生应用，都开始下沉到各种细分场景，例如垂类问答、数据监测、资料检索、内容分析、工业质检等领域；也在诸多行业中部署并带来提效，例如法律、医疗、电商、政务、文娱、教育、金融等；对于普通人的生活，也带来了改变，例如儿童陪伴、便捷办公、人工智能手机等。

可以说，大模型的发展，虽然有波折，但在产业中的应用已经走向万象更新、百花开放的状态了。

> 高德纳公司根据众多技术的发展历史，总结出了一个规律——技术成熟度曲线，将技术发展分为五个阶段：技术萌芽期、期望膨胀期、泡沫破裂低谷期、稳步爬升复苏期和生产成熟期。
>
> 生成式人工智能的市场正在从"第一幕"向"第二幕"过渡。"第一幕"回答大模型到底能做什么的问题。"第二幕"会从解决人类问题出发，把新技术作为更全面解决方案的一部分为人类创造价值。

第二节　便捷享用新型人工智能基础设施

"要想富，先修路。"这句朴实的口号，在人类发展历史中对应的就是：基础设施升级，才能带来社会整体水平的跃升。

从 GDP（国内生产总值）的角度回顾人类历史，直到最近 200 年，世界人均 GDP 才突然开始爆发式增长。这主要得益于三次工业革命——蒸汽机、电力和信息化，大大提高了生产效率，而且提升效率的方式，也从体力变为脑力。

前两次工业革命——蒸汽机和电力，改变了人类体力的赋能；第三次工业革命——信息革命，在一定程度上开始辅助脑力工作，但依然扮演着工具的角色。而人工智能以及最近大模型的出现，在很大程度上正从辅助脑力的角色，向代替脑力的角色演变。这和之前每一次的工业革命都截然不同，会彻底改变所有行业。

上文阐述的是工业革命的效果，而每一次工业革命的过程，也都不是一蹴而就的。起到关键作用的，就是基础设施的全面升级。

之所以说大模型成为生产力的时机已经到了，一个指标就是，大模型在曲折发展中达成了一个关键成就——大模型及其相关系统正在迅速发展为新一代的基础设施，大模型不仅可以供用户便捷使用，更可以像前面三次基础设施升级所发生的一样，带来重大变化和深远影响。

一、基础设施升级的速度越来越快

人类历史上大范围的基础设施升级并不多,但每次都会带来生产力的巨大跃迁,而且一次比一次速度更快、影响更大。

例如,基于电力的工业革命。1831年,迈克尔·法拉第发现了电磁感应现象,之后不久他就利用电磁感应发明了世界上第一台发电机——法拉第圆盘发电机。1834年,莫里茨·冯·雅可比制造了第一台能够在实际应用中产生足够扭矩,从而执行实用性工作的直流电机。

然而,1882年美国才建成了纽约珍珠街电厂,它被认为是全球第一座现代意义的电厂,也意味着电力从发明开始走向工业化。但只有电是不够的,把电用起来还需要其他技术的支撑。例如变压器、特高压输电等技术,让电力更加稳定;电动机、电灯等发明,让电力具备了广泛的应用场景。

从美国输配电路的建设期来看,Grid Strategies(电力咨询公司)统计的数据显示,1912年美国电网开启建设,在1924年达到第一个高峰。而《电的科学史》记载,1907年,美国只有8%的家庭使用电力服务;1920年,这个数字增长至35%;1948年,家庭用电率达到90%。

因此,从历史节点总结来看,从电力技术出现到电力成为全球性的能源基础设施,用了大约90年。

再如,基于互联网的信息革命。1969年,阿帕网在美国几所大学之间建立了连接,标志着互联网技术诞生。但是又等待了将近 30 年之后，互联网才成为全球信息基础设施，被千行百业广泛使用。其间，交换机、路由器、网络协议等技术的发展，让网络更稳定、更快速；小型机、个人计算机、操作系统、软件的诞生，也让互联网具备了广泛的应用场景，由此开启了全新的信息时代。

回到大模型来看，2017 年，学术界首次提出了大模型的技术基础，也就是 Transformer 架构；随后仅仅 7 年时间，大模型及其相关系统就成了新型人工智能基础设施。速度之快，前所未有。

这套新型人工智能基础设施，有两个关键组成部分——算力平台、模型和应用开发平台，二者互相协作，为人工智能应用的爆发带来低门槛、低成本、高效率等便利。

二、算力平台，满足全旅程算力需求

（一）新型算力需求面临的挑战

我们都知道，大模型时代，算力是重要的支撑。提起算力，使用过云计算业务的读者应该不会觉得陌生。但是，大模型的算力和云的算力并不一样。算力基础设施正发生重大变化——硬件迎来代际变革，也就是从以 CPU 为主的集群，转向以 GPU 为主的集群。正如第一章所讲述的，GPU 可以更好、更快地解决模型训练问题，从使用 CPU 到使用 GPU，带来了人工智能的快速发展。这个趋势，从英特尔和英伟达的市值对比就可见一斑。CPU霸主英特尔市值不断缩水，2024年12月已经跌破1 000亿美元；而GPU龙头英伟达的市值则一路高歌猛进，在2024年12月维持在3万亿美元，位于全球公司市值前列。

从CPU到GPU，并不是简单更换芯片就行。因为GPU集群产生了三个不同于CPU的显著特征：极致规模、极致高密和极致互联。这些"极致"带来了两个非常严峻的挑战。

第一，巨额的建设和运营成本。建设一个万卡集群，仅仅是GPU的采购成本就高达几十亿元。如果建设一个十万卡集群，那么GPU的采购成本就高达300多亿元。

不仅买的时候花钱多，维护也不便宜。一个万卡集群占地面积相当于14个足球场。连接显卡、机器之间的网线，加起来有1.4万千米，相当于北京到上海直线距离的4倍。其运行一天的耗电量，相当于北京市东城区一天的耗电量。难怪美国特斯拉公司首席执行官埃隆·马斯克多次公开呼吁，美国需要尽快进行电力供应系统的升级，否则未来两年内美国将会从"缺硅"转变为"缺电"，从而阻碍人工智能的发展。[1]

第二，如此大的规模，导致运维的复杂性急剧增加。硬件不可避免地会出故障，而规模越大，出故障的概率就越高。例如，Meta训练Llama 3的时候，用了1.6万张GPU卡的集群，平均每3小时就会出一次故障。在这些故障中，超过半数是由

---

[1] 资料来源：《马斯克：美国电力短缺阻碍人工智能发展》，中国日报网，2023年8月1日。

GPU 引起的。因为 GPU 是一种很敏感的硬件，就连中午天气温度的波动，都会影响到 GPU 的故障率。故障就必然导致成本增加，大模型训练或推理被影响，企业业务经营受损。

这两个挑战，不仅对于普通企业而言"压力山大"、难以解决，即使是提供云计算的公司，也不得不慎重考虑如何构建、管理和维护这样庞大而复杂的 GPU 集群，屏蔽硬件层的复杂性，为大模型落地的全流程提供一个简单、好用的算力平台，让用户能够更容易地管理 GPU 算力，低成本地用好 GPU。

（二）全旅程算力需求的侧重

用户使用大模型时的算力需求，完整来看，有四个阶段：集群创建、开发实验、模型训练、模型推理。不同阶段，对算力的需求也各有侧重。

集群创建阶段，通俗地讲就是买来 GPU，连接起来。这是训练大模型的第一步。这个阶段用户关注的就是买到机器后能不能尽快把集群用起来，把业务跑起来。但这并不容易。因为 GPU 芯片的型号更多样（不同品牌、不同型号），管理更复杂，而且 GPU 需要执行大量并行计算，数据的传输量变大，对速度的要求更高。因此，通常情况下，用户在集群创建阶段，会面临异构芯片的问题，要做大量复杂、琐碎的配置和调试，通常需要几个月的时间。

开发实验阶段，是指针对特定的业务目标，在大规模训练之前，用户需要做很多次实验型训练，去快速测试并评估不同架构、不同参数的效果，进而制定最适合的训练策略，保障后续训练的性能和效果。在这个阶段，用户需要有更稳定、高效的算力支持，并且能获得足够多的信息来做出评判。

模型训练阶段，用户开始大规模进行模型训练，此时对用户而言，最在意的要素就是稳定性。大模型训练是一个庞大的单一任务，需要所有机器齐步走。一个点出错，整个集群就得停下，回滚到上一个记忆点。而 GPU 机器又很贵，每停一分钟都是白白烧钱。这也是为什么"有效训练时长占比"这个指标很关键，这是指机器真正在有效工作的时间的占比，对于大规模集群来说，这个占比低一个百分点，就意味着在浪费大量的算力。

模型推理阶段，也就是模型在各个场景被用起来。模型在推理的时候，需要把问题输入先转化成一系列 tokens，算一遍注意力之后才能开始生成第一个输出的 token，然后重复这个过程，生成下一个 token，直到输出结束。现在长文本推理逐渐成为主流，模型的速度和成本就显得更加重要。速度决定用户体验，成本决定性价比。

虽然不同用户未必会经历所有的算力需求阶段，但每个阶段面临的困难，都意味着需要有算力平台来帮助用户用好算力、用好大模型。而且，考虑到用户业务的成长性、硬件成本的平摊等因素，好的算力平台应该不只是为了解决用户某阶段的需求，而是瞄向用户在使用大模型时的全旅程算力需求。

（三）构建覆盖全旅程的算力平台

科技公司有一个产品标准——"自己的狗粮自己先吃"，尤其是面对技术开发的重大变化、重大困难时，往往需要先在内部进行一轮又一轮"试用—纠错—修复—改良"的循环，才可能为用户提供稳定、良好的产品。这也意味着，大模型时代，有大模型实践经验的公司才更可能提供优秀的产品。

从布局深度学习研究院开始，百度就不断地在产品中使用人工智能技术，也率先训练了文心大模型，率先用大模型对产品进行了重构，在这个过程中，无论是算力使用还是产品开发，百度都踩了无数的"坑"、吃了无数口"难咽的狗粮"。

试错是必然的，而好的纠错能力，最终也带来了"试对"。百度基于自身的业务经验、用户需求和行业趋势判断，最终形成了百舸 AI 异构计算平台，并不断迭代升级，在 2024 年 9 月已经升级到了 4.0 版本，覆盖用户全旅程需求，解决不同痛点。

如图 3-2 所示，针对用户算力需求的四个阶段，百舸 AI 异构计算平台也形成了四层：最底层是资源层，支持异构芯片、高速互联、高性能存储；往上一层是组件层，解决的是大规模集群稳定和性能的问题；再往上是加速层，加速大模型的训练和推理；最顶层是工具层，这是一套管理界面，让用户操作更简单、更直观。

另外，百舸 AI 异构计算平台于 2025 年 2 月基于昆仑芯 P800，发布部署"满血版 DeepSeek-R1+ 联网搜索"服务。

工具层	快速部署	训练任务	推理服务	多芯混训
加速层	AIAK训练加速		AIAK推理加速	
组件层	AI编排调度	稳定性和容错	可观测大盘	多芯适配
	集合通信库			
资源层	异构芯片	高速互联	高性能存储	

图 3-2 百舸 AI 异构计算平台 4.0 框架

注：AIAK（AI Acceleration Kit）表示人工智能加速套件。

针对集群创建，百舸 AI 异构计算平台 4.0 内置了业界最流行的训练工具和框架，可以帮助用户实现工具层面的秒级部署，从而大幅节省用户在集群创建阶段的财力、精力。业内有云厂商表示，可以将调试时间压缩到 1 天，而基于百舸 AI 异构计算平台 4.0，仅需 1 小时就可以完成。

针对开发实验，百舸 AI 异构计算平台 4.0 也配置了可观测大盘，全方位无死角地覆盖各个维度，为用户提供直观的决策依据，帮助用户更好地把控整个项目。

针对模型训练，百舸 AI 异构计算平台 4.0 可以保障有效训练时长占比达到 99.5%。能实现如此高的有效训练时长占比，主要得益于以下两个方面的工作。一方面，未雨绸缪。通过先进的人工智能算法来判断机器的工作状态，预测故障最有可能在什么地方发生，尽量避免把工作负载分配到可能发生故障的芯片上，有效降低了任务故障发生的频次。另一方面，快速处理问题。百舸 AI 异构计算平台在故障发生时可以实现秒级感知和定位,也可以在感知到故障时快速回滚,在集群层面做到几乎无损的容错。

训练不仅要稳定,而且要有效率。毕竟,要训练千亿、万亿参数的模型,动辄需要几周到几个月的时间。百舸 AI 异构计算平台 4.0 通过更优的拓扑设计和自适应路由技术,做到了完全无拥塞。

针对推理,百舸 AI 异构计算平台 4.0 整体上提高了推理效率,降低了成本,让长文本推理效率提升 1 倍以上。

通过注重不同阶段的需求,进行全旅程呵护,才能使用户安心、放心、舒心地开启大模型之旅。

(四)异构计算平台,应对当下、面向未来

为什么一定要构建异构计算平台呢?因为对自建算力中心的用户而言,"一云多芯"是必然结果,异构计算平台也是必然选择。

国内企业在过去的发展中,已经拥有了大规模、分布式的算力资源,其中包括 CPU、GPU 等芯片,也有不同的品牌、型号、规格。如果将之前的资源完全放弃,不仅会给业务带来影响,也不经济。即使购买新的芯片,面对全球紧张的芯片供应环境,要建设更大的集群,同时确保供应链的安全和弹性,势必也会存在不同芯片混合使用的情况。

面对"一云多芯"的情况,用户需要对这些资源做统一管

理和调配，尤其在混合布置成一个集群支持同一个训练任务时，难度极大。而百舸 AI 异构计算平台不仅支持全面适配、多芯混训，而且在万卡规模上，已经将两种芯片混合训练下的效率折损控制在 5% 以内。

异构计算平台，支持"一云多芯"，既可以利用资源，也可以支撑用户业务的未来扩展。

例如，某国有银行就经历了算力中心提升的过程。随着业务的增长，该银行的算力需求也在快速增长，集群不断扩容，从 300 多个节点陆续扩展到 500 多个节点。2023 年，该银行开始引入大模型，为 18 个核心业务系统、30 多家分行的金融业务提供人工智能服务。因此新增了大量 GPU 资源，而且这些 GPU 资源就来自不同厂商。

在百舸 AI 异构计算平台的支持下，该银行顺利完成了不同型号 GPU 资源的部署、上线，同时也实现了 GPU、CPU 算力的规划重组，有力保障了 300 多个大小模型、6 000 多次训练任务。以往模型迭代一次需要一个半月，但在百舸 AI 异构计算平台的支持下，现在只需要半天，速度更快，效果更好。

好的基础设施应该向前看。展望未来，随着大模型在产业中的发展，计算集群的规模必然会不断扩大，例如 10 万卡集群，甚至更高。在 2024 年下半年，马斯克刚刚建好了 10 万卡集群，而且未来会扩张到 20 万卡。大规模集群，势在必行。

为此，百舸 AI 异构计算平台也做好了准备，已经具备了成熟的 10 万卡集群部署和管理能力。这符合基础设施的内在要求，要先一步站在用户需求前。

因此，无论从技术层面还是从实践应用来看，新型算力基础设施都已经展示出极强的支撑能力。百舸 AI 异构计算平台不仅为百度自身人工智能业务提供了强力支撑，还可以满足公有云或自建智算中心、初创企业或成熟企业等的各类需求。用户可以高效、便捷、实惠地拥有所需的算力资源。

三、大模型平台，让人工智能应用唾手可及

"工欲善其事，必先利其器。"在算力无忧后，企业要让大模型走进业务，还要经过模型开发、模型调用、应用开发等阶段。同样，未必所有企业都要经历所有阶段，而是根据业务、能力等因素来选择。一些专业性较强的行业，通常需要模型开发服务，例如通过精调使大模型更加适配自己的专业场景。一些中小型企业，业务场景清晰、简单，通过应用开发就可以满足需求。然而，无论做好哪个阶段，都不容易。

一方面，大部分企业并不具备充足的大模型相关人才，技术日新月异，相关技术储备不足，完全自研开发，费时费力也未必有结果。另一方面，大模型的优势就在于其通用性。企业可以借助成熟大模型，更好地发挥大模型的优势，扬长避短，从而将更多资源部署给业务。因此，除了算力平台，企业们也需要一个大模型平台。

人工智能应用要形成真正的浪潮，必须进入企业业务中，

成为企业提升竞争力的关键因素。因此，模型平台所提供的服务、产品，不能只是为了实验和娱乐，而是要为企业提供生产级的服务。

基于这些需求，2023 年 3 月 27 日，百度正式推出了百度智能云千帆大模型平台，该平台作为文心大模型企业级服务的唯一入口，提供了基于文心一言或第三方开源大模型的服务，并包含全套工具链和开发环境，帮助企业开发精调自己的专属大模型，高效开发基于大模型的应用。在 2024 年 9 月 27 日，千帆大模型平台升级到了 3.0 版本。

如图 3-3 所示，百度智能云千帆大模型平台分为三层。在应用开发层，具备企业级 RAG、企业级智能体、组件开发等功能，让用户实现快速开发。

在模型服务层，不仅有百度 ERNIE 系列大模型，也有百度开发的垂直行业、垂直能力模型，例如语音识别、物体检测、图像分割以及支持多种格式的 OCR 等。也可以使用国内外其他主流开源模型。用户可以根据自己的场景，合理搭配这些大、小模型，通过直接调用提高业务效率。

在模型开发层，百度智能云千帆大模型平台提供了完整的工具链以及多种模型量化算法，能够更高效地支持超大参数模型的微调和定制。同时也支持 CV（计算机视觉）、自然语言处理、语音等传统模型的开发，并实现数据、模型、算力资源的统一纳管和调度，为企业提供一站式的大、小模型开发体验。

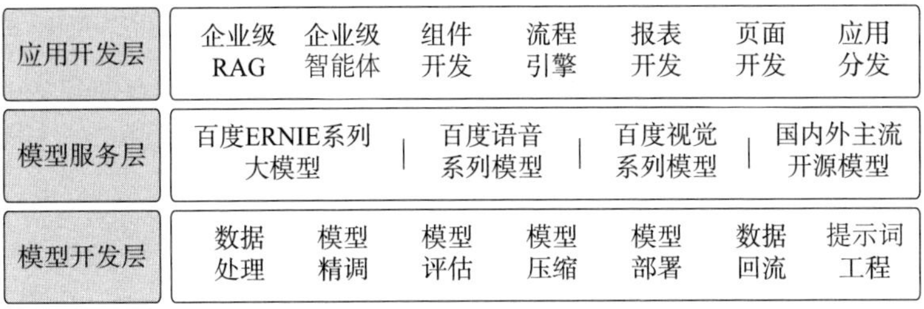

应用开发层	企业级RAG	企业级智能体	组件开发	流程引擎	报表开发	页面开发	应用分发
模型服务层	百度ERNIE系列大模型		百度语音系列模型		百度视觉系列模型		国内外主流开源模型
模型开发层	数据处理	模型精调	模型评估	模型压缩	模型部署	数据回流	提示词工程

图 3-3 千帆大模型平台层级

百度智能云千帆大模型平台已经可以解决大部分企业的问题。但是不同行业有不同的特点，因此，百度智能云也推出了千帆行业增强版，针对不同行业的需求在千帆大模型平台上做了能力增强，通过一套好用的、体系化的工具、组件，用户可以在千帆通用底座上不断添加行业特色，也帮助用户更方便地开发适合自己的行业应用。2025 年 2 月，千帆平台完成了对 DeepSeek 模型的全面接入，提速模型落地的"最后一公里"。此次接入，不仅具备联网搜索及其他组件能力，RAG 技术、智能体以及工作流等功能均实现了对 DeepSeek 模型的全链路支持。

这些工具并不是一个个专业名词，而是真实地降低了开发难度。尽管用户的资源、能力、需求都不同，然而，无论是对能力、资源要求更多的用户自己开发大模型，还是相对而言更容易实现的基于大模型直接开发应用，都可以在千帆平台上轻松实现。

对于百舸 AI 异构计算平台、千帆大模型平台，有观点认为这相当于"百度修好了路，准备好了各类造汽车的工具，用户只需要拿起工具轻松造车就可以上路、享受风景"。这个比喻非常恰当。过去两年大模型和相关系统的发展，让产业界看到新型人工智能基础设施已经到了可用、易用、好用的阶段。这大幅降低了用户使用大模型的难度、成本。因此，用大模型探索创新的时机到了。

新型人工智能基础设施，有两个关键组成部分——算力平台、模型和应用开发平台，二者互相协作，为人工智能应用的爆发带来低门槛、低成本、高效率等便利。

GPU集群产生了三个不同于CPU的显著特征：极致规模、极致高密和极致互联。

用户使用大模型时的算力需求，有四个阶段：集群创建、开发实验、模型训练、模型推理。

百舸AI异构计算平台、千帆大模型平台的发展，让新型人工智能基础设施到了可用、易用、好用的阶段。

第三节 大模型和中国产业结合的时刻

植物界有一种竹子，叫毛竹。这种竹子在生长初期，地上部分生长缓慢，而在地下扩展庞大根系。竹笋一旦破土而出，短短几周就可以长到十几米高，所谓"三年不长，一夜千尺"。

新中国历史上产业发展也有过很多这样的"破土时刻"。例如，1956年，经过3年的技术攻关，中国一汽造出了中国第一辆解放牌汽车，奠定了中国汽车产业发展的基础。2023年，

C919首航成功，中国商飞用16年的时间打破了海外公司的垄断等。多年来，央企国企带动千行百业，啃"硬骨头"、下"硬功夫"，挺起中国"硬脊梁"。

再如，三一重工历时900多天，打造了全球重工行业第一座"灯塔工厂"；蓝箭航天历经8年试验，成功发射了全球首枚入轨的液氧甲烷火箭。新时代，民营企业作为科技创新的重要主体，带来了新机遇，激活了新动能。

当下，再次迎来了一个关键时刻：新质生产力正在破土而出。科技创新，尤其是大模型、生成式人工智能，就是新质生产力迸发的重要内生力量。

目前，中国已经是全球人工智能大模型应用创业的最佳土壤。首先，政府对创新创业高度重视，打造了非常好的营商环境。其次，中国人工智能科技公司也有了良好的技术积累，可以为应用创新提供保障。同时，中国拥有丰富的人工智能人才储备，可以为创新创业提供充分的人才支撑。最后，中国拥有全球最完善的工业体系，这意味着丰富的落地场景和大量的高质量数据，也意味着巨大的应用创新空间。尤其是场景和数据，令大模型和中国的产业形成了天然的结合协作。

一方面，国内的产业是大模型的"练兵场"。中国产业门类齐全，各个领域经过几十年的发展，积累了丰富的数据，既有行业表观数据，也有"know-how"（技术诀窍）的经验数据。这些数据可以为大模型训练提供丰富的"粮草"，提升大模型性能。

另一方面，我国经济也进入了新常态，各行业、各企业正在从粗放式发展转向集约式发展，需要"深耕细作"，从数据中挖掘价值。而这些数据，不是完全显性呈现的。许多数据是沉淀在业务里的，可以说是一座座深藏但价值不菲的"金矿"，大模型正是"挖矿＋炼矿"的好"机器"，可以通过算法和算力将数据的价值进一步放大。

人工智能、大模型和我国的产业相结合，可以形成挖掘数据—"产生新价值、形成新业务、带来新增长"—产生更多数据—"挖掘更多价值、发展更多业务、形成更强增长"的"飞轮效应"。它给中国带来的，不仅是"点"的突破，更是"面"上跃迁的机会。

> 大模型和中国的产业形成了天然的结合协作，可以形成"飞轮效应"。

第四节　技术革命时常产生于"危机"中

前文已经阐述了为什么当下是应用大模型的好时机，是第四次工业革命的开端。如果依然有读者担忧于不确定性，那么我们可以从一个更广阔的视角来讨论"应用新技术的时机"，回顾历史后会发现，技术革命也时常产生于"危机"之中。

例如，当下最为熟悉的互联网革命和移动互联网浪潮就是如此。这两个技术浪潮给我们带来了全新的数字世界，其重要性无可比拟。许多人会感叹技术创新的伟大成就，却会忽视这两个非常重要的技术革命都诞生在危机与担忧之中。

一、互联网革命

1992 年，克林顿在竞选文件《复兴美国的设想》中提出了一个行动纲领：计划用 20 年，耗资 2 000 亿~4 000 亿美元，建设美国的国家信息基础设施。克林顿把这个规划和美国 20 世纪 50 年代高速公路建设的重要性做了对比，因此被形象地称为"信息高速公路"计划，并广为流传。

1993 年，克林顿当选美国总统，上任后就开始推行"信息高速公路"计划。然而，1992 年，美国面临的情况是怎样的呢？简单地说，就是面临衰退。

1989 年，美国房地产泡沫破裂，房价下滑，这导致许多投机的个人、企业甚至银行遭遇资产大缩水。当时，美国储贷机构中有一半以上破产，包括几家头部机构。因此，这次动荡也被称为"储贷危机"。迫于无奈，1989 年 8 月美国政府宣布提供 500 亿美元作为充足的损失准备基金，来托住波动。

但这场危机还是迅速蔓延，并给美国经济带来了不小的损失。从 GDP 数据来看，美国 1988 年经济增速为 4.18%，1989 年下降到 3.67%，1990 年下降到 1.89%，1991 年就由增转降，增速为 –0.11%。失业率则从 1989 年初的 5.2% 上升至 1992 年的 7.5% 左右，就业形势非常严峻。

经济下滑的同时，美国居民的生活成本却在上升。从相关数据来看，1986—1991年初，CPI（消费价格指数）从1.9%上涨到了5.4%，其中的原因包括1990年8月爆发的海湾战争推高了油价。

1992年，美国国内的经济环境是，经济增速由正转负，房产投资资产缩水，失业率上升，物价上涨。

然而，就是在这种环境下，信息革命诞生了。美国加大了通信技术设施建设，推动互联网发展，奠定了其在数字科技领域的世界领导地位。甚至有观点认为，互联网革命创造的价值远远超过美国汽车工业100年发展所创造的价值。

二、移动互联网浪潮

提到移动互联网浪潮，可以先从起关键作用的iPhone（苹果智能手机）说起。苹果公司旗下的第一款iPhone发布于2007年，而在此之前的10年前，也就是1997年，苹果公司也是危机重重。

当时乔布斯已经被赶出公司10多年，那时的苹果公司产品创新不够、口碑下滑，导致产品滞销、库存堆积等问题，销售不佳，市场占有率不断下滑，从15%下降到不足5%。1996年，苹果公司被媒体称为"美国偶像的陨落"。而且，苹果公司的财务状况也迅速恶化，1997年第二季度就亏损7亿美元，濒临破产。

在这种环境下，乔布斯重新回到公司。随后，他做了两件事。第一件事是控制成本，缩减产品线，砍掉了没有效益的型号。第二件事是"出新"，高举"think different"（不同凡响）的口号，相继发布了创新采用一体化的 iMac（一体机电脑）、革命性的便携式音乐播放器 iPod，以及 2007 年的第一代 iPhone，从而让苹果公司完成了从危机到兴盛的逆袭。

事后看，苹果公司的 iPhone 发布非常成功。但从当时的角度来看，美国经济前景并不明朗，销售前景似乎也十分堪忧。

2007 年 2 月和 3 月，美国有超过 25 家次级抵押贷款公司陆续申请破产。2007 年 4 月，美国第二大次级房贷公司新世纪金融公司破产。2008 年 8 月，美国房地产抵押贷款巨头房地美、房利美遭受巨额亏损，而被美国财政部接管。2008 年 9 月，危机到了最高潮，雷曼兄弟公司宣布破产，这是美国历史上涉及资产数额最大的破产案。

身处这样的经济环境中，苹果该如何选择？可以选择保守，也可以选择持续研发、应用新技术。2008 年 6 月，苹果发布了第二代智能手机 iPhone 3G，不仅支持 3G（第三代移动通信技术）网络，还支持第三方应用程序。

这款手机成了苹果发展的关键产品，当年就迅速占领了美国智能手机市场 30% 的份额，也带动了美国当年手机行业的增长。由此，苹果开启了数十年的业绩高增长历程。

当然，苹果的发展也得益于中国在危机面前的坚定。通过 2008 年相关政策的大力支持，中国成了全球经济发展的牵引力。与此同时，中国企业家也纷纷开发各类移动应用，包括外卖、打车、地图、支付、即时通信、视频、手机游戏等类别。

丰富的应用、旺盛的消费力成为苹果发展的重要推动力。正如2024年11月，在第二届中国国际供应链促进博览会上，苹果首席执行官库克表示："我非常重视他们（中国合作伙伴），没有中国的合作伙伴们，苹果就无法取得今天的成就。"其实这些因素不仅成就了苹果，也为全球移动互联网浪潮的形成起到了非常重要的推动作用。

试想，如果美国在1992年全国经济下滑的背景下没有相信技术创新的力量，没有大力建设"信息高速公路"；如果苹果在1997年公司破产前夕，在2008年次贷危机的重压下，选择了保守，那又会是怎样的境遇呢？

因此，坚信创新的力量，是穿越危机的重要驱动力。希望通过这两个技术浪潮的例子，能进一步增强读者对大模型应用的信心，也能让读者更坚定地抓住大模型成为生产力的时机。

> 1992年，克林顿提出"信息高速公路"计划，而此时的美国经济正面临衰退。1997年，苹果公司在危机中，用创新走出泥潭。

第五节　小结

让我们以从大到小的视角，再来回顾时机这个话题。

从人类发展的角度来看，GDP 的大幅增长，往往来自重大的技术革命；而工业革命的开展，往往和基础设施的提升紧密相关。当下，大模型和云计算紧密结合，正在成为新型基础设施，带来生产力的跃迁。

从国家和产业的角度来看，新质生产力正在破土而出，而人工智能和大模型可以与我国经济、产业紧密结合、协作。不仅实现"点"的突破，更迎来"面"的跃迁。

从科技发展史来看，新技术，尤其是带来重大变革的技术，往往会在曲折中发展，甚至在危机中产生。随后，展现出强大的生命力，带来全新的机遇。

从商业实践来看，许多企业往往是在面临困难、危机时，依然坚持新技术研发、新技术使用，从而实现了业绩改善，保持了竞争力。

因此，当下的时间点，是应用大模型很好的时机。人工智能应用来了，企业可以依靠大模型提高效率、降低成本，形成先发优势，提高竞争力。

第四章

抓住红利：
大模型带来技术平权

技术平权，往往意味着更多的可能性和机遇。它不仅可以提高个体劳动力素质，为个体带来更多机遇，同时对于全社会而言，会促进创新更多、更快地诞生，经济水平、社会文明程度也会得到改善。

比如，移动支付的普及，让之前只有银行等金融机构才能完成的支付业务，变得随处随地都可以进行。不仅提升了经济活动的效率，而且让许多个体可以更轻松地"开张做生意"。一些偏远地区的阿公阿婆，也可以作为个体户，拿着二维码，销售自己的特产、手艺品等，而不用像之前那样担心收受假币等风险。

再如，互联网作为最大的技术平权案例，不仅提升了全社会的信息流动，降低了每个人获取信息的壁垒，也催生了电商、在线教育等新经济形态，大幅改变了人类社会的运行方式。

正如著名科技作家、观察家凯文·凯利在图书《必然》中所表达的思想：技术的未来不是让少数人变得更强大，而是让每个人都能够参与创造未来的过程。

毫无疑问，作为当下最受关注的技术，大模型和生成式人工智能承担起了技术平权的重要责任。甚至可以说，大模型带来的技术平权，更加有利于中小型企业、初创企业。

首先，正如前几章所述，大模型自身的技术就是非常"亲民"的：大模型具有高通用性，即使直接调用，也可以解决多数场景需求；大模型进一步降低了交互门槛，允许用户用自然语言来实现自己的需求。

其次，从技术栈的演进来看，基础设施的复杂性、开发平台的复杂性等难题，正被逐一解决。

另外，科技公司提供的大模型平台，例如百度智能云千帆大模型平台，通过提供多种服务、产品、工具链，进一步降低了开发门槛和开发成本。例如，低代码产品允许用户用一句话开发智能体，十几岁的中学生就可以拥有自己的专属智能助理。

一句话总结就是，大模型带来了技术平权，将增长红利赋予了每一个准备好的企业和个体。本章将从技术栈、大模型开发范式、人工智能原生应用开发模式、成熟应用等角度，来阐述这个技术红利。

第一节　技术栈的变化，提升了开发便利

提起开发，非技术专业的读者也许会觉得复杂、深奥。关于开发确实有许多专业领域知识，不过倒也不必担心，因为我们可以化繁为简，从更中观的层面来理解开发。技术栈，就是一个非常好的切入角度。

所谓技术栈，就是指用来构建应用时，所需要的各种技术和工具的组合。就像我们为了盖好房子，需要不同的材料和工具，比如水泥、木材、砖块、石头，锤子、锯子、钻头，以及房屋图纸、电路规划、软装设计等。不同的材料、工具都有特定用途，需要协作使用。

作为开发使用的技术栈，也在不断变化。

一、操作系统的作用与变化

过去几十年，技术栈逐渐形成了三层架构：芯片层、操作系统层、应用层。芯片层是硬件的基础，包括处理器、存储器等元件，应用开发者需要确保软件与芯片的适配。操作系统层作为硬件与软件之间的接口，负责资源管理并为程序提供运行环境。应用层则包含各种应用和服务，直接面向用户，提供交互体验。

操作系统的发展，大幅降低了开发门槛。

80 年前，第一代程序员需要手动插拔电缆、转动旋钮，用布线板来操作计算机，难度大、效率低，还容易出错。后来，出现了汇编语言和汇编器，开发者可以用一种相对自然的方式告诉机器如何工作，大大提高了开发效率。这种让程序代替人工、让软件管理硬件的方式，就是操作系统的雏形。

但这还远远不够。再后来，高级编程语言和编译器诞生了，计算平台进一步进化，开发者可以用更接近人类的表达方式去开发应用，无须关心底层软硬件的复杂性。大多数应用可以在不修改任何代码的情况下，在不同硬件上跑起来。

软件越来越复杂，硬件越来越强大，随之升级的是快速迭代的操作系统。

从本质上讲，操作系统就是管理硬件和软件，往下一层屏蔽底层的复杂性，往上抽象成简单的交互界面。对开发者来说，只需要关注业务本身的逻辑，使用简单的开发语言和工具，开发相应的软件功能。

随着软件规模和复杂度的提高，单台机器已经不能满足需求，于是集群出现了。这时候，操作系统管理的对象不再是单台机器和运行在上面的"进程"，而是整个集群和上面运行的各种"微服务"，管理的对象和复杂性有了质的改变。

于是，云计算应运而生，集群管理的复杂性从此被隐去，开发者可以按需扩容或缩容，灵活响应市场的变化。

而大模型的出现，使人和机器的关系发生重大变化，其中最重要的一点就是软件开发的范式。编程不再是少数经过专业训练的程序员的特权，相反，人人都是开发者；编程不再需要从C/C++学起，而是从自然语言开始；编程不再是面向过程、面向对象，而是面向需求。

这会彻底颠覆原有的操作系统。传统的云计算系统依然重要，但不再是主角，而是需要一个全新的操作系统，进一步大幅降低开发门槛。

二、云原生，屏蔽基础设施复杂性

传统 IT 模式下，应用程序和底层操作系统、硬件（芯片和存储）之间有着紧密的依赖关系，需要互相匹配兼容，这种紧密关系给应用开发带来诸多不便。

首先，操作系统是多样的，包括 Windows、Unix、安卓、iOS、鸿蒙等。同一款应用，在不同操作系统下，就可能遭遇适配性较差问题，甚至无法运行。如果开发不同版本，能力未必满足，而且会造成资源浪费。

其次，硬件也会影响应用程序的运行。就像在显卡发展早期，采用不同 2D（二维）、3D 技术的芯片，对同一款游戏的支持效果也不同。另外，传统应用程序一旦部署到特定服务器上，维护成本就会加大。例如，服务器升级，就需要应用程序也跟随调整。如果服务器宕机，应用程序就无法提供服务。这就是服务器公司早期毛利高的原因，因为一旦客户开始使用，更换成本就会很高，从而提升了客户黏性。

最后，应用程序移植到不同基础设施上时，需要较大成本，也会造成资源浪费。

这些限制对于广大开发者，尤其是中小型开发者而言，有点像"神仙打仗，凡人遭殃"。不少应用开发公司为了扩大市场销售规模，不得不为安卓和 iOS 各自准备相应的开发人员。一些企业也时常面对服务器公司的深度捆绑，敢怒不敢言。

总结而言，传统 IT 基础设施，类型复杂，也会带来资源浪费。从实践来看，企业只有 30% 的精力聚焦于业务，而将 70% 的精力都放在复杂繁重的采购、部署、运维等工作上了。

客户有痛点，科技有使命。于是，云计算作为基础设施应运而生。基于云原生的应用开发，也越来越普及。

云计算服务，即通过虚拟化等技术，将服务器、存储、数据库、网络等硬件资源统一为一个随时可取可用的计算资源池。云原生应用即基于云环境、利用云环境的软件系统，普遍认为需要具有"容器 + 微服务 + 声明式 API"技术元素，以及与之匹配的组织架构和持续交付的工程实践。

简单介绍一下几个核心技术带来的应用效果。容器化是构建云原生应用的关键步骤。所谓容器，可以理解为一种轻量级的、可以移植的运行环境。

容器技术的主要效果是，允许开发者将应用和其依赖项全部打包在一起，从而不依赖特定的硬件或操作系统配置。打个比方说，某个人有着很强的审美偏好，对房间的家具型号、位置、颜色等都有特定的审美搭配，出差时每到一个地方就重新布置一次，极其麻烦，现在这个人直接将房间打包了，走到哪儿就直接把房间带到哪儿。这在现实世界里几乎不可行，但在技术领域，却可以通过镜像等技术实现这样的效果。简单说就是，一次开发，哪儿都能用。

微服务，是指将应用程序拆分为小的、独立的、有特定功能的服务，主要作用是强制实现应用程序的模块化，从而使开发、测试、部署等流程都更加容易。

声明式 API，是一种编程接口，允许开发者不用一步步写命令代码来达到想要的状态，而是以声明的方式表达期望的状态。用"我想要什么"取代"你必须做什么"。这种方式更接近人类自然语言和思考方式，便于理解和维护。

整体而言，云原生应用开发可以让开发者忽略基础设施的约束，专注于更加灵活、便捷、可移植的开发。同时，由于可以使用整个计算资源池，降低了单一基础设施故障带来损失的概率，具有很强的经济性和可行性。对比来看，客户可以将 70%

的时间专注于业务创新，将 30% 的时间用于构建和管理云基础设施。

企业上云，已经是一个正在发生的、确定性的趋势。沙利文数据显示，中国云服务的渗透率有望在 2027 年达到 24% 左右。这个时期，企业主要实现的是数字化的升级。

然而，云时代，开发者依然面临另一个大障碍——开发平台带来的复杂性，这就是人工智能原生要解决的问题。

三、人工智能原生，屏蔽开发平台的复杂性

云计算并没有解决所有问题，依然面临不同的开发语言、不同的算力芯片等，尤其是大模型高度依赖 GPU，而非云时代的 CPU。因此，新的时代趋势在呼唤新的开发平台——一个可以屏蔽掉云原生系统与异构算力的复杂性，让人工智能原生应用开发更加高效的平台。

要想达到这个目的，有什么思路呢？

最简单的做法就是"高度集成"。在智能手机的发展过程中，有一家公司贡献很大。那就是联发科，它为手机厂商提供了 Turnkey 模式（也称为交钥匙模式），其核心在于为手机厂商提供一整套解决方案，包括芯片、软件、系统等关键组件和技术支持。手机厂商只需要贴牌生产即可，减少开发的资源投入，从而可以在浪潮来临初期快速抢夺市场份额。这个方案，也促进了智能手机价格的下降，加快了行业普及。

在大模型时代，这个思路依然可行：打造新的操作系统，提高开发所需资源的集成度，促进开发成本下降，加快人工智能原生应用的普及。

百度智能云给出的方案是，新一代智能计算操作系统万源，通过对人工智能原生时代的智能计算平台进行抽象与封装设计，为用户屏蔽掉云原生系统与异构算力的复杂性。

如图4-1所示，万源主要由内核（Kernel）、外壳（Shell）、工具（Toolkit）三层构成。内核层，屏蔽云开发平台和不同芯片之间的复杂性；外壳层，屏蔽大模型开发的复杂性；工具层，进一步提升开发效率。

AI OS（人工智能操作系统）	工具	AppBuilder	AgentBuilder	模型和数据管理
	外壳	ModelBuilder		模型安全服务
	内核	文心NLP大模型	文心CV大模型 ⋯⋯	
		百度百舸AI异构计算平台		
云原生	云原生平台			
	异构硬件基础架构（昆仑芯、昇腾、海光、英特尔、英伟达⋯⋯）			

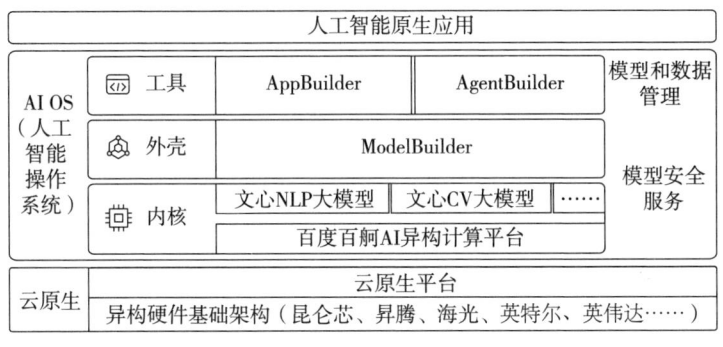

图4-1 人工智能原生应用开发平台

内核层，包括百度百舸AI异构计算平台，以及各类大模型服务。

正如前面章节所阐述的，百舸AI异构计算平台为用户屏蔽了芯片之间的差异，给大家自由选择不同芯片组合的权利，其中包括百度自2011年起就开始自研的人工智能芯片昆仑芯。2024

年 12 月，昆仑芯 P800 万卡集群成功点亮，这是国内首个正式点亮的自研万卡集群，未来还将进一步扩展到 3 万卡集群。昆仑芯对多个模型具有良好的适配，也是业界率先完成 DeepSeek 全版本适配的芯片。

大模型服务通过不断更新升级，既包含业界领先的 ERNIE 4.0、ERNIE 4.0 Turbo、ERNIE 4.5、ERNIE X1，也包括 ERNIE Speed、ERNIE Lite、ERNIE Tiny 系列轻量级大模型，以及针对特定场景专项优化的垂直场景大模型 ERNIE Character、ERNIE Functions、ERNIE Novel 等。此外，在企业应用中占据举足轻重地位的垂直能力模型，例如语音系列能力模型、视觉系列模型，也都被融入万源系统中，通过这种大模型与传统模型结合的方式，来满足企业用户复杂的需求。

外壳层是千帆 ModelBuilder。通过外壳层，可以轻松对内核层中的各个大模型实现管理、调度、训练、二次开发等处理。许多场景化的需求，不需要从头去训练大模型，只要基于工具链，在合适的基础大模型上做精调，甚至是优化一下提示词，就能很好地解决问题。ModelBuilder 可以让各类好用的工具实现产品化，进一步屏蔽掉模型开发的复杂性，让更多人只投入少量的数据、资源和精力，就能快速精调出适合自己业务的模型。

在实际应用中，用户需要合理地组合不同的模型。ModelBuilder 提供的模型路由服务，会自动给不同难度的任务选择最合适的模型，实现效果与成本的最优组合，在效果基本持平的情况下，平均降低 30% 的推理成本。

工具层主要包括千帆 AppBuilder 和 AgentBuilder 两个强大的应用开发平台，可以支持各种智能体和应用程序的快速开发与发布。

用户可以在 AppBuilder 上集成和扩展第三方组件，可以用一句话做出一个应用，满足一些特定场景的需求，让每一个有价值的创意都可以快速落地，变成现实。通过 AppBuilder 开发的应用，还可以一键发布到百度搜索、微信公众号等平台，也可以通过 API 或 SDK（软件开发工具包）的方式直接集成到自己的系统中，真正做到极速开发、轻松上市。

企业内部都有许多流程化业务，这些业务可以基于 AppBuilder 的工作流编排快速应对。开发者可以使用预置的模板和组件，轻松定制自己的业务流程，还可以在上面集成、扩建自己的特色组件，在不同节点上选用适合的模型。如果用户在 ModelBuilder 上精调了模型，在 AppBuilder 上也可以直接调用，整个过程非常便捷。

万源操作系统不仅带来了开发便利，还使操作系统管理的对象发生了本质变化，从管理进程、管理微服务，变成了管理智能。更容易被用户理解，也更贴近现实业务需求。

如果仍以盖房子为例，人工智能原生应用开发平台的各种便利，就像建筑领域那些减少复杂性的技术一样。比如，预制构件和模块化建筑等技术，提前在工厂把盖房子所需要的构件（如墙板、楼板）加工好，甚至将整个房间或标准单元在工厂内完成，直接运输到现场进行组装；建筑信息模型，作为数字工具，提前内置多个IP（互联网协议）或模块设计，提高规划、设计、建造的效率。

减少复杂性，就是增加了创造性。

四、小结

人工智能开发并不是这几年才有的新鲜事，但大模型确实带来了新变化。

以前的人工智能通用性不强，人工智能应用开发是"烟囱"式的。面对不同场景，要独立地准备数据、训练模型、开发应用，门槛高、效率低。

现在，大模型因为极强的泛化能力具备了跨行业、跨场景的通用性和可迁移性。大模型以MaaS（模型即服务）的形式，取代了原先一个个分散的、独立的"烟囱"底座，极大地降低了人工智能的技术门槛。

现在要开发一个应用，只需要在MaaS平台上，通过提示词工程或者基于少量数据做模型精调，就能完成新场景的适配和落地。应用开发中定制化的部分，从"最后一公里"缩短到"最后一百米"，极大地提升了研发效率。未来的编程过程，就是一个人表达愿望的过程。

回溯来看，科技发展一直在推动应用开发便利。云原生解决了基础设施复杂度的问题，人工智能原生解决了开发平台复杂度的问题，由此带来的开发范式转变，也必然会体现到企业经营上。大模型的优秀能力和发展前景，会形成这样一个趋势，即是否使用人工智能、是否按照人工智能原生来重构业务，这会成为企业之间重要的竞争要素。

可以借鉴的思考是，优先选择具备面向企业全栈服务能力的企业，包括从算力平台、基础大模型到模型开发和应用开发平台在内的人工智能全栈能力。只有基于这样的能力，创新才能更快，成本才能更低。

接下来，我们进入开发实战，通过步骤化操作流程和实践案例，感受一下开发的低门槛、高便利。

技术栈，就是指用来构建应用时，所需要的各种技术和工具的组合。

操作系统就是管理硬件和软件，往下一层屏蔽底层的复杂性，往上抽象成简单的交互界面。

新一代智能计算操作系统，需要屏蔽掉云原生系统与异构算力的复杂性。减少复杂性，就是增加了创造性。

第二节　模型开发，轻松实现

对许多企业而言，应用大模型最便捷的方式就是直接使用成熟的大模型。比如，百度智能云千帆大模型平台提供了大量类型丰富的模型，用户可以根据自己的场景，合理搭配这些模型，通过直接调用就大幅提高了业务效率。

然而，很多企业也会有模型开发的需求。因为在大模型普及的过程中，时常会遇到一种情况，即许多垂直场景，要想更好发挥大模型的能力，依然需要一些必要的开发环节（例如精调优化），提高大模型的精准度，或者更进一步，需要进行预训练，开发一些更专业的行业大模型。

这些需求也可以在百度智能云千帆大模型平台上得到满足。如图4-2所示，ModelBuilder提供了完整的大模型开发流程工具链，包括数据管理、模型训练、评估和优化、预测服务部署、提示词工程等，而且在不断优化、扩展。这也是业界首个上线DPO、KTO（知识迁移优化）模型训练方法的平台，提供了业内独家的高质量通用语料数据和开箱即用的模型精调样板间。无论是想要自己准备数据、做精调，还是想快速上手、复制行业最佳实践，百度智能云千帆大模型平台都可以高效支持。

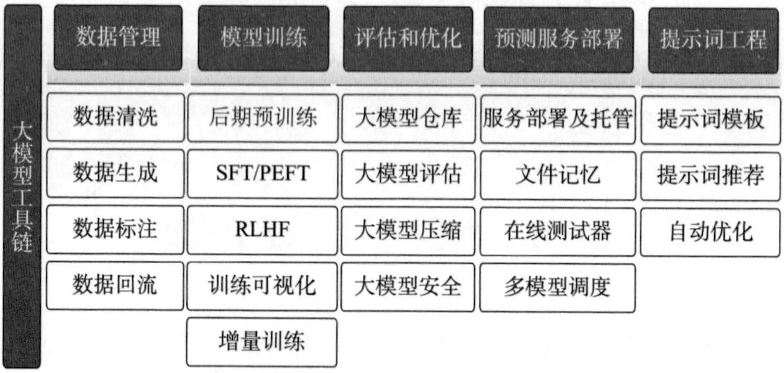

数据管理	模型训练	评估和优化	预测服务部署	提示词工程
数据清洗	后期预训练	大模型仓库	服务部署及托管	提示词模板
数据生成	SFT/PEFT	大模型评估	文件记忆	提示词推荐
数据标注	RLHF	大模型压缩	在线测试器	自动优化
数据回流	训练可视化	大模型安全	多模型调度	
	增量训练			

图4-2 大模型开发流程工具链

注：PEFT指参数高效微调。

一、步骤化实施微调，更懂你的业务

（一）微调优化的准备

在大多数指令理解场景中，都可以通过有监督微调优化。微调优化需要几个要素。

第一，在进行有监督微调之前，需要完成良好的提示词工程。通常采用的方法包括，添加尽可能清晰的任务描述，限定任务范围等细节；拆分复杂任务，变为"简单任务＋少量样本示例"等。

第二，准备数据。通常有上千条左右的精标数据就可以发挥良好效果。同时，也可以通过提高数据多样性来提高微调效果。在这个环节，需要注重数据质量，避免出现一些错误或者无意义的内容而导致模型效果变差。

如果现有的数据量比较少，怎么办？百度智能云千帆大模型平台提供了自我指导（self-instruct）的方式，可以实现指令数据的生成。

数据生成的指令，可以参考下述样式：

你是一个提示词生成器，现在需要你生成一套五个不同的任务指令，以下是要求：

- 尽量不要在每条指令中重复动词，以最大限度地提高多样性。

- 教学语言应多样化。例如，你应该将问题与命令式教学相结合。
- 任务指令的类型应该多样化。该列表应包括各种类型的任务，如开放式生成、分类、编辑等。
- 语言模型应该能够完成指令。例如，不要要求助手创建任何视觉或音频输出。例如，不要要求助理在下午5点叫醒你，也不要因为助理无法执行任何操作而设置提醒。
- 指令应该为一两句。命令句或疑问句都是允许的。
- 你应该为指令生成适当的输入。输入字段应包含为指令提供的特定示例。它应该包含真实的数据，而不应该包含简单的占位符。输入应提供实质性内容，使指令具有挑战性，但理想情况下不应超过100个单词。
- 输出应该是对指令和输入的适当响应。确保输出少于100个单词。

第三，设置合理的超参数。epoch（整个训练数据集上完成一次前向和后向传播所需的迭代次数）是比较重要的参数，可以根据数据规模适当调整epoch的大小，例如小数据量可以适当增大epoch，让模型充分收敛。当数据量为100条时，epoch可以为15；当数据量为1 000条时，epoch可以为10；当数据量为10 000条时，epoch可以为2。需要注意，过高的epoch虽然会提高特定场景的下游能力，但可能会带来通用能力的遗忘，需要根据实际情况进行平衡。

（二）实践案例：作文点评

在教育场景中，作文点评是常见的业务，需要从作文的内容是否符合题意、作文结构是否严谨、作文是否存在缺点和扣分项等方面做出评判，并给出最终的得分。

经过精调后，大模型也可以成为作文点评专家，既能够作为老师的得力助手进行快速评分，也能够作为学生的私人教师，让学生知道作文还可以从哪些方面提升，从而节省成本和时间。

1. 大模型应用的难点

直接使用大模型对作文进行点评，会面临几个难点。例如，评分不能准确遵循要求，打分普遍偏高，不能严格按照扣分项扣分；或者作文解析比较空泛，给出的意见没有指导性；抑或是输出的格式不满足要求。以上问题，可以通过模型精调来解决。

2. 精调的步骤

第一步，准备数据。需要准备高质量的作文语料，具备风格广泛、质量广泛的特点。即作文题材的类型多样，例如议论文、记叙文、说明文等，并使用真实的作文及对应的高质量点评数据。

如果数据量不够，可以用大模型来构建语料。过程包括：收集高考作文题目；为防止风格单一，可以采用多个大模型来生成作文；设置多个作文生成提示词，使生成的作文更符合写作质量真实分布状况；人工对生成作文进行筛选，提高数据质量；设置批改评分提示词；由大模型进行批改，并通过人工再次确认。其中，批改评分的提示词可以根据下方内容进行参考：

你是一名高考语文阅卷老师，现在有一个高考作文题目和一篇待批改作文，需要你对这篇待批改作文进行评分。

要求：第一，请认真阅读作文批改要求和作文题目，对这篇待批改作文进行公正严格的批改和打分；第二，评分一定要严格，不能轻易给出高分；第三，返回内容要严格按照最后的输出格式。

一、作文批改要求

高考作文评分批改分为基础等级、发展等级、关于作文的其他项评定。

（一）基础等级

基础等级分内容和表达两项。

1. 内容项

具体评分规则如下：符合题意、中心突出、内容充实、思想健康、感情真挚为一等，可按16~20分酌情给分；符合题意、中心明确、内容较充实、思想健康、感情真实为二等，可按11~15分酌情给分；基本符合题意、中心基本明确、内容单薄、思想基本健康、感情基本真实为三等，可按6~10分酌情给分；偏离题意、中心不明确、内容不当、思想不健康、感情虚假为四等，可按0~5分酌情给分。

2. 表达项

具体评分规则如下：符合文体要求、结构严谨、语言流畅、字迹工整为一等，可按 16~20 分酌情给分；符合文体要求、结构完整、语言通顺、字迹清楚为二等，可按 11~15 分酌情给分；基本符合文体要求、结构基本完整、语言基本通顺、字迹基本清楚为三等，可按 6~10 分酌情给分；不符合文体要求、结构混乱、语言不通顺语病多、字迹潦草难辨为四等，可按 0~5 分酌情给分。

（二）发展等级

基础等级分要与发展等级分相匹配，发展等级不能跨越基础等级的得分等级。

具体评分规则如下：深刻、丰富、有文采、有创意为一等，可按 16~20 分酌情给分；较深刻、较丰富、较有文采、较有创意为二等，可按 11~15 分酌情给分；略显深刻、略显丰富、略显文采、略显创意为三等，可按 6~10 分酌情给分；个别语句有深意、个别例子较好、个别语句较精彩、个别地方有深意为四等，可按 0~5 分酌情给分。

（三）关于作文的其他项评定

1. 扣分项评定

出现错别字，1 个错别字扣 1 分，重复不计，扣完 5 分为止；标点符号出现 3 处以上错误的，酌情扣分；字数不足，每少 50 字扣 1 分；无标题扣 2 分。

2. 残篇评定

400 字以上的文章，按评分标准评分，扣字数分（少 50 个字扣 1 分）。

400 字以下的文章，20 分以下评分，不再扣字数分。

200 字以下的文章，10 分以下评分，不再扣字数分。

只写一两句话的，给 1 分或 2 分，不评 0 分。

只写标题的，给 1 分或 2 分，不评 0 分。

完全空白的，评 0 分。

二、作文题目

〈输入作文题目〉

三、待批改作文

〈输入待批改作文〉

四、输出格式

{"详细解析":{"内容项":{"解析":"xxxxxx。","等级":"xx 等","得分":"xx 分"},"表达项":{"解析":"xxxxxx。","等级":"xx 等","得分":"xx 分"},"发展等级":{"解析":"xxxxxx。","等级":"xx 等","得分":"xx 分"},"扣分项和残篇评定":{"解析":"xxxxxx。","扣分":"xx 分"}},"缺点和改进意见":{"缺点":"xxxxxx。","改进意见":"xxxxxx。"},"最终得分":"xx 分"}

经过数据清洗和扩充，可以得到一份高质量的数据集。同时为了评估调优模型的质量好坏，需要准备对应分布的评估数据集。可以对上述得到的数据集进行拆分，拆分的部分数据集用于评估模型的好坏。针对作文批改的场景，评估数据集需要注意的是，评估集中的作文质量分布要和训练集中的大致一致，评估集和训练集内容不能重复，避免评估不准确。

第二步，精调模型。正式进入模型训练任务时，可以采用有监督微调来进行精调。在中文生成场景下，推荐采用 ERNIE Speed 模型作为基座模型，它可以更好地处理特定场景问题，同时具备极佳的推理性能。

完成参数设置后，进行精调。在实践中，推荐优先使用平台默认训练参数。从结果可以看出，经过精调后的模型，打分质量非常接近人工，表现也更加稳定。

而且，精调模型的部署成本和调用成本远比超大规模参数模型低。例如，本案例选择了 ERNIE Speed 基础模型，经过调优后按照调用量付费模式，调用价格相较直接调用旗舰级大模型大幅降低。

同时，本案例中，经过精调后的模型首 token 平均时延相比大参数的模型降低 50%，总平均时延更是降低了 90%。

（三）实践案例：角色扮演

大模型角色扮演，本质上是让大模型扮演某个特定角色与用户对话。在游戏、小说场景中，大模型凭借强大的语言理解能力和流畅自然的交互方式，通过角色扮演可以为用户带来更高效、更新奇的体验。

为了让用户沉浸式地与角色进行互动，不断提升游戏或小说产品的留存率和黏性，就需要大模型的输出更具有情感温度和画面感，同时输出要更符合角色设定，例如符合角色的年龄、性别、性格、说话语气等（见图 4-3）。

悟空，不得无礼	悟空，不得无礼
好的，师父。我会控制自己的情绪，不再冲动行事。我会冷静思考，寻找最佳的解决办法。请师父放心，我一定会竭尽全力救出师父和八戒，并带领大家顺利前行。请师父指点迷津，我会听从您的教导。	师父，俺老孙性子急，但绝无恶意。师父有何吩咐？
超大规模参数模型直接调用	中等规模参数精调后调用

大师兄，你准备去哪里	大师兄，你准备去哪里
我准备前往西天求取佛祖帮助，只有借助佛祖的神力，我们才能打败这些妖魔，救出师父和八戒。请你放心，我一定会回来的。	八戒那呆子又贪吃贪玩了，这次得好好教训他一顿！至于我，当然是要继续保护师父西天取经了。
超大规模参数模型直接调用	中等规模参数精调后调用

猴哥，前面有妖怪	猴哥，前面有妖怪
妖怪？哪里哪里？俺老猪耳朵都竖起来了，等着看妖怪长啥样呢！不过，有猴哥你在，我就放心多了，你肯定会保护师父和我们的安全吧？	嘿嘿，有妖怪？这可正合我意！前面带路，让俺老孙去会会他们，看是他们厉害，还是我的金箍棒厉害！
超大规模参数模型直接调用	中等规模参数精调后调用

图 4-3 大模型参数调用示例

1. 大模型应用难点

角色扮演场景在使用通用基础大模型时，总会遇到不少效果问题，带来不少线上用户的负面意见反馈。例如，输出很"AI 化"，不像是真实的人物角色，用户无法投入与其对话。再如，角色风格不强烈，不完全贴合人设要求，用户反馈容易出戏。又如，输出不稳定，有一定比例会以错误的人设输出，用户反馈大模型串戏。

针对以上问题，也可以采用精调优化来解决。

2. 精调的步骤

第一步，准备数据。角色扮演场景的数据收集要注意，实际业务通常为多轮对话场景，因此收集的数据也需要为多轮数据；大模型通常需要扮演多个角色，因此需要将高频角色对话均整理为训练数据，避免只提供单一角色的训练数据；关注人设类型分布是否均衡；数据质量远比数据量级更为重要，如果为了追求数据量级而混入低质量的数据，反而会让模型的效果变差。

如果数据量不够，可以采用百度智能云千帆大模型平台上的数据增强模块，生成更多样本。将数据分为训练数据集和评估数据集后，进入下一步。

第二步，精调模型。本案例选择 ERNIE Speed 基础模型，随后进行评估。角色扮演场景评估更看重大模型人设遵循的能力和回答质量，即言行是否符合角色设定的身份、特色、语气等，文风是否符合场景的需求，以及回答是否与上文对话相符，内容是否丰富、有建设性。

从结果来看，精调模型有效解决了之前模型输出"AI化"、输出角色风格不强烈、输出角色串戏等问题，体验更有画面感和沉浸感。而且，训练和推理成本也大幅降低。ERNIE Speed 基础模型，经过调优后按照调用量付费模式，调用价格相较直接调用旗舰级大模型大幅降低。

（四）实践案例：病历撰写

医生的时间非常宝贵，但每天却不得不花很多时间来完成病历填写。业内一直在尝试实现病历填写自动化，但由于患者并不会使用精准的医学词汇，所以传统人工智能的效果并不好。这就需要通过模型精调来改进。

全诊医学是一家医疗人工智能创新公司，其打造的人工智能医疗助理已经服务了50多家三甲医院和15 000多家中小医疗机构。

这个医疗助理的重要功能之一就是，用人工智能来节省医生原本要花在整理和书写病历上的大量时间。它能在医生问诊的过程中实时记录对话，精准理解不同方言和医学术语。问诊后，人工智能医疗助理只用两秒就能生成病历草稿。

为了让病历更准确、更规范，进一步提升病历的内涵质量，全诊医学用20万份精标病历数据做了模型精调。精调前，病例中会出现许多口语化、不够专业的内容。精调后，用语更准确、更规范。

精调模型使病历生成的准确度提升了45%。基于人工智能医疗助理，医生也节省了写病历的时间，从而可以花更多时间来医治更多病人，从实践来看，接诊量也提高了20%多。

能有这样的效果，是因为全诊医学积累、精标了丰富的行业数据用于模型精调。但对于更多的企业来说，人工精标数据成本高、周期长，不容易实现。因此，百度智能云也发布了模型蒸馏解决方案，提供完整的工具链，包括合成数据在内，帮助用户快速启动模型精调。蒸馏也可以在保持效果持平的情况下降低模型成本。

整体而言，精调模型应用领域非常广泛。例如，当需要纠正大模型输出的格式、口吻或者风格时，可以使用有监督微调或者偏好对齐的训练方法；如果对大模型输出要求比较高、提示词比较复杂，可以通过准备对应的数据集做有监督微调调优；需要大模型处理一些边界情况时，可以尝试使用有监督微调调优；其他对大模型的要求在提示词中难约束时，可以考虑进一步调优。

二、模型蒸馏，低成本、高性能

大模型参数量已经突破万亿级门槛，但企业正面临算力成本飙升与部署门槛陡增的双重压力。DeepSeek的横空出世为行业带来了全新的思考，也让模型蒸馏技术一跃成了"当红炸子鸡"，其背后的行业逻辑也正被重构：从"狂堆参数"转向"精准提纯"，模型训练的门槛正被降低。

简单来说，模型蒸馏技术的核心即"学习与复刻"，构建一个"人工智能师徒系统"：教师模型输出问题的思考过程和高质量回复，学生模型将其作为优质的训练语料快速吸收。这种"能力移植"如同炼金术，将大模型的推理能力"提纯"至小型模型中，使其在特定场景中的性能可以媲美超大模型。

但模型蒸馏并非简单的"知识搬运"。根据不同的模型需求，在蒸馏过程中，开发者需要进行超参数调优等复杂操作，稍有不慎就会"知识迁移失真"，蒸馏效果也会大打折扣。

那么对于开发者来说，怎样才能快速、便捷、稳定地完成模型蒸馏？为了进一步推动技术普惠，让每个开发者都能快速学习、实践模型蒸馏，百度智能云千帆 ModelBuilder 正式上线了"模型蒸馏"功能，平台原有的"萃取数据—数据处理—精调模型"三步变一步，一键即可完成模型蒸馏全过程。

接下来，以百度智能云千帆平台上的模型蒸馏样板间为例，阐述如何仅用 3 小时就能复刻一个和 DeepSeek-R1 效果媲美的数学场景模型。

首先，要保证模型蒸馏的效果，构建高质量的原始数据至关重要。这些数据不仅需要包含具有典型特征的样本，而且难度要按照从易到难的顺序递进，这样才能充分发挥教师模型的能力，同时易于学生模型学习。为此，千帆 ModelBuilder 预置近百个高质量数据集，覆盖文本创作、客服对话、数学判题等多个场景。这些数据经过了千帆算法工程师加工处理泛化增强，可以在帮助用户提升场景效果的同时，也不遗忘通识的语料知识。数据准备完成后，可以选择千帆平台的通用数据集功能，点击创建数据集将数据导入千帆共享存储中，从而保存为一份可以用于蒸馏的数据集。导入后，在平台上选择模型蒸馏功能，进入模型蒸馏的流程。百度智能云千帆 ModelBuilder 蒸馏 DeepSeek 示例如图 4-4 所示。

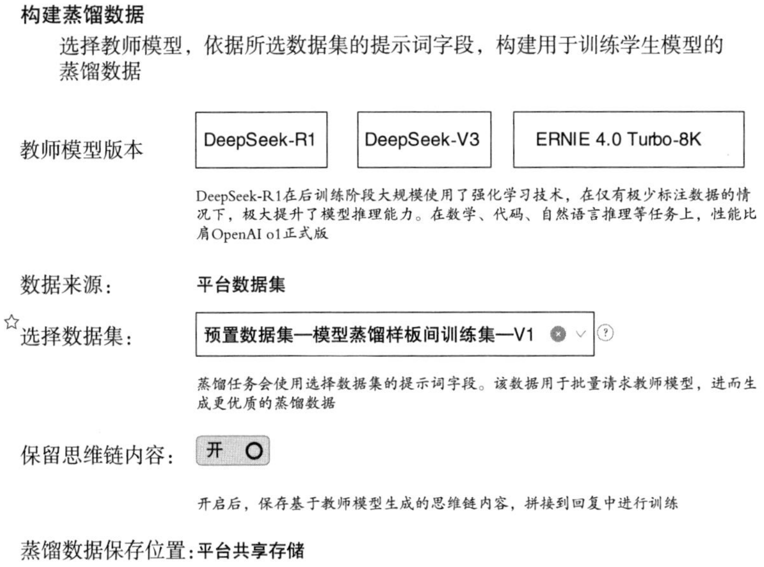

构建蒸馏数据
选择教师模型，依据所选数据集的提示词字段，构建用于训练学生模型的蒸馏数据

教师模型版本：　DeepSeek-R1　　DeepSeek-V3　　ERNIE 4.0 Turbo-8K

DeepSeek-R1在后训练阶段大规模使用了强化学习技术，在仅有极少标注数据的情况下，极大提升了模型推理能力。在数学、代码、自然语言推理等任务上，性能比肩OpenAI o1正式版

数据来源：　平台数据集

☆ 选择数据集：　预置数据集—模型蒸馏样板间训练集—V1

蒸馏任务会使用选择数据集的提示词字段。该数据用于批量请求教师模型，进而生成更优质的蒸馏数据

保留思维链内容：　开 ○

开启后，保存基于教师模型生成的思维链内容，拼接到回复中进行训练

蒸馏数据保存位置：平台共享存储

图4-4　百度智能云千帆 ModelBuilder 蒸馏 DeepSeek 示例

其次，选择合适的学生模型。为确保学生模型达到最佳学习效果，可以采用全量更新方法开展训练。在参数配置环节，通常采用平台默认参数值即可。比如，可以选择 ERNIE-Speed-Pro-128K 模型。在验证集的设置上，可以选取生成后的蒸馏数据的 5% 作为验证集。验证集作为评估训练过程的关键数据支撑。

最后，在训练完成后，选择采样部分公开的 GSM（小学数学）评估数据集及 TAL-SCQ（数学竞赛数据集）评估集创建自动评估任务，通过 ERNIE 4.0 Turbo-8K 作为裁判员模型并自定义评估指标，快速得到评估结果。

比如，实践中的一次蒸馏结果的打分情况如表 4-1 所示。

表 4-1　实践中一次蒸馏结果的打分情况

实验结果	直接调用 ERNIE-Speed-Pro-128K	调用蒸馏后 ERNIE-Speed-Pro-128K				直接调用 DeepSeek-R1
		实验1 迭代轮次=3 学习率=3e-5	实验2 迭代轮次=3 学习率=1e-5	实验3 迭代轮次=5 学习率=1e-5	实验4 迭代轮次=5 学习率=3e-5	
语言一致性	0.83	0.90	0.88	0.88	0.94	0.98
内容一致性	0.83	0.93	0.94	0.91	0.95	0.98
答案一致性	0.84	0.91	0.94	0.92	0.94	0.95

从表 4-1 可以观察到，实验 4 蒸馏的 ERNIE-Speed-Pro-128K 表现最好，该实验的内容一致性和直接调用 DeepSeek-R1 接近。不仅指标有所提升，而且蒸馏后的模型回复带有问题推理的过程。因此，我们可以得出结论，在模型蒸馏过程中，ERNIE-Speed-Pro-128K 学习到了与 DeepSeek-R1 接近的逻辑推理能力，可以进行正确、严密的逻辑推理，而蒸馏得到的模型的推理成本大幅降低，输入成本约为 DeepSeek-R1 的 1/13，输出成本约为 DeepSeek-R1 的 1/27。[①]

通过蒸馏的方式，用户使用大模型的成本再次降低，但性能却得到提升。

[①] 该成本不包括构建蒸馏数据的成本和模型训练成本，推理成本按照 tokens 后付费的方式计算，DeepSeek-R1 的推理成本参考其官网价格。

> 微调优化有三个要素。第一，在进行有监督微调之前，需要完成良好的提示词工程。第二，准备数据。第三，设置合理的超参数。
>
> 模型蒸馏技术的核心即"学习与复刻"，构建一个"人工智能师徒系统"：教师模型输出问题的思考过程和高质量回复，学生模型将其作为优质的训练语料快速吸收。

第三节　人工智能原生应用的开发，更加便利

无论是 PC（个人计算机）时代，还是手机时代，都可以看到一个现象——提供操作系统的只有少数几家公司，例如 PC 时代主要是微软 Windows 操作系统和苹果 Mac 操作系统，以及小规模的 Linux 系统等；手机时代以谷歌的安卓系统和苹果的 iOS 系统为主。然而，应用程序却有成千上万个，大大小小的公司层出不穷。

当下的大模型浪潮，也会如此。提供大模型产品及服务的公司，只会有少数几家，但是人工智能应用却会丰富多彩。大模型要实现价值，自然需要和产业结合，才能更好地发挥作用，产生数据飞轮。这也就是百度一直呼吁的"'卷'大模型，不如'卷'应用"。

有人或许有疑问：不同业务规模、不同行业、不同场景的需求那么多，开发模式难道都一样吗？是不是越来越难？

这个问题的答案是，开发模式确实有不同，但便利度是一

样的。基于大模型的人工智能原生应用开发模式在不断演变，目前已经有了提示词工程、RAG、大模型融合业务执行 Copilot、自主规划与执行智能体四种模式。这四种模式对应的能力不断提升，带来全新的、高效的开发体验，也让人工智能应用开发越来越具有实用性、经济性。

一、开发模式丰富、便捷

由于用户有不同的需求，就对应了不同的开发模式（见图 4-5）。

提示词工程，是与大模型交互的一种方式，通过设计特定的输入提示来引导大模型生成相关输出内容。这是人工智能原生应用开发的基础，也是理解大模型的起点。

RAG，正如前文所述，结合了检索的信息后，与原提示词合并，整体作为提示词输入给大模型，因此也是对提示词的扩展。这是在提示词的基础上增加了基于外部数据库的信息检索步骤，提高了内容生成的质量。

大模型融合业务执行 Copilot，是指可以辅助用户完成任务的人工智能系统，例如自动编程。它增加了手动编排工作流的能力，从而提升了交互效果，也节省了用户的精力。

自主规划与执行智能体，指的是具有一定自主性的人工智能系统，它能够自主进行复杂任务的规划、学习、执行等。这是目前人工智能应用开发的最高级形式，不仅包含 Copilot 的能力，而且自主决策能力大幅提升，也是大模型进入生产力场景的最佳产品形态。

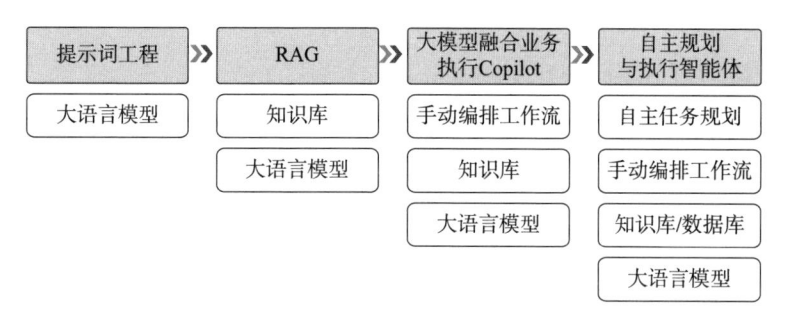

图 4-5　四种不同的开发模式

从提示词到智能体的演变，在实践中带来许多便利。首先，实现了从静态到动态的提升，智能体可以动态适应用户需求，使其更加符合实时变化的使用场景。其次，从文本的单模态发展到了文本、语音、图片、视频等多模态的形式，使用场景更广泛，交互方式也更多元。再次，可以执行的任务复杂度大幅提升，也意味着使用场景可以更加广泛，效果也大幅提升。最后，实现了从手动设计到自动化学习的进化，智能体可以像人一样自主学习，不仅节省了用户的精力，还提高了工作效率。

总结而言，随着大模型技术的不断发展，人工智能原生应用开发模式越来越多、越来越高级。

二、不同应用场景的合理选择

为了提升用户的资源利用率，百度智能云根据实践经验，制作了一个开发场景象限图，从而便于用户选择更合适的技术。

在场景评判方面，参考的指标主要包括对外部知识的需求和对模型的适应性要求。以这两个指标为纵轴和横轴，构建四个象限，对应不同的开发模式。

如图4-6所示，纵轴是外部知识需求，自下向上，外部知识需求越来越高；横轴是模型适应性要求，从左到右，适应性要求越来越高。

由此可以总结出，在四个象限中，左下角是对外部知识需求、模型适应性要求都比较低的场景，这种情况下，可以选择预训练的大模型，采用提示词工程即可；左上角对外部知识需求高，对模型适应性要求低，因此采用RAG技术即可；右下角对外部知识需求低，对模型适应性要求高，可以采用微调优化方式；右上角对外部知识需求、模型适应性要求都很高，那就需要采用微调、RAG、智能体等方式。

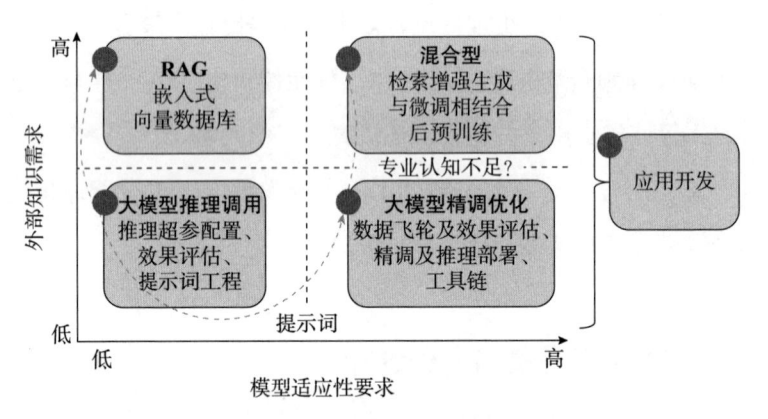

图4-6 不同应用场景的开发模式

同时在模型选择方面，也可以根据业务需求选择不同的模型规模参数。如图 4-7 所示，百度有 ERNIE 3.5、ERNIE 4.0 等旗舰级大模型，ERNIE Speed、ERNIE Lite 等主力大模型，ERNIE Character、ERNIE Functions 等垂直场景大模型，以及 ERNIE Tiny 轻量级大模型。而且随着时间的推移，会有越来越多效果好、性能高的模型出现。

最丰富的大模型

旗舰级大模型	主力大模型	垂直场景大模型	第三方大模型	
ERNIE 3.5	ERNIE Speed	ERNIE Character	ChatGLM2	Llama 2/3
ERNIE 4.0	ERNIE Lite	ERNIE Functions	Baichuan 2	Stable-Diffusion
ERNIE 4.5	轻量级大模型		XuanYuan	……
ERNIE X1	ERNIE Tiny			

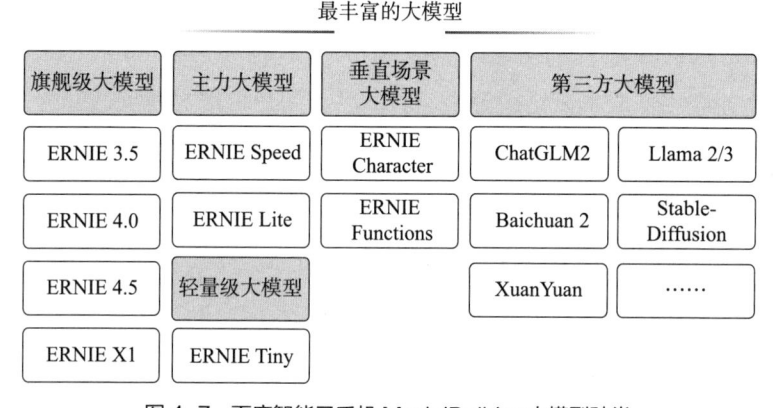

图 4-7 百度智能云千帆 ModelBuilder 大模型种类

其中，ERNIE Speed，适合对性能要求较高、需要处理大量数据和复杂任务的场景，如自然语言处理、机器翻译、智能问答等领域；ERNIE Lite，适合对模型大小和计算复杂度有限制且需要及时响应的场景，比如智能客服等；ERNIE 3.5、ERNIE 4.0、ERNIE 4.5，适合需要实时信息更新和高度准确预测的场景，如金融分析、舆情监测等；ERNIE X1 深度思考模型，具备更强的理解、规划、反思、进化能力，兼备准确、创意和文案，适合中文知识问答、文学创作、逻辑推理和复杂计算等场景；ERNIE

Character，适合需要进行角色扮演和对话交互的场景，如游戏开发、客户服务等；ERNIE Functions，适合需要在对话中调用外部工具或业务函数的场景，如智能助手、业务自动化等；ERNIE Tiny，适合对模型大小和计算资源有严格限制的场景，如嵌入式设备、移动应用等，同时也适用于需要快速推理和高效运行的任务。

ERNIE Speed、ERNIE Lite 这两款主力模型是完全免费使用的，可以降低用户的成本，提升用户对大模型的使用意愿，支持业务应用低成本试错，等快速验证后，用户可以寻找到适合的大模型，继而提高业务效率。

三、提示词工程开发实战

提出一个问题往往比解决一个问题更重要，甚至有观点认为，提问的艺术和科学是所有知识的来源。这句话也许有些夸大，但是对于大模型而言，却非常契合。因为我们在使用大模型时，一个常见的方式就是使用各类 GPT 聊天工具，给予大模型指令的方式也是通过自然语言。

支撑向大模型提问的技术，就是提示词工程。它是指通过创建指令或文本作为输入，引导大模型的输出，完成需求。提示词的好与坏，非常影响大模型的输出。这个开发方式的适用场景也非常广泛。百度智能云千帆大模型平台提供了一套开发、应用流程，以及指导方案。

（一）开发流程

如图 4-8 所示，提示词的开发流程包括五个阶段：

- 第一，准备阶段，即准备测试用例，包括典型示例和边缘情况。
- 第二，设计开发阶段，即设计初版提示词。
- 第三，评估阶段，即评估提示词的准确性、延迟、成本等指标。
- 第四，优化阶段，发布上线后，根据监控、观测的运行效果，进行优化。
- 第五，完成交付，即交付最优的提示词。同时，提示词的开发也要和大模型的开发相结合。

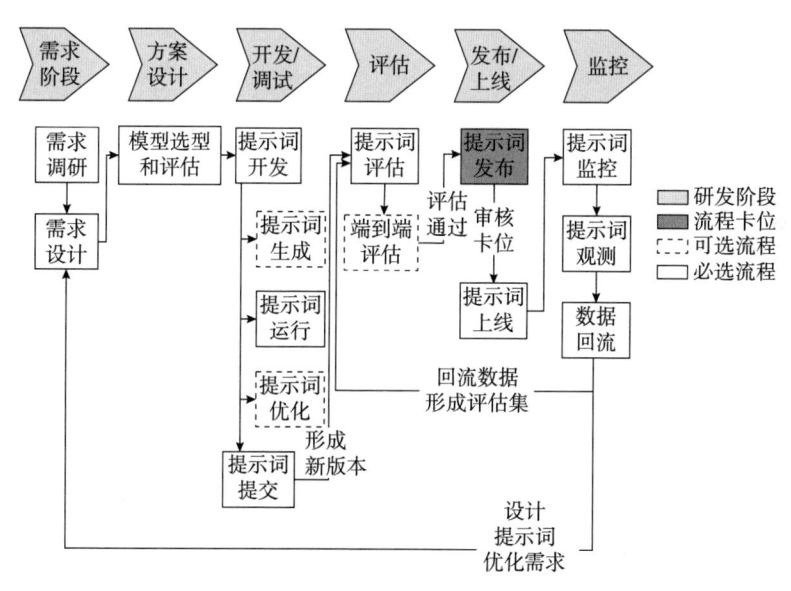

图 4-8　提示词开发流程

（二）构成

提示词的具体形式各式各样，研究人员根据实践逐渐提炼了一个通用设计规则，以提升提示词构建的工程化和模块化（见图4-9）。

你是一个擅长评价文本质量的助手。
请你以公正的评判者身份，评估一个AI问答助手对于用户提问的回答的质量。你需要从以下几个维度对回答进行评估：忠实度、相关性、清晰度、完备性。我们会向你提供用户提问、相关文档和需要你评估的AI助手的答案。
当你开始评估时，你需要遵守以下的流程： 1.将AI助手的答案与用户提问、相关文档进行比较，指出AI助手的答案有哪些不足，并进一步解释。 2.从不同的维度对AI助手的答案进行评价，在每个维度的评价之后，给每个维度一个1~10的分数。 3.最后，综合每个维度的评估，对AI助手的回答给出一个1~10的综合分数。 4.你的打分需要尽可能严格，并且要遵守下面的评分规则： -总的来说，模型的回答质量越高，则分数越高。 -忠实度和相关性这两个维度是最重要的，这两个维度的分数主导了最后的综合分数。 -当模型的回答存在与问题不相关的情况，或者有实质性的事实错误，或者生成了有害内容，总分必须是1~2分。 -当模型的回答没有严重错误而且基本无害，但是质量较低，没有满足用户需求，总分为3~4分。 -当模型的回答基本满足用户要求，但是在部分维度上表现较差，质量中等，总分为5~6分。 -当模型的回答质量较高，在所有维度上表现良好，总分为7~8分。 -只有在模型的回答质量极高，充分解决了用户的问题和所有需求，并且在所有维度上都接近满分的情况下，才能得9~10分。 -作为参考，如果模型的回答可以作为标准答案，得到8分。
请记住，你必须在打分前进行评价和解释。在你对每个维度的解释之后，需要加上对该维度的打分。之后，在你回答的结尾，按照以下Json格式包括括号返回你所有的打分结果，并确保你的打分结果是整数，例如："Json"｛"忠实度"：8，"相关性"：5，"清晰度"：7，"完备性"：7，"综合分数"：7｝
<用户提问> {{question}} </用户提问> <相关文档> {{reference }} </相关文档> <助手答案> {{answer}} </助手答案>

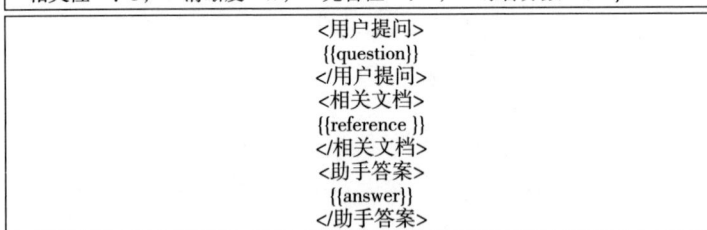

图4-9 提示词示意图

提示词通常应该包括的元素有人设/角色、任务、输出要求、上下文（背景信息和输入）、示例等部分。

人设/角色，即在开头为大模型设定一个身份，可以引导模型生成特定类型的结果。例如，希望大模型做翻译工作时，可以输入"你是一个将英文翻译为中文的助手"；希望大模型做评价工作时，可以输入"你是一个擅长评价文本质量的助手"。

任务，即明确大模型要做什么。编写这部分内容时可以尽可能采用一些短语，清晰定义任务的步骤、目标。

输出要求，即对大模型的输出结果给予限定或引导。

上下文，即提供更多的背景信息，以及需要大模型处理的输入内容。

示例，即提供一些例子，可以让大模型"照葫芦画瓢"，使输出更加精准。

这些要素并非需要全部包含，用户依然可以构建其他提示内容。总的原则是，尽量用清晰、准确的"限定"描述引导大模型发挥创造性。

（三）提示词优化：提高编写技巧

提示词的质量，也会影响模型输出的质量。接下来分享几个提高提示词质量的技巧。

1. 明确指令

通过细化表达，更加明确要获取的信息或希望大模型执行的动作，从而避免、减少冗余信息的输出。

如图 4-10 所示，如果指令是"把 Hola 翻译为中文"，则会获得较长的解释，可以获得信息，但并不能精确完成指令。因此，优化后的提示词格式为"将以下西班牙语文本翻译成中文：文本：'Hola'"。

可以看到优化后的大模型输出会精练、准确地执行指令，而不是提供多余信息。

> 把Hola翻译成中文
>
> "Hola"在西班牙语中是一个常用的打招呼方式或问候语，类似于英语中的"Hello"。将其翻译成中文就是"你好"
>
> 由文心大模型3.5生成
>
> 重新生成

> ###指令###
> 将以下西班牙语文本翻译成中文：
> 文本："Hola"
>
> 译文："你好"
>
> 由文心大模型3.5生成
>
> 重新生成

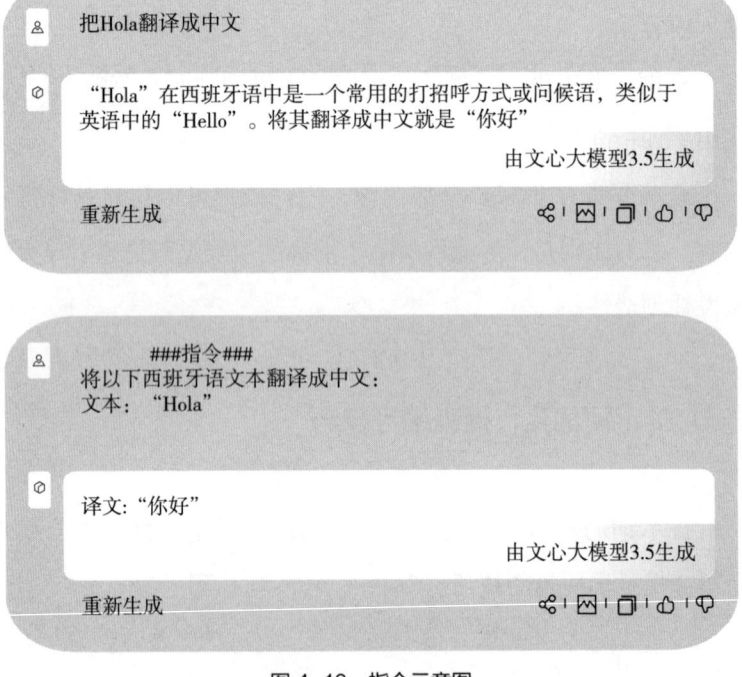

图 4-10 指令示意图

2. 细化询问范围

通过准确使用指导性词汇来细化范围，从而给大模型更精确的提示，得到更准确的输出。提示越具体，结果就越好。

如图 4-11 所示，提示词为"请列举增值税的税率"，这是比较宽泛的提问，而大模型的输出也比较宽泛。不仅有税率，还有税率的适用情况。从表面来看，信息似乎更加全面，但在实践中，也可能会比较冗余，尤其当需要的是用数字来完成 Excel 表格形式时，这个输出就不能良好地匹配用户的需求。

对提示词的优化方案为，"列举增值税的税率，并按如下格式直接返回结果。税率：13%。你列举的结果是："。可以看到，大模型的输出更加简洁，格式也符合用户需求。这个技巧在处理财务数据时非常有用。

把大模型想象成学生，它的一个优点就是"模仿能力很强"。因此在提问时，可以尽量提供一个或多个示例，这样就会让大模型更加理解任务和目标。示例可以包括足够的背景信息、角色、约束等。

3. 提示词优化：链式思考

分步思考是人类常见的思考方式，例如数学运算中的分步计算、侦探推理中的环环相扣等。分步思考可以降低思考复杂度，提高思考质量。因此，这种方法也可以应用于大模型提示词的设计中，通过引导大模型采用分步骤的方式来提高输出质量。这就是链式思考，帮助大模型将复杂推理任务拆分为一系列子思考。

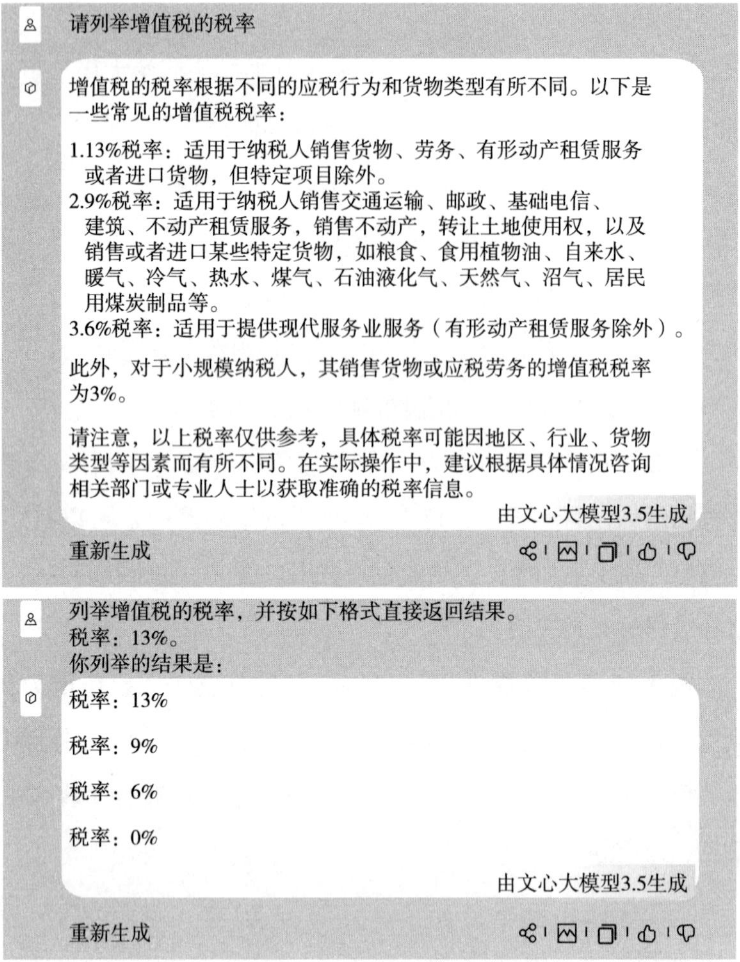

> 请列举增值税的税率

增值税的税率根据不同的应税行为和货物类型有所不同。以下是一些常见的增值税税率：

1. 13%税率：适用于纳税人销售货物、劳务、有形动产租赁服务或者进口货物，但特定项目除外。
2. 9%税率：适用于纳税人销售交通运输、邮政、基础电信、建筑、不动产租赁服务，销售不动产，转让土地使用权，以及销售或者进口某些特定货物，如粮食、食用植物油、自来水、暖气、冷气、热水、煤气、石油液化气、天然气、沼气、居民用煤炭制品等。
3. 6%税率：适用于提供现代服务业服务（有形动产租赁服务除外）。

此外，对于小规模纳税人，其销售货物或应税劳务的增值税税率为3%。

请注意，以上税率仅供参考，具体税率可能因地区、行业、货物类型等因素而有所不同。在实际操作中，建议根据具体情况咨询相关部门或专业人士以获取准确的税率信息。

由文心大模型3.5生成

重新生成

> 列举增值税的税率，并按如下格式直接返回结果。
> 税率：13%。
> 你列举的结果是：

税率：13%

税率：9%

税率：6%

税率：0%

由文心大模型3.5生成

重新生成

图4-11　提示词细化示意图

根据样本量的不同，又可以细化为两种方式。一是少样本学习，即大模型仅通过提示词中的几个示例就能进行概括，并给出满足用户需求的输出，也就是举一反三。这种方式比较适合无法用语言精准描述任务时的场景。

二是零样本学习，这个方法可以通过提示词"请一步一步思考"，来提升大模型的能力。例如，在一个数学计算场景下，就可以在提示词内要求大模型分步骤输出内容。步骤清晰，符合用户要求。可以发现，链式思考不仅输出质量更高，也有助于用户对提问内容的学习（见图4-12）。

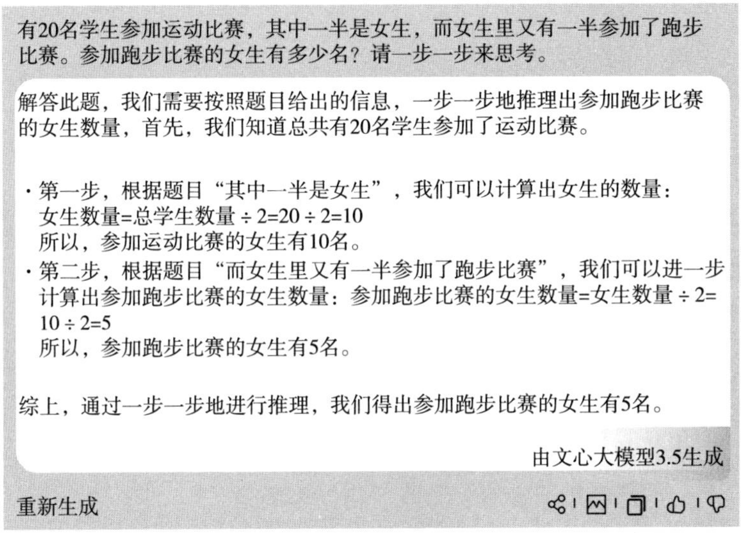

> 有20名学生参加运动比赛，其中一半是女生，而女生里又有一半参加了跑步比赛。参加跑步比赛的女生有多少名？请一步一步来思考。
>
> 解答此题，我们需要按照题目给出的信息，一步一步地推理出参加跑步比赛的女生数量，首先，我们知道总共有20名学生参加了运动比赛。
>
> - 第一步，根据题目"其中一半是女生"，我们可以计算出女生的数量：
>   女生数量=总学生数量÷2=20÷2=10
>   所以，参加运动比赛的女生有10名。
> - 第二步，根据题目"而女生里又有一半参加了跑步比赛"，我们可以进一步计算出参加跑步比赛的女生数量：参加跑步比赛的女生数量=女生数量÷2=10÷2=5
>   所以，参加跑步比赛的女生有5名。
>
> 综上，通过一步一步地进行推理，我们得出参加跑步比赛的女生有5名。
>
> 由文心大模型3.5生成
>
> 重新生成

图 4-12 链式思考示意图

4. 使用场景

（1）信息提取

信息提取，即由大模型按照用户需求对输入内容进行信息提取，例如关键词提取、关系提取、结构化提取等，广泛应用于效率办公等领域。为了更好地获取信息，用户可以更加精准地描述所需要提取的内容和格式等。

（2）问答

问答，即大模型和用户之间进行问答，例如常识性问答、问题问答等，广泛应用于客服、咨询等领域。为了更好地产生互动，可以通过背景标注等方式，让大模型更理解用户的问题。

（3）分类

分类，即由大模型完成文本分类、情感分析（注重文本的情感信息）等任务，广泛应用于社交媒体、客服、品牌管理、游戏等领域。

（4）角色扮演

角色扮演，即给定大模型角色，按照角色属性与用户产生互动，广泛应用于客服、游戏、陪伴等场景。

（5）文本生成

文本生成，即由大模型按照给定的提示词、生成相应的文本。广泛应用于数字营销、电商、医疗、效率办公等领域。

（6）代码生成

代码生成，即由大模型按照用户需求生成相应代码，广泛应用于编程等领域。

5. 提示词评估

评估需要考虑的元素包括准确性、延迟、成本等。评估方式包括：基于代码的评估，即检查答案是否完全匹配或检查字符串是否包含某些关键短语；基于人工的评估，即人工查看模型生成的结果与完美答案进行比较；基于大模型的评估，即使用大模型进行自我评分等。

6. 实践案例

一家传媒企业，需要对公开的社会事件、新闻报道等按照新闻主题归类整合，梳理进展脉络，整合形成针对事件标题的新闻简报。

它面临的问题如下：阅读效率低，即新闻内容来源多样，内容参差不齐，阅读人员花费大量时间，但阅读效率不高；内容表达差，即新闻内容表达方式各异，语言表达方式存在差异，导致信息获取不准、同一标题但来源不同的新闻获取的信息有歧义；时间脉络梳理难，即针对同一事件或者标题，报道的新闻来源于多家媒体，报道时间的先后顺序混乱，想要梳理事件脉络耗时费力，形成简报效率低下。

该企业希望通过大模型技术改善状况，希望达到的效果包括效率提升、内容优化、实时监测等。

这些诉求就可以通过提示词来解决（见图4-13），涉及信息聚类、信息提取、文本分类等。解决方案步骤包括：从公开的新闻媒体中收集信息存档；按照主题对新闻信息进行聚类；抽取新闻时间，摘要基础信息；同一主题的新闻按照时间排序；同一主题的新闻由大模型形成简报。

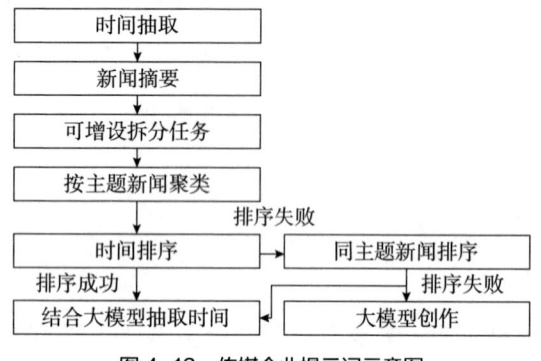

```
            ┌──────────────┐
            │   时间抽取    │
            └──────┬───────┘
                   ↓
            ┌──────────────┐
            │   新闻摘要    │
            └──────┬───────┘
                   ↓
            ┌──────────────┐
            │ 可增设拆分任务 │
            └──────┬───────┘
                   ↓
            ┌──────────────┐
            │ 按主题新闻聚类 │
            └──────┬───────┘
                   ↓       排序失败
            ┌──────────────┐    ┌──────────────┐
            │   时间排序    │───→│ 同主题新闻排序 │
            └──────┬───────┘    └──────┬───────┘
              排序成功                  │排序失败
                   ↓                    ↓
            ┌──────────────┐    ┌──────────────┐
            │结合大模型抽取时间│  │  大模型创作   │
            └──────────────┘    └──────────────┘
```

图 4-13　传媒企业提示词示意图

在实践中，基于大模型，通过提示词工程设计模板并反复调试，提升内容书写的规范性，每一步之后均增加规则清洗和格式校验动作，从而实现良好效果。例如，针对时间和摘要来设计规范模板。

整体而言，模糊的提示词会导致模型可能生成一篇笼统、缺乏重点的内容，甚至偏离用户需求；而精准的提示词可以帮助模型明确角色、场景、内容和格式，使输出更精准，并将抽象需求转化为具体任务，引导模型按预设路径思考，从而减少反复调试的沟通成本，让大模型充分释放自己的能力。

（四）DeepSeek 与提示词

DeepSeek-R1 模型发布后，许多用户发现，提示词似乎不那么重要了。比如在创意写作类场景下，我们想写一篇主题为"春节刚过，回家抢火车票"的小红书笔记，如果使用传统指令型大模型，提示词要求就会很多，如图4-14所示，要明确给模型设定一个角色（如专门写小红书爆款笔记的专家），告知小红书的受众是女性，还要详细列出笔记的具体要求，包括结构、内容要点等。

```
##任务
你是一名小红书爆款笔记专家，你的笔记的受众主要是年轻人，尤其是女性，请你按照下面的【主题】写一篇小红书笔记
##要求
1.内容需要是实用、有生活气息的。
2.笔记的风格需要亲切、活泼，同时提供实用的小技巧。
3.小红书笔记需要有吸引人的标题和封面图。
4.正文部分请以分点的方式，清晰明了进行表达。
5.正文中每个小技巧配上表情符号，增加可读性。
6.正文中需要一些个人经历或小故事，让内容更真实可信。
7.结尾增加关键词和标签，比如#春节抢票、#春运攻略、#12306技巧。
##笔记结构
【标题】〈笔记标题〉
【封面图】〈搭配封面图的建议〉
【结尾】〈笔记结尾〉
##主题
春节抢火车票
```

图4-14 小红书传统指令型大模型提示词示例

只有给出这样的指令，模型才能写出一篇优质的小红书笔记。

但如果使用以DeepSeek-R1为代表的慢思考推理型大模型，提示词只需要简单一句话——"写一篇春节抢火车票的小红书笔记"。经过几十秒的思考后，DeepSeek可以分析出小红书笔记的整体结构，包括标题、封面、正文、结尾以及便于搜索的标签

等。它还能推理出小红书的受众以女性居多，进而采用面向女性的写作口吻，这就是慢思考推理型大模型的优势。其书写的内容如下文所示：

✨【春节抢火车票攻略｜手速＋技巧＝回家团圆！】✨

又到一年春运时，抢票大战即将开启！作为资深"抢票er"，总结了一份超实用攻略，助你顺利拿下回家的车票！

热门日期提醒

- **除夕前3天（2月7—9日）**：抢票最高峰！尤其是杭州、广州、深圳等地出发的西南方向（成都、贵阳、昆明）车票秒空，建议提前15天蹲守开票。
- **返程高峰（正月初八前后）**：2月17日车票需提前15天抢购，记得定闹钟！

抢票必备攻略

① **预售期＋准点开抢**

- 官方预售期一般为15天，但不同车站起售时间不同（8:00—18:00整点/半点放票），提前在12306设置"起售提醒"。
- **候补购票升级版**：每单可候补6个车次，最多60个组合！截止兑现时间延长至开车前20分钟，成功率更高。

② **黄金捡漏时间**
- 每天6点、18点、22—23点：系统常有余票放出。
- 开车前15天以上退票免手续费，此时退票潮来袭，狂刷12306捡漏！

③ **迂回战术＋跳站购票**
- 直达票秒光？试试"中转联程"或买长坐短！比如杭州→南昌→新余，分段购票。
- 过路车无票？买前一站（如信阳→北京西），持票在本站（驻马店）上车。

④ **多设备＋多渠道**
- 同时用官网、App、电话订票（拨区号+95105105）。
- 发动亲友帮抢，增加成功率！

返程票省钱秘籍
- **低至1折"骨折价"**：元宵节后，广州→成都、长沙→上海等方向部分车次打折，二等座低至277元！用12306"价格最低"筛选。
- **普快硬座1.2折**：北京→哈尔滨30.5元，短途如兴城→葫芦岛仅1元！适合时间灵活的小伙伴。

暖心小贴士

- **官方渠道最靠谱**：12306 是唯一官方平台，第三方可能加价/泄露信息！

- **保持心态平和**：抢不到票别焦虑，多刷多候补，总有转机！

- **旅途不无聊**：广铁列车有非遗表演、春晚互动，车厢挂灯笼送福字，年味拉满！

最后冲刺口诀：早注册、准点抢、多候补、勤捡漏、绕路走、心态稳！

愿大家都能顺利回家，团圆过年！❤

更多实时信息记得关注 12306 公告哦！
#春运 #抢票攻略 #春节回家 #12306 #高铁出行

（图文并茂版攻略已整理在主页合集，戳头像查看！）

对于慢思考推理型大模型，用户只需要告诉它目的和背景即可。那么，这种惊艳的效果，是不是意味着提示词不再重要了呢？其实并不然。

一方面，慢思考推理型大模型并不适用于所有场景，提示词工程依然有很大的用处。另一方面，在特定场景下，即使用慢思考推理型大模型，如果能使用规范的提示词，依然可以带来效果提升。

1. 业务决策类场景

假设用户在仓库物流公司工作，老板询问是自建仓库更合适，还是租赁别人的仓库更合适。

为了让模型的回答更合理、可参考性更强，需要对提示词进行规范，如下文所示，可以包含三个要素：一是决策目标，比如降低仓储成本；二是决策标准，例如根据ROI（投资收益率）计算模型，对比5年内两种方案的成本，选择最优的；三是决策选项，像这里有自建和租赁两个方案，并提供相关数据。

【输入提示词】

为降低仓储成本，现有两种方案：

①自建区域仓库（初期投入高，长期成本低）

②租赁第三方仓库（按需付费，灵活性高）

请根据ROI计算模型，对比5年内的总成本并推荐最优解。

两种方案数据如下：

1. 自建仓库：

- 仓库建筑面积：1 000平方米。
- 仓库建设成本（包括地租、建筑成本、维护费用等）：800万元，预计使用年限为20年，采用直线折旧法。
- 仓库设备购置成本（包括货架、叉车、监控等）：50万元，预计使用年限为10年，同样采用直线折旧法。

- 仓库管理人员工资（包括主管、仓管员、打包员等5人）：每人每月5 000元，社保等福利费用按工资总额的20%计算。
- 水电费等杂费：每月10 000元。
- 预计年货物吞吐量：10 000立方米。

2. 租赁第三方仓库：
- 仓库面积：1 000平方米。
- 仓库租金：每月每平方米30元。
- 入库、出库操作费（包括货物验收、入库登记、拣选、包装、出库等）：每立方米20元。
- 仓库管理费（包括库存盘点、货物维护、质量检测等）：每月5 000元。
- 仓库保险费：每年按仓库租金的1%计算。
- 预计年货物吞吐量：与自建仓库相同，为10 000立方米。

明确了这三个要素后，大模型就能根据这些信息计算自建仓库和租赁仓库的总成本，通过ROI对比得出结论。输出结果如下：

基于ROI模型的5年总成本对比分析

方案①自建仓库5年总成本
1. 固定资产折旧计算（直线折旧法）
- 仓库建设成本折旧：800万元 ÷ 20年 × 5年 = 200万元
- 设备购置成本折旧：50万元 ÷ 10年 × 5年 = 25万元

- 合计折旧成本：200万元+25万元=225万元

2.人工成本

- 月工资总额：5人×5 000元=25 000元
- 社保福利：25 000元×20%=5 000元
- 年人工成本：(25 000元+5 000元)×12月=36万元
- 5年人工成本：36万元×5年=180万元

3.水电杂费

- 年杂费：10 000元×12月=12万元
- 5年杂费：12万元×5年=60万元

4.5年总成本

折旧成本+人工成本+杂费

=225万元+180万元+60万元=465万元

方案②租赁仓库5年总成本

1.租金成本

- 月租金：1 000m^2×30元/m^2=3万元
- 5年租金：3万元×12月×5年=180万元

2.操作费用

- 年操作费：10 000m^3×20元/m^3=20万元
- 5年操作费：20万元×5年=100万元

3. 管理费与保险费

- 年管理费：5 000元×12月=6万元
- 年保险费：180万元（5年租金）÷5年×1%=0.36万元
- 5年管理+保险：（6万元+0.36万元）×5年=31.8万元

4. 5年总成本

租金+操作费+管理保险

=180万元+100万元+31.8万元=311.8万元

成本对比与推荐方案

成本项	自建仓库（万元）	租赁仓库（万元）
固定资产折旧	225	0
人工与运营成本	240	311.8
5年总成本	**465**	**311.8**

结论与建议

1. **成本差异**：租赁仓库5年总成本比自建仓库低**153.2万元**（465万元−311.8万元=153.2万元）。

2. **灵活性优势**：租赁模式无固定资产投入，按需付费，适合业务波动或扩张需求。

3. **资金占用风险**：自建需一次性投入850万元，长期折旧周期（20年）可能影响现金流。

推荐选择方案②租赁第三方仓库，短期 ROI 更高且风险可控，尤其适合中小型企业或业务规模未稳定的场景。若长期使用（超过 10 年），可重新评估自建方案的经济性。

附加说明

- **敏感性分析**：若年货物吞吐量增长超 30%，自建仓库的边际成本优势可能显现。

- **隐性成本**：自建需承担设备更新、政策风险（如地租上涨）等潜在支出。

- **战略价值**：若仓储为核心竞争力（如冷链、特殊品存储），自建仓库仍具有战略意义。

最终决策需结合企业战略与资金流动性综合考量。

2. 任务执行类场景

比如，用户希望把一段用于快速排序的 C 语言代码转换成 Python（程序设计语言）代码。针对这类场景，当我们使用慢思考推理型大模型时，需要清晰地告知它三个关键信息：一是具体执行的任务，即"将 C 语言代码转换成 Python 代码"；二是任务的要求和约束条件，比如"保持时间复杂度不变""使用优化的数组操作方法"；三是要转换的代码内容，也就是具体的 C 语言快速排序代码。

将以下 C 语言代码转换为 Python，
要求：①保持时间复杂度不变；
②使用 numpy 优化数组操作；

```c
#include <stdio.h>

// 交换两个整数的值
void swap(int* a, int* b) {
    int temp = *a;
    *a = *b;
    *b = temp;
}
// 打印数组函数
void printArray(int arr[], int size) {
    for (int i = 0; i < size; i++)
        printf( "%d" , arr[i]);
    printf( "\n" );
}
int partition(int arr[], int low, int high) {
    int pivot = arr[high]; // 选择最后一个元素作为基准
    int i = (low - 1); // 指向比基准小的最后一个元素

    for (int j = low; j <= high - 1; j++) {
        // 当前元素小于等于基准时
        if (arr[j] <= pivot) {
            i++; // 移动较小元素的边界
```

```
swap(&arr[i], &arr[j]);
    }
}
swap(&arr[i + 1], &arr[high]); // 将基准放到正确位置
return (i + 1);
}
```

实际上，常规指令型大模型也能将 C 语言代码转换成 Python 代码，并且转换后的代码可以运行（见图 4-15）。但在转换数组交换部分时，常规指令型大模型只是简单地将 C 语言的数组交换方式直接翻译成 Python 代码，而在 Python 语言中，数组交换其实只需一行代码就能高效完成。这就体现出了慢思考推理型大模型在处理这类任务时的优势，它能够生成更符合 Python 语言特性、更优化的代码。

3. 小结

其他场景还有一些技巧，就不一一讲述了。总结来看，在业务决策类场景中，提示词要涵盖任务目标、决策标准以及可供选择的决策方案；数据分析类场景的提示词，核心在于明确需要解决的问题、使用的分析方法以及分析所依据的数据；逻辑验证类场景，提示词要包含验证结论、验证所使用的方法，以及验证过程中需要重点考虑的要点和可能存在的风险点，同时要明确基于哪些内容进行验证；任务执行类场景的提示词，重点在于清晰

说明具体执行的任务、任务执行过程中的要求和约束条件,以及具体的执行内容(见表4-2)。

用好提示词,就好比良好的沟通技巧。在任何时候,良好的沟通都是实现最佳效果的重要途径。

```
import numpy as np
def partition(arr, low, high):
    pivot = arr[high]
    i = low-1
    for j in range(low, high):
        ifarr[j] <= pivot:
            arr[i] =
            arr[i], arr[j] = arr[j], arr[i] #交换元素
    arr[i+1], arr[high] = arr[high], arr[i+1]
    return i +1
def quick_sort(arr, low, high):
    if low < high:
        pi = partition(arr, low, high)
        quick_sort(arr, low, pi-1)
        quick_sort(arr, pi +1, high)
// __name__=='__main__':
#使用numpy数组初始化数据
arr = np.array([10,7,8,9,1, 5],dtype=int)
print("原始数组:")
print(arr)
#执行快速排序
```

```
import numpy as np
#交换两个整数的值
def swap(arr, i, j):
    temp = arr[i]
    arr[i] = arr[j]
    arr[i] =temp

#分区函数
def partition(arr, low, high):
    pivot=arr[high]#选择最后一个元素作为基准
    i = low-1
    for j in range(low, high):
        #当前元素小于等于起始
        if arr[j] <= pivot:
            i += 1 #移动较小元素的边界
            swap(arr, i, j)
    swap(arr, i + 1, high) #将基准放到正确位置
    return i + 1
#快速排序主函数
def quick_sort(arr, low, high):
    if low <high:
```

图 4-15 常规指令型大模型示例

表 4-2 不同场景提示词的使用方法

业务场景	特点	提示词书写要点	慢思考推理型大模型执行策略
业务决策类	需权衡选项、评估风险、选择最优解	任务目标+决策选项+评估标准	逻辑推演和量化分析
数据分析类	需深度理解数据/信息、发现模式或因果关系	问题+数据/信息+分析方法	触发因果链推导与假设验证
逻辑验证类	需检查逻辑自洽性、数据可靠性或方案可行性	结论+验证方法+风险点	自主设计验证路径并排查矛盾

业务场景	特点	提示词书写要点	慢思考推理型大模型执行策略
任务执行类	需完成具体操作（代码/计算/流程）	任务需求+步骤约束+执行内容	自主优化步骤，兼顾效率与正确性

四、检索增强开发实战

（一）RAG 技术应用流程

RAG 技术的原理，在第二章已经进行了详细阐述。依托 RAG 技术的应用，大模型幻觉得到了非常好的消除。企业可以将大模型和自有知识库相结合，从而使大模型更懂用户的业务。因此，RAG 开发也是非常重要的方式。

企业的大模型应用与 C 端不同。企业级应用，要求知识库容量大、速度快、效果好、更灵活。由此也要求 RAG 必须是企业级的，才能真正产生效用。

百度智能云应用户需求，提供了企业级 RAG。通过与百度云资源打通，支持无限容量的知识库存储和检索。在速度上，能做到 1.5 秒内输出答案。RAG 的全部关键环节，包括解析、切片、向量化、召回、排序等都可调、可配。企业可以灵活配置最适合自己业务的方案，也提供了企业级的安全性和稳定性。

RAG 应用流程主要包含两个阶段。第一，数据准备阶段：原始文档—数据提取—文本分割—向量化—数据入库。第二，应用阶段：用户提问—数据检索（召回）—注入提示词—大模型生成答案。在百度智能云千帆平台上，这些过程可以通过点击配置等步骤轻松完成。

（二）实践案例

1. 政务咨询

一家政务行业单位，日常有繁重的咨询类业务，一线人员工作量已经饱和，但仍无法满足市民的需求。为了减轻工作人员的压力，同时提高回复率、回复速度等指标来提高市民满意度，拟采用大模型。

这家单位的需求为，基于其内部海量的私域知识文档、政策性文件建立知识库，用来构建智能聊天、问答助手，通过知识问答的场景，解答市民关于相关政策信息、政务事项如何办理等的疑问。

拆解来看，用户诉求分为知识问答场景、自然语言交互、问答引导，并要求准确率高。核心是政务场景，用户有一些私域敏感信息；准确率高，减少大模型幻觉。在这种情况下，就比较适合通过 RAG 来满足（见图 4-16）。

先通过数据清洗、提取、切分、向量化等过程，建立用户的私有知识库，再基于文心一言大模型提供服务。在服务后端可以看到，向量数据库检索是面向私有知识库的，确保了用户数据安全，同时又可以发挥大模型的能力。它实现了 100% 的私域数据，100%的自然语言交互，以及98%的一次性准确率。

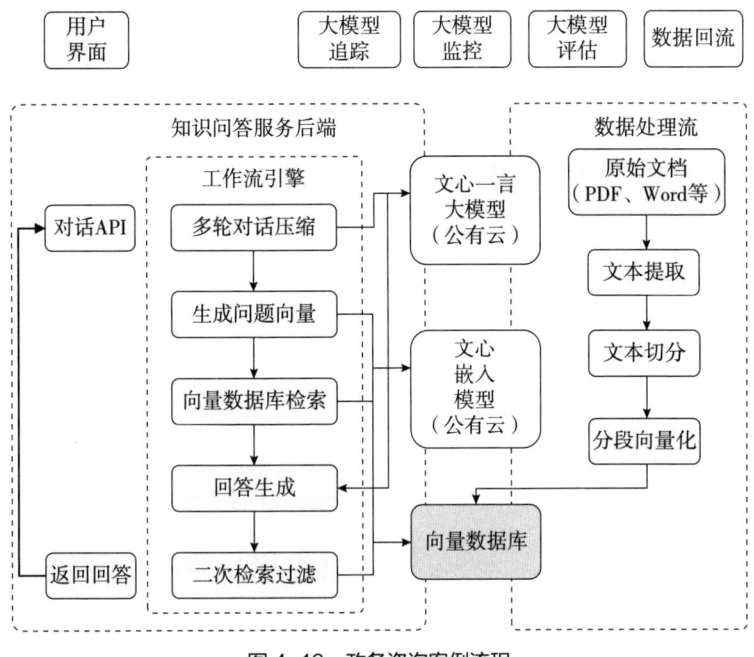

图4-16 政务咨询案例流程

2. 媒资管理

在媒体行业，媒资库的管理尤为复杂且具有代表性。以澎湃新闻为例，这类媒体注重报道的深度和专业性，编辑在选题阶段依赖于庞大媒资库的信息，以确保发布内容的权威性和专业性。

操作流程为，首先进入百度智能云千帆大模型平台页面，创建一个澎湃新闻知识库，涵盖了澎湃新闻成立以来的所有媒资信息，共计2 700万篇文档，字数超过350亿。这种大容量的知识库，对准确度的要求高，非常考验RAG的切片和召回能力。

当用户提问后，大模型会用结构化的表达方式生成新闻事件的脉络，并提供文档索引。同时，有严格的指令遵循能力。当取消网页搜索、指定按照知识库回答问题时，如果用户的提问超出知识库范围，大模型就会拒绝回答，确保回复的信息安全可控，这样企业就可以放心地把大模型用到生产环节中。

五、助手类 Copilot 的开发实战

（一）开发流程

助手类应用通常旨在通过自动化、建议或增强用户的工作流程来提供帮助。它也可以理解为 RAG 和智能体的过渡阶段，适合自动化需求不是特别强的场景。用户可以在千帆 AppBuilder 开发平台上借助 RAG 或其他组件能力生成应用，然后集成到其他应用的后台，实现助手功能。

（二）实践案例

一家供电所为了提高管理效率，所长需要经常了解辖区的供电情况，包括及时了解单日供电所扩新装[①]的情况等。在传统模式下，需要业务人员将问题逐步拆解，包括新装几户、低压几

[①] 扩新装表示扩容（增加供电容量）、新装（首次安装供电设备）、增装或改装（在原供电设备上增加新设备或对现有供电设施进行改造升级）。

户、高压几户、报装工单走到哪个环节、居民新装用户资料录入多少等，然后汇总数据形成日志报告。

这个流程重复又烦琐。因此，可以开发相关助手来自动化完成，以便减轻一线负担，提高管理效率。方案为，百度智能云千帆大模型平台基于 AppBuilder，通过大模型调取供电所数据库的信息，实现所长实时通过自然语言提问获取各种数据，自动生成日志报告（见图 4-17）。

流程如下。第一步，梳理业务流程，并确定对应的模型能力。可考虑的模型能力包括私域知识导入、文章生成、NL2SQL（将用户的自然语言查询转换为结构化查询语言）、知识问答、数据查询、图表生成、澄清能力、文章总结、调用 API 等。第二步，生成相应的日志辅助助手。

模板导入	生成基础报告	老化线路的维护户数	新引入系统名词解释	报修记录表格	售电量、员工数量情况	客户服务及投诉	段落总结	报告转发
数据连接	文章生成	NL2SQL	知识问答	数据查询	图表生成	澄清能力	文章总结	调用API

私域知识导入

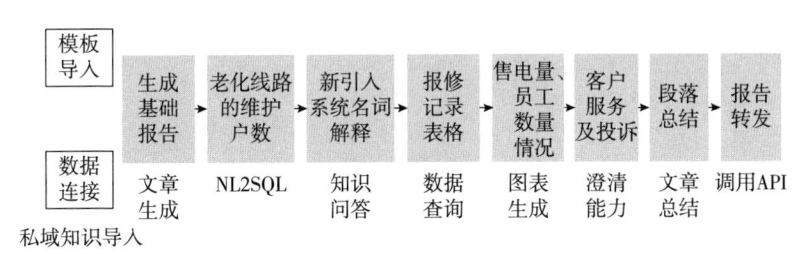

图 4-17　助手类 Copilot 的开发实战

再如，一家矿山公司，需要日常的供电检查。传统模式面临的问题主要有：知识沉淀困难，老专家经验无法传承；故障定位困难；对一线人员知识要求高，但经常缺乏完善的故障处理建议，现场效率低。

针对这种情况，也可以借助大模型开发相应的助手。

用户将供电专业相关知识、经验、规则、规范等信息，通过RAG技术与大模型相结合，打造一个供电专业的资深贴身助手。实践数据表明，为一线人员配备了该助手后，知识获取成本减少了70%，人力成本减少了20%，运维成本减少了30%，故障停电时间减少了30%，辅助运维效果显著。

六、智能体的开发实战

（一）智能体的应用与开发分类

智能体是人工智能应用最主流的形态，即将迎来它的爆发点。它可能会变成人工智能原生时代内容、信息和服务的新载体。它可以说是"既简单又能打"。

一方面，做智能体的门槛足够低。百度秒哒作为国内首个对话式应用开发平台，以"无代码编程＋多智能体协作＋多工具调用"的技术组合，颠覆传统开发流程。据了解，用户仅需通过自然语言描述需求，即可自动生成应用，实现"3分钟生成+1小时迭代"的极致开发体验。"智能体协作矩阵"内置多个垂直领域智能体，智能体会根据任务需求动态调整策略和行为，灵活进行应用开发。此外，平台支持智能调用百度智能云、第三方服务等上百个工具接口，一键打通应用商业闭环。

如图4-18所示，用户是一对父母，希望孩子可以饮食健康。用户用一个问题表达了自己的需求，即"我的孩子不爱吃蔬菜怎么办"。千帆 AppBuilder 捕获意图，认为用户希望建立一个不只是关于蔬菜，而是与整个饮食健康有关的应用。用户对此认可，并确认。随后，千帆 AppBuilder 后台开始运行，几十秒之后便生成了一个名为"儿童饮食小管家"的智能体。在完成相关配置后便可成功发布，用户就可以和智能体随时互动，来探讨关于儿童饮食健康方面的话题。而且，这款应用还可以分享给亲友等人。

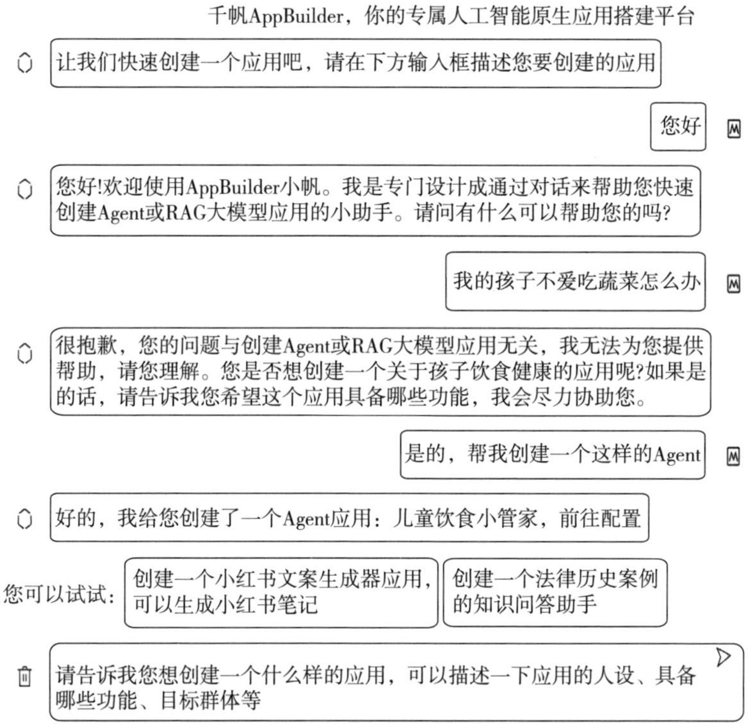

千帆AppBuilder，你的专属人工智能原生应用搭建平台

○ 让我们快速创建一个应用吧，请在下方输入框描述您要创建的应用

您好 Ⓜ

○ 您好!欢迎使用AppBuilder小帆。我是专门设计成通过对话来帮助您快速创建Agent或RAG大模型应用的小助手。请问有什么可以帮助您的吗?

我的孩子不爱吃蔬菜怎么办 Ⓜ

○ 很抱歉，您的问题与创建Agent或RAG大模型应用无关，我无法为您提供帮助，请您理解。您是否想创建一个关于孩子饮食健康的应用呢?如果是的话，请告诉我您希望这个应用具备哪些功能，我会尽力协助您。

是的，帮我创建一个这样的Agent Ⓜ

○ 好的，我给您创建了一个Agent应用：儿童饮食小管家，前往配置

您可以试试： | 创建一个小红书文案生成器应用，可以生成小红书笔记 | 创建一个法律历史案例的知识问答助手

🗑 请告诉我您想创建一个什么样的应用，可以描述一下应用的人设、具备哪些功能、目标群体等

图 4-18　千帆 AppBuilder 平台示意图

另一方面，智能体的天花板又足够高，可以做出功能非常强大的应用。多个智能体的协作，还可以解决更加复杂的问题。

也就是，低门槛，高天花板。

在实际应用中，主要包括四种不同类型的智能体，即公司类智能体、角色类智能体、工具类智能体和行业类智能体。从开发角度，则可以分为自主规划智能体和工作流智能体。

自主规划智能体是指，在原有的应用模式下配置了大模型，由大模型自主思考和回复。

工作流智能体则允许用户将真实的业务流程编排成工作流，应用就会严格按照这个工作流来运行。为什么需要工作流智能体呢？很多事情是有规律的，在企业里，这些规律就是工作流程，或者说是工作的"套路"，而且越专业、越复杂的任务，就越依赖流程。目前，企业里大多数流程还停留在经验层面，即使实现了数字化，传统的工作流配置也只能让系统按照既定流程机械地执行任务。现在，通过百度智能云千帆大模型平台的工作流智能体，利用大模型强大的意图理解和泛化能力，可以将这些流程直接变成灵活的智能体。它可以像行业专家一样，充分理解、掌握这些"套路"，无论面对多么复杂的局面，都能做出明智决策并最终完成任务。

这两类智能体都可以在百度智能云千帆大模型平台上进行快捷配置、生成。

（二）自主规划智能体开发案例：人工智能手机应用

基于大模型开发的人工智能手机应用，不仅改变了传统的人机交互方式，还赋予手机全新的智能应用价值。它不仅是信息检索和执行命令的工具，更是一位拥有理解和决策能力的智能助理。与传统的交互方式不同，基于大模型开发的人工智能手机能够从用户简单的语音输入中获取上下文、分析偏好，并动态适应各种生活场景，从而提供高度个性化的响应。

这种深层次的理解与反应能力，赋予人工智能手机前所未有的灵活性和自主性，使从点餐、预订住宿到购物等各类操作流畅无缝地进行。它不仅节省了时间和精力，更通过智能辅助帮助用户高效管理生活，实现了技术为生活赋能的理念。

以肯德基点餐助手为例，这款自主规划智能体，让用户只需一句话即可完成从菜单获取到订单提交的整个流程，并能将订单信息发送至指定微信群中，实现了高度集成化与一站式服务。

搭建思路为，用户通过询问触发大模型进行思考，选择调用组件完成指定功能。以点餐助手组件为例，云端接收智能体参数后，手机页面会进行模拟操作，完成餐品下单并截图，对截图内容进行多模态理解，将处理结果上报给智能体。根据用户询问完成对应组件调用并实现指定功能后，将结果输出以提示用户功能完成。

开发步骤分为四步。第一步，创建自主规划智能体。用户可以登录百度智能云千帆 AppBuilder 平台，点击创建自主规划智能体，进入应用配置页面。第二步，完成智能体配置。用户可以从角色任务、工具能力、结果校验、需要注意的常识四个方面编写角色指令，精确设定智能体的作用范围。同时，添加相关组件，包括获取菜单组件，可以获取肯德基当前的菜单和对应的价格。点餐助手组件可以将需要预订的菜品下发至手机进行预订。微信消息发送组件，可以实现终端微信 App 将需要发送的消息发送给对应的信息接收者。第三步，搭建手机助手。大模型根据用户查询进行思考后调用相应组件，然后超级手机助手启动对应手机端 App，完成用户指定功能。超级手机助手主要需要具备三个功能：启动 App、模拟点击、获取信息。第四步，应用调试。完成智能体及手机助手的搭建后，在肯德基点餐助手调试框中输入指令，并开启超级手机助手，即可控制手机进行点单服务，完成调试。

例如，用户可以在肯德基点餐助手中提出"请帮我点两杯可乐"，随后，大模型会进入思考模型，明确用户的点餐需求；调用获取菜单组件，完成肯德基菜单获取；接着，调用点餐助手组件，按照用户需求完成对应菜品的下单。与此同时，安装了超级手机助手 App 的手机会自动打开肯德基的 App，完成对应菜品的下单，并跳转到支付界面。用户可通过输入支付密码完成点餐服务。

（三）工作流智能体开发实践：快速培养一位"金牌销售"

车险作为一种风险保障，对每位车主来说都很重要。每次到续保的时候，往往需要经历一系列复杂的比价和下单流程。有时这个过程会拖一两个月。在这么长的时间里，需要销售人员持续提供专业、细致的咨询服务，确保车主安心、省心，这对销售人员的要求是非常高的，大部分销售做得还不够完美。

例如，车险续保售前的工作宝典可以分成三个阶段、八个环节，每个环节里还有大量的文档、子流程，非常复杂（见图4-19）。企业要培养一位这样的金牌销售至少得一两年。业界尝试过开发对话机器人来完成销售工作，但这个场景对机器人的拟人度、流畅性、理解能力和随机应变能力要求较高，传统的对话机器人难以胜任。但是，有了百度智能云千帆大模型平台，只需要一个小时就能生成一个熟练掌握售前宝典的智能体。

阶段一：需求探测			阶段二：交易游说			阶段三：促单完成	
1.开场白	2.客户鉴别	3.探测需求	4.产品推荐	5.争取订单	6.解决异议	7.达成销售	8.最终成单
开门见山，言简意赅	了解阶段，确认意向	征询意见，确认需求	根据需求，针对介绍	根据需求，灵活调整	强调保障，打消顾虑	强调价值，促成交易	引导下单，售后跟进
简明自我介绍 亲切问候客户 确认通话时机 快速进入正题 控制通话时间	过往沟通总结 确认客户续保阶段 沟通客户续保意向 了解车辆使用情况	了解客户续保需求 了解客户方案兴趣 是否存在竞对询价 了解客户方案偏好	活动 限时优惠节日营销 套餐 组合套餐定制套餐 权益 洗车停车代驾服务车载礼品充电加油	价格敏感型客户 验证价格合理性 方案 新老用户团购优惠折扣返现积分好礼	服务敏感型客户 展示增值服务 强调定制服务 强调全面保障	分级方案定制 除去非必要险 加大理赔范围 全险周期服务 专家上门送单 24小时道路救援 出险快速理赔 贵宾优先理赔 善用从众心理 行业做法借鉴 打消客户疑虑	微信建联操作指南 引导下单 履行协定 定期回访

图 4-19 车险续保金牌销售宝典

在百度智能云千帆大模型平台创建一个全新的工作流智能体，可以将金牌销售的工作流程完整地配置好，而且每个节点都是可调、可配的。只要点击发布，这个工作流智能体就上线了。而且，可以非常方便地集成到任何需要触达用户的地方，包括百度搜索、微信公众号，也可以是企业的官网或业务系统。

七、小结

用户可以根据不同场景需求，采用不同的开发模式来达到自己的目的。无论是何种开发模式，都可以借助百度智能云千帆大模型平台高效、低成本地实现需求。

如果用户没有非常明确的需求，但又希望使用人工智能，或者对人工智能的使用效果仍有担忧，那么可以先采用初级开发模式，这也是培养对人工智能信任度的良好途径。展望未来，随着技术发展和成本下降，智能体将越来越普及，成为企事业单位、政务部门甚至个体应用大模型的首选。

> 当前开发模式有：提示词工程、RAG、大模型融合业务执行Copilot、自主规划与执行智能体四种。
>
> 对外部知识需求、模型适应性要求都比较低的场景，可以选择预训练的大模型，采用提示词工程即可；对外部知识需求高，对模型适应性要求低，采用RAG技术即可；对外部知识需求低，对模型适应性要求高，可以采用微调优化方式；对外部知识需求、模型适应性要求都很高，需要采用微调、RAG、智能体等方式。
>
> 提示词通常应该包括的元素有人设/角色、任务、输出要求、上下文（背景信息和输入）、示例等部分。
>
> RAG应用流程主要包含两个阶段。第一，数据准备阶段：原始文档—数据提取—文本分割—向量化—数据入库。

> 第二，应用阶段：用户提问—数据检索（召回）—注入提示词—大模型生成答案。
>
> 智能体是人工智能应用最主流的形态，即将迎来爆发点。从开发角度，可以分为自主规划智能体和工作流智能体。

第四节　成熟应用一键集成

未来人工智能的应用，一定是在千行百业、万千场景中的。但是，在实践中，根据场景和当前技术结合度的不同，会有场景落地的先后顺序。

大模型为企业带来的价值，以及企业客户对于大模型应用的期望，无外乎以下四点：增收、降本、提效、合规。这四点之所以至关重要，是因为它们直接关系到企业的核心竞争力和长期发展。

对于大多数企业来说，增收和提效更是重中之重。经过百度智能云的实际落地检验，客服、营销、代码、知识管理等领域，是企业通过大模型实现增收提效的最佳路径。

这些领域有四个特点。第一，有较为清晰的场景和需求，可以快速实施并看到效果。第二，工作中都有较多文本，可以充分发挥大模型对文本的处理能力，即使是图片等信息，也可以借助大模型多模态能力进行处理。第三，都有良好的固定操作流程，也可以说有"套路"，大模型经过大量数据学习后，可以很好地掌握这些流程，而且效率大幅提升。第四，这些领域对创意有较高要求，创意也能带来显著效果。通过大模型的介入，人机协同工作，可以节省人类的时间、精力，从而更好地发挥创意，带来改善。

上述领域的特点，可以和大模型的能力完美匹配，从而率先享受大模型带来的技术红利。同时，在接下来的介绍中也可以看到，这些领域对企业效益改善有着重要影响，因此值得率先探索使用大模型，既充分，又必要。

基于这样的考量，百度智能云搭建了一些应用样板间，包括智能客服客悦、数字人平台曦灵、文心快码、知识管理平台甄知等。

一、智能客服迈入3.0，更懂用户

客服，几乎是每家对外提供业务的企业、机构、部门的重要支撑能力，也是企业与客户沟通的第一触点，关乎消费者对于企业的第一印象。

目前，人工客服面临着招聘难、培训难、扩容难的特点，而电子客服又面临着答非所问、机械重复等问题。因此，客服作为企业的"脸面"，也成为许多企业的痛点，自然也是人工智能探索解决的重要领域。大模型的赋能，正提升着客服的工作效果。

（一）智能客服的迭代

跟随着人工智能的发展，智能客服行业先后经历了1.0版本、2.0 版本以及 3.0 版本的迭代。

1.0 版本，可以从 2008 年算起，主要依赖规则编制的专家系统，通过"关键词+模板"的形式，运营成本高、技能要求高、泛化能力差，精度也难超越 80%。

2.0 版本，可以从 2016 年算起，借助专有模型，通过规则策略和大量深度学习小模型，可以应对高频场景。但拟人化不足，对话生硬单一，客户感受不佳。另外，依靠人工挖掘知识，提升精度需要大量运营工作。

3.0 版本，可以从 2023 年算起，这是当前行业内各公司正在研发的产品，借助大模型、生成式人工智能实现了效果大幅提升。3.0 版本的智能客服，理解力强，拟人度、友好度明显提升，回答丰富度高，冷启动效果好，运营成本也显著降低，已经开始在产业实践中应用。

（二）核心指标提升

评价一个智能客服的好坏，要看回复速度、语气语调、回复准确性等因素，综合起来，就是客服领域最关键的指标——自助解决率。在智能客服迈入 3.0 版本之前，这个指标的业界普遍数值为 80% 左右，并不能较好地满足用户的需求。

要实现较高的自助解决率并不容易，因为用户时常会提出模糊、复杂的问题，很多时候通过文字或语音很难讲清楚，往往需要用图片或者视频来辅助描述。另外，用户咨询也未必是一次就能完成的，而多次咨询时会遇到客服更换，如果新客服又重新询问用户一遍，那么用户的体验会非常差，投诉问题也许反而会升级。

通过大模型，可以带来哪些改变，从而实现更高的自助解决率呢？

首先，大模型提升了文档问答能力，实现更智能的客服问答。它可以理解用户需求，匹配对应回答和方案，具备多轮对话能力，而不至于出现记忆丢失、机械重复；也能够快速学习各类文档库，对问答库进行更新，避免话术陈旧老套；以及可以智能生成总结，便于后续接手的客服迅速了解之前的沟通情况，高效解决用户问题，避免换一个客服后用户再叙述一次的糟糕体验。

其次，加强了任务式对话能力。通过与客户的对话，能够准确提取关键信息，从而提供相应的快捷导航功能、帮助客户完成信息录入等流程，减少用户的精力支出。

再次，依托大模型生成能力，使问答答案更口语化，并根据用户基本情况，实现个性化回复，让用户更有专属感。

最后，依托于大模型的多模态识别能力，可以准确识别图片、视频中的相关信息，而不是以往单纯依赖于文本信息。这个功能可以大幅降低用户对问题的描述门槛，减少了"口舌之苦"。

在上述能力的支持下，客服才能比之前更聪明、更拟人、更懂用户。而作为智能客服3.0的引领者，百度智能云客悦率先基于大模型进行了重构、升级（见图4-20），在行业核心指标自助解决率方面，也实现了提升，突破了92%，在行业内领先。

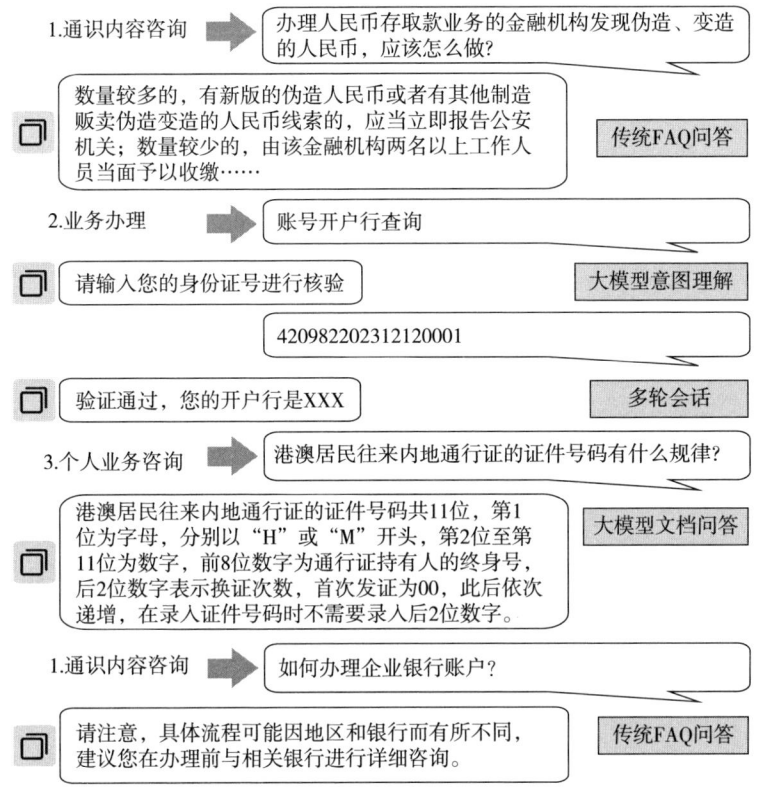

```
1.通识内容咨询 → 办理人民币存取款业务的金融机构发现伪造、变造
                  的人民币,应该怎么做?

□ 数量较多的,有新版的伪造人民币或者有其他制造    传统FAQ问答
  贩卖伪造变造的人民币线索的,应当立即报告公安
  机关;数量较少的,由该金融机构两名以上工作人
  员当面予以收缴……

2.业务办理 → 账号开户行查询

□ 请输入您的身份证号进行核验                      大模型意图理解

                         420982202312120001

□ 验证通过,您的开户行是XXX                       多轮会话

3.个人业务咨询 → 港澳居民往来内地通行证的证件号码有什么规律?

□ 港澳居民往来内地通行证的证件号码共11位,第1    大模型文档问答
  位为字母,分别以"H"或"M"开头,第2位至第
  11位为数字,前8位数字为通行证持有人的终身号,
  后2位数字表示换证次数,首次发证为00,此后依次
  递增,在录入证件号码时不需要录入后2位数字。

1.通识内容咨询 → 如何办理企业银行账户?

□ 请注意,具体流程可能因地区和银行而有所不同,  传统FAQ问答
  建议您在办理前与相关银行进行详细咨询。
```

图 4-20 客悦金融行业应用示意图(一)

目前,基于大模型增强的智能客服已经在业务问询、业务办理、产品营销等场景全面发力。以通识内容咨询业务为例,我们可以看到智能客服先后用到了FAQ(常见问题解答)、大模型意图理解能力、多轮对话、大模型文档问答能力等。

在金融领域的复杂业务对话中,大模型也可以回答多种提问(见图4-21)。比如实体查询问法、属性查询问法、基于多个属性的实体查询问法、推理计算问法等。

```
1.基于风险等级查询  →  低风险的理财产品有哪些?
         您好,低风险的理财产品有:天天盈增利1号、              实体查询问法
         天天盈增利2号……
2.进一步咨询具体产品  →  天天盈增利1号的收益率是多少?
         天天盈增利1号的收益率是XXX                           属性查询问法
                       有什么保本的人民币产品吗?
         您好,保本保收益并且币种为人民币的                     基于多个属性的
         理财产品有:XXX                                    实体查询问法
3.理财产品计算  →  你们总共有多少个理财产品,收益高于3%
                   的有哪些?
         我行当前支持XXX款理财产品购买,收益率                   推理计算问法
         高于3%的理财产品有:XXX、XXX
```

图 4-21　客悦金融行业应用示意图(二)

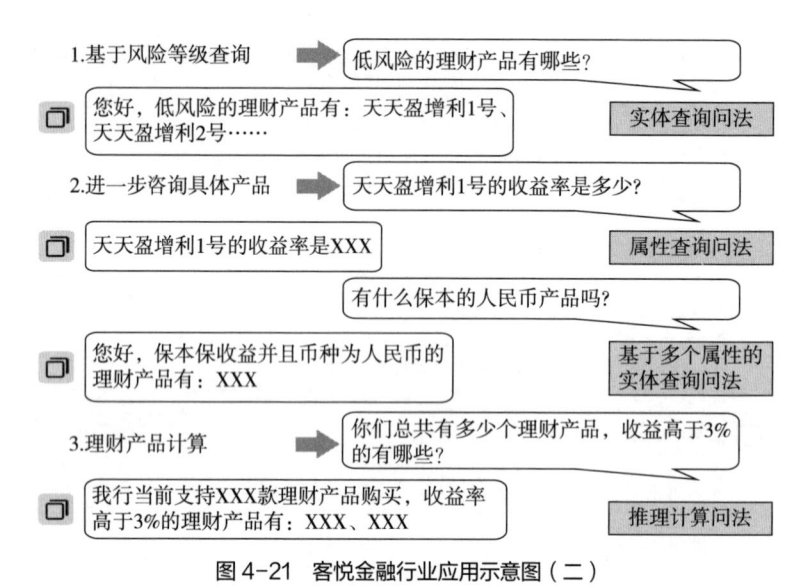

能力越大,场景越多。智能客服 3.0 版本虽然不是终极产品形态,但与 2.0 版本相比,跃升显著,非常值得体验、使用。

(三)便捷部署,降低工作量

好的应用,也要便于部署。对此,百度智能云客悦也针对性地进行了优化,从而降低部署门槛。流程可以分为三步。

第一步,对话流配置。进入客悦之后,选择行业模板,创建客服。每个模版都有一套非常经典的对话流,客户简单微调就可以直接使用了。在传统模式下,配置一套同等的对话流,需要投入 3~5 个客服专家,并耗费数月才能配好,而现在开箱即用。

第二步,知识库配置。客服要更专业,就必须有企业内部

的专业知识做支撑。因此,客悦也内置了千帆企业级 RAG。用户可以给智能客服上传文字、图片和视频知识。随后,智能客服则自动针对关键知识进行增强学习,让问答的效果更好。

第三步,测试与发布。用户可以测试客服的多模态交互效果,也可以让客悦给出图片或者视频形式的回复,在确认后正式发布。另外,也可以为智能客服配备一个数字人形象,更加亲民,并且也可以发布到第三方平台。

如图 4-22 所示,从实践效果来看,与行业上一代智能客服版本相比,配置效率大幅提升。比如,业务办理模块,配置工作量从 40 人 / 天以上下降到 10 人 / 天以下;知识咨询,配置工作量从 50 人 / 天以上下降到 5 人 / 天以下;通识 / 闲聊,配置工作量从 10 人 / 天以上下降到 0.5 人 / 天以下。

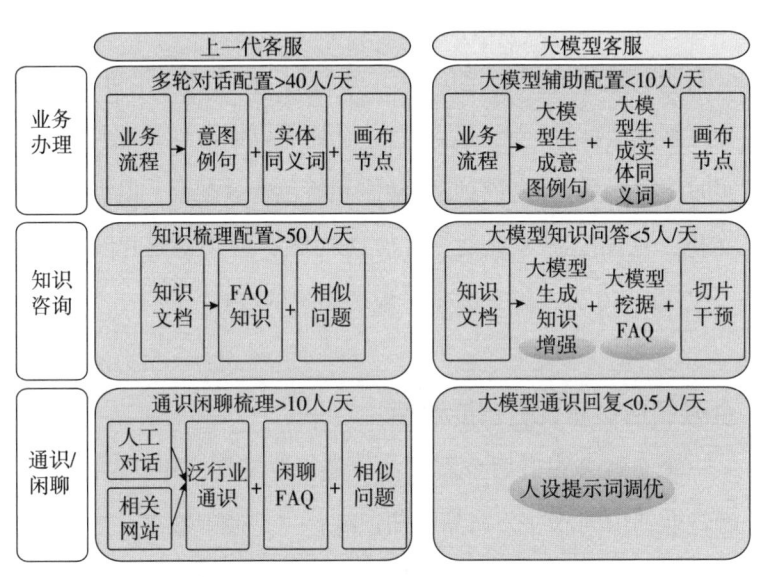

图 4-22 大模型客服与上一代客服对比

(四) 实践案例

1. 旅游领域,为每个游客配一位贴身导游

为了提高游客满意度,澳门特区旅游局通过百度的伙伴澳门电讯以 H5(超文本 5.0)的方式集成了一个智能旅游助手,可以支持多语种自由切换,准确识别游客需求,可以回答美景、美食、人文、活动等多维度的问题,提供衣食住行的全套服务指引,准确率在 92% 以上,相当于每位游客都能拥有一位贴身导游。

2. 全国首个人工智能年兽

在自贡非遗灯会上,出现了传统彩灯与人工智能的结合,也是全国首个人工智能灯组"年兽贺岁"。

自贡打造了一只高达 12 米、重超过 10 吨的"年兽",内置了百度智能云客悦智能对话平台,从而可以诙谐幽默地与游客进行实时语音对话,并且有肢体动作和特色音效配合,既弘扬了民俗文化,也深受游客喜欢。从启动软件定制开发到开园正式展出,仅用时 10 天,充分体现了配置高效的特点。

3. 金融领域,实现更智能对话

一家金融公司有两个需求:一是行业场景,开发定制问答、金融行业通识问答、公司品牌知识等;二是通识答复,结合大模型,基于客户已有客服系统预置提示词,开放领域问答,包括百

科、闲聊、财富管理等内容。

基于大模型升级对话功能，结合数字人产品，就可以支持现场观众通过语音与数字人进行交互问答，实现更智能化的对话。

4. 消费领域，百胜中国的数字化

百胜中国是消费者日常频繁接触的企业。目前有肯德基、必胜客等多个品牌，有近 1.6 万家门店。在 2024 年第三季度，肯德基与必胜客会员总数突破 5.1 亿，数字订单占比约 90%。自大模型问世以来，百胜中国积极投入生成式人工智能的探索之中，并成功应用于多个实际场景。在百度智能云千帆大模型平台和客悦产品上，百胜中国和百度智能云展开了深度合作，并上线了人工智能客服系统。

目前，人工智能客服每天能够为百胜中国处理超过 15 万次消费者沟通，经过增强的客服机器人的问题解决率高达近 90%，在辅助人工方面，人工智能客服帮助人工客服，更快、更准地响应消费者所需，整体效率提高近 10%。

此外，百胜中国也将大模型嵌入客服管理系统，实时评估客服服务质量，使每一次消费者来访都成为其改进服务的样本，进一步提升了客服的服务水平。

智能客服的应用场景并不仅仅局限于上述案例，它可以辅助机器人和座席人员，也可以成为金融行业交易助手、对话式理财专员，甚至是地方的招商顾问等。一句话来说，传统人工客服

可以做到的，智能客服可以做得更好；传统人工客服做不到的，智能客服也可以实现。

二、更真实的数字人，带来更好的转化

营销是企业获取利润和拓展市场的关键环节。数字人的广泛应用，正为营销带来新途径。它们可以作为品牌代言人，参与广告、直播和社交媒体活动，吸引年轻消费者；也可以和智能客服结合，以虚拟客服的方式提升客服形象；而且，数字人不受时间、地点和体力的限制，可以持续进行品牌推广、互动、客服等工作。

数字人也可以应用于教育领域，作为虚拟教师或导师，为学生提供生动、有趣的在线学习体验；或者在文旅领域，作为新型导游或引导员，不仅有咨询、介绍等功能，也是科技和传统文化结合的典范。

但是，传统数字人受限于技术，应用效果仍待提升。大模型的出现，为数字人的升级带来了机会。

（一）数字人的问题与改善

传统数字人面临两个问题：第一，制作周期长且成本高，需要完成角色、发型、服装、配饰等多个部分，每个部分又需要经过建模、贴图、材质、绑定、发型等多个步骤才能完成，无法

满足快速发展的行业需求；第二，面部表情呆板，亲和度低，动作僵硬机械，用户观感不佳。

大模型将如何改变数字人呢？

首先，可以基于模态迁移技术，将 3D 人物、场景、镜头等复杂的三维数据模态，迁移为图像、文字、代码等现有大模型能够理解的模态。

其次，依托多智能体协作的技术框架，将一系列复杂跨模态任务组合在一起，最大限度还原专业工作者真实的制作流程，保证生成 3D 形象与内容的效率和质量。

最后，通过 4D（四维）绑定技术，确保 3D 数字人表情、动作的美观度和生动性，实现人工智能生成 3D 数字人内容时的质量飞跃。

上述思路也是百度智能云在数字人领域的思考，并自研了 4D 绑定技术，结合大模型技术，发布了曦灵数字人平台，已逐步升级至 4.0 版本。

（二）数字人的应用

在曦灵数字人平台上，商家可以一键生成符合自己品牌或者调性的 3D 数字人形象，从面部细节到妆造、发型，从形象风格到人物参考，都只需要输入一段话即可生成，并且支持丰富的细节调整。曦灵数字人可以实现人物在不同角度形体、表情的高度一致，即使是面部微表情，也非常逼真、自然。

商家可以轻松拥有自己的专属"形象代言人",完全不受时间、空间限制。比如,商家想卖一套衣服,可以直接导入衣服的3D设计文件,稍等片刻,就可以完成快速换装。

如果设计需求很复杂怎么办?对于很长的需求文档,用户甚至不需要对需求进行拆解,可以原封不动地交给曦灵,曦灵可以提取文档里的关键信息,理解所有的需求,并生成相应场景的视频片段。除了基础的视频片段生成之外,人物的声音、口型、表情、动作,以及场景和背景元素的创建、画面的运镜和调色等也可以由大模型来完成。

仅有数字人形象,还远远不够。通过大模型多模态技术,数字人还可以动起来,生成专业视频。

从3D形象到视频有什么用呢?随着用户从阅读图文到观看视频的习惯改变,短视频已经成为品牌"种草"和转化的有效方式,往往店铺里的主推商品都需要配上短视频。但是视频的制作成本很高,通常一个短视频需要专门的团队,拍摄多个场景,逐条剪辑,工作量非常大,许多店家心有余而力不足。

现在有了大模型和数字人,短视频制作不再是难事。制作周期可以压缩到分钟级。商家可以随心创作能够紧密贴合营销需求、快速吸引消费者注意力的视频,从而大大提升营销效率和转化率。曦灵数字人不仅能满足品牌的需求,还严格遵循品牌内容规范,这也是"企业级"的体现。

三、代码高效，企业提效

代码不是每个人都会从事的工作，却是不少企业正在应用的技术。代码相关的管理、运营，对企业而言也非常重要。快速的代码编写，可以提高业务上线速度，更快地抢占市场；良好的代码质量，可以确保相关应用与服务可靠、稳定；井井有条的代码管理，可以确保公司出现人员变动时，实现更平稳的交接，从而确保公司业务稳定。因此，大模型对代码的影响，并不局限在代码本身，而是通过代码，影响公司的人才管理、业务稳定、市场拓展等方面，是管理者不得不重视的应用方式。

（一）代码生成，深受喜爱

企业在代码管理方面，面临较多难题，主要包括以下几点。

第一，版本控制混乱。随着项目规模扩大和开发人员增多，代码分支可能会错综复杂，导致版本追溯困难、分支管理复杂，从而浪费时间，拖延整体进度。

第二，代码质量良莠不齐。不同开发人员有不同的编码风格和习惯，导致代码可读性和维护性差，也会有不少低质量的代码进入代码库，从而形成长期隐患。不同质量的代码，也导致团队之间协作效率低。这些问题，也常常会导致形成业内常说的"代码屎山"，导致维护成本上升、系统性能下降。

第三，代码传承性差。传承性出现在两个场景中：一是员工离职后的交接，新员工能否顺利接手工作；二是公司既有代码能否被复用。传承性差，会导致资源浪费，甚至项目出现拖延。

因此，好的代码提效工具，应具备两个特征。

一是可以覆盖编程的整个流程，包括项目理解（如梳理框架、解释代码、私域问答等）、需求开发（如行间续写、注释代码、代码注释生成、对话生成、参考生成等）、运行调试（如业务日志、系统日志等）、优化审查（如自驱优化、管理审查等）、研发自测（如单元测试、测试用例等）。

二是聚焦研发全生命周期的业务流，实现从项目接手到最终交付，全流程编码开发效率与质量的双提升。不仅要在项目接手初期实现工程架构的智能解读，帮助工程师快速理解业务逻辑，而且要能吃透资深工程师的编码经验，智能辅助程序员查缺补漏，实现项目接手无忧、开发效率提高、代码质量提升。

（二）大模型带来的提升

代码生成是最常用的人工智能应用之一，借助大模型，代码编写的速度、质量都有了显著提升，深受开发人员喜爱。百度推出了用于代码生成的人工智能原生应用"文心快码 Baidu Comate"，涵盖了 100 多款主流开发语言和常用的 IDE（集成开发环境）。截至 2024 年 12 月底，文心快码已经服务了超过 1 万家企业客户，帮助数百万中国开发者提升了编码效率。

文心快码常见的场景功能如下。

实时续写。在日常代码编写过程中，文心快码可以根据上下文和当前语法，实时理解和判断要写的代码内容，并进行自动补齐，用户只需要确认即可，而且支持单行、多行的实时续写。

代码注释。可以一键生成注释和行间注释，用户进行确认后采纳即可。

对话生成代码。用户用自然语言描述想要的功能，文心快码根据描述需求和场景，支持在编辑器区直接生成代码及相关解释说明，用户可以一键采纳和复制使用。

生成单测。支持一键生成单元测试以及单元测试相关代码解释，大幅提高研发人员的自测效率，缩短开发完成时间。

私域问答。将针对企业自身的代码学习和标准来进行参考，人工智能生成的代码则与企业的规范和要求比较贴近，可以更好地管理和规范代码。

另外，市面上通用的代码助手往往缺乏对企业历史代码库的理解。文心快码的"企业级代码辅助能力"支持深度理解企业代码库，能够快速学习企业过往的代码与规范，让生成的代码更贴近企业的要求。

文心快码灵活支持多种部署模式，例如，公有云SaaS（软件即服务）版，可以直接调用公有云大模型通用能力，大模型服务托管在百度云服务上；私有化部署，应用和模型部署在本地客户机房，应用功能API开放；混合云，模型服务托管在百度云服务上，应用和RAG部署在本地，数据本地存储。

（三）实践案例

某金融企业，研发团队超过千人，其中20%以上通过文心快码工作。使用功能包括：实时续写，即根据已有代码上下文，推理生成后续代码内容，支持代码单行续写、多行续写，根据注释自动生成代码；单元测试，即根据函数自动生成测试代码，根据代码内容自动生成doc注释（文档注释），重构与优化代码；丰富扩展，即根据开发人员需求进行技术问答，还有测试代码、代码智能评审等更多丰富的扩展功能。

通过文心快码，开发人员可以快速理解原始项目代码，保障项目顺利交接，开发效率大幅提高，代码质量改善。从实践效果来看，效率提升了10%~20%，代码缺陷数量降低了40%，堪称又快又好。

四、做好知识管理，让企业大脑更智慧

20世纪90年代，美国总统克林顿在执政时期提出，要用新经济和知识经济来发展美国经济。随后，知识管理就成为各国热议的词语，也开始在我国得到重视，从理论到实践，不断地积累经验。

如今，在信息爆炸时代，面对海量的信息，无论对于企业、事业单位，还是政府机关（为叙述方便，以下只讨论企业）等，知识管理都越来越重要，成为提升核心竞争力的关键要素。

一方面，信息中噪声和信号混杂，通过信息管理，掌握信息不对称就可以识别风险、获得机遇；另一方面，随着数字化进程加深，信息已经贯穿在业务各个环节，管理好信息流，也是公司运行效率的保障。同时，大量信息沉淀在企业的各个环节、各个流程，这就像一座座金矿一样，通过信息的挖掘，也可以带来创新，毕竟许多创新就是现有事物的再组合。因此，无论是从管理、经营的角度看，还是从创新等的角度看，知识管理都十分必要。

大模型最核心的能力就是能够对海量知识数据进行高效整合、分析和提取应用，让用户能够更快速、准确地获取所需信息，提升工作效率，同时也能避免知识的重复建设和浪费，快速且显著地达到降本的目的。因此，知识管理也是企业应用大模型的常见路径，非常值得探索。

（一）企业知识管理体系建设

企业知识管理是体系工程，需要机制、文化、系统协同建设。

知识管理支撑体系，是整个知识管理架构的基石，可以分为管理系统与工具、知识管理、人工智能技术以及数据与信息等。其中，管理系统与工具主要用来促进全公司员工，尤其是跨部门、跨项目、跨岗位的员工互动交流、激发知识创新，并形成集成统一的知识共享平台，打破"信息孤岛"，让知识这个重要的生产要素高效流动。当新的技术，如大模型技术出现时，要确保新技术能尽快部署在公司内部,让知识管理更加智能化。例如人工智能搜索,可以支持多模态检索,覆盖更多知识。

在支撑体系之上的,是知识管理机制和知识管理文化。知识管理机制,包括知识生产、加工、组织、获取、应用等全生命周期管理。知识管理文化要营造一种大家都愿意创新、分享知识的氛围。制度的核心在于共识、执行和维护。而文化,则要靠日积月累的沉淀。制度和文化一旦形成,就会成为公司重要的无形资产和内在竞争力。

当然,企业是营利性机构,并非纯粹的学术机构。这就意味着,知识管理必须与业务流程深度融合,这才是发挥知识价值的关键。企业需要梳理各业务流程节点的知识生产与应用。以产品研发流程为例,各环节子节点会产生文档、模型、数据、代码等知识,通过完善版本管理机制,就能构建起完整的知识库体系。与业务流程结合,就像浇灌农田需要管道一样,只有合理布局,才能确保每寸土壤都能被水滋润,从而生长出需要的农作物。

知识管理体系的最顶层是知识管理战略。知识管理战略并不是独立存在的,而是一个连接器,需要承接公司的整体战略、IT战略以及人才战略等。知识管理战略的制定、管理,可以参考四条原则。一是可积累原则,就是把知识当成重要的资产,好好保存和积累。比如一家老字号企业,把多年的制作工艺和配方整理保存下来,这就是知识积累。二是可复制原则,能让成功的项目经验和人才培养模式快速复制。像连锁餐厅,把一家店成功的经营模式复制到其他分店，还培养出很多优秀的店长。三是可管控原则，要建立一个平台，把知识的生产、组织和使用都管理好。比如一些大型企业的内部知识管理平台，员工发布的知识都要经过审核，以保证知识的质量。四是可持续原则，把零散的知识整理好，让企业能持续发展。就像科研机构，把研究成果分类整理，为后续的研究提供支持。

（二）企业知识管理的四个阶段

按照智能化程度来区分，企业知识管理通常可以分为四个阶段。

第一阶段，实现数字化。企业开始意识到纸质文档的局限性，比如合同易损、报表难检索、历史数据难以追溯。于是，数字化应运而生，成为知识管理的基石。比如，企业可以通过ERP（企业资源计划）系统整合财务与供应链数据，利用扫描技术将合同、图纸转化为电子档案；将处理故障的经验写入操作文档，甚至录成视频，供培训使用；制造企业可以将生产线的手工记录表升级为数字看板，不仅避免人为记录错误，还能实时追踪设备状态。这一阶段的核心价值在于数据的可存储性与可追溯性，为后续的知识管理提供"原料"。

第二阶段，实现信息集中化，即搭建企业级统一知识库，将信息作为重要资产集中管理。常见的案例为，将企业内有价值的信息沉淀下来，整合加工形成企业资产。

第三阶段，实现信息知识化。信息的剧烈增加，也给企业带来新挑战：海量数据中哪些是真正有用的知识？如何让新员工快速掌握资深工程师的经验？信息知识化阶段就是通过知识图谱、数据挖掘等技术，将零散信息转化为结构化知识，加速知识应用，释放知识价值。这一阶段的精髓在于隐性知识的显性化，企业开始像"大脑"一样思考，而不仅仅是存储信息。

第四阶段，实现知识智能化。知识不再被动等待调用，而是通过自然语言处理、机器学习等技术主动参与业务，加速企业的创新。例如，智能客服可以实时分析客户对话，从知识库中提取最优解决方案，甚至预测潜在投诉风险；供应链智能系统可以通过历史数据学习，自动调整采购计划以应对市场波动。这一阶段的颠覆性在于知识的内生驱动，企业决策从"经验导向"迈向"数据＋算法"的双轮驱动。

目前大部分行业、企业处于第三阶段，少数领先企业已经开始向第四阶段升级。

（三）生成式人工智能，带来知识管理技术的全面革新

与传统知识管理相比，大模型赋能下的生成式人工智能知识管理带来了多个能力更新，包括以下几个方面。

第一，数据接入方面：传统模式以文档等文字媒介为主，音视频等模态信息仅能实现检索标题；生成式人工智能可以实现文字、视频、音频、图标等多模态数据接入并全面解析。

第二，智能问答方面：传统以文件搜索为知识获取形式，用户搜索后需进一步自行研读；而生成式人工智能以检索增强问答为核心，按用户需求生成粒度合适的答案。

第三，任务执行和商业洞察方面：传统方式知识获取后无承接性功能，知识管理相对孤立，无延伸；而生成式人工智能基于上游知识执行任务，基于数据库形成决策洞察。

第四，文本创作和创意激发方面：传统模式以固定模板创作服务为主，无法基于用户指令创造性生成；生成式人工智能则可以轻松胜任文本创作生成，可以汇集素材灵感，激发写作创意。

整体而言，生成式人工智能拓展了传统知识服务的边界，基于大模型"智能调度"，实现了知识获取的"极致满足"。

（四）重构企业知识全链条

一个优秀的知识管理平台，应该覆盖企业知识"生产—加工—组织—获取—应用"的全链条，并满足用户的高需求。

知识生产，需要对内部显性和隐性知识，以及外部知识进行挖掘，支持文档、图片、音视频、压缩包、VSD（向量信号数据）专业文件、碎片知识等多格式知识，以及在线录入、批量上传、异构系统同步等多来源知识同步，实现海量知识实时更新。这个能力，将无序的信息转化为有序、有价值的知识，降低用户获取知识的门槛。

知识加工，不仅支持标准化知识加工（文档解析、知识点抽取、问答抽取等），而且支持合同抽取、标准抽取等场景化知识加工。此外，要形成丰富、多类型的全局标签，并以词条、图谱、知识点、案例等多种形式呈现，加强知识可视化。这个能力，可以让用户实现零存整取、杂存精取，而且查阅方便。

知识组织，通过构建多粒度权限管控体系，实现高效协同的编写、审核与发布流程，同时打造结构化、易检索的知识库，以提升知识管理的效率和安全性，确保知识在不同层级和角色之间灵活共享与精准应用。

知识获取，通过对话式搜索实现人找知识的便捷，用户可以借助智能交互平台以自然语言提问，快速获取精准答案。同时，个性化推荐则让知识主动找到人，系统根据用户的历史行为和偏好，主动推送符合需求的知识内容。这种结合不仅提升了知识获取的效率，还增强了用户体验，使知识的传播更加精准和高效。

知识应用，应该可以从用户意图出发，例如企业知识问答、企业任务调度、企业内容解读等，再利用知识管理和大模型调度，满足用户需求。例如，可以开发超级助理，执行文档创作、邮件草拟等任务。或者，通过分析用户资料，实现个性化服务。这个能力，可以让用户以需求为导向，实现各种创意应用。

上述需求，都可以在百度智能云推出的知识管理平台甄知上得到解决，基于文心大模型，甄知重构了企业知识"生产—加工—组织—获取—应用"全链条，实现企业知识资产的高效应用，为企业创新发展注入新动力。

（五）实践案例

1. 设备标准知识管理

该案例适用于电力、油气等能源行业客户，这类客户知识管理比较难，数据专业属性强、涉及面广、知识点多，且组织结构复杂、储存分散。百度智能云甄知企业知识管理平台则可以覆盖集团统一内搜、设备标准知识管理、设备故障消除辅助等场景。

某电网公司，在大力建设数字电网及电网数字化转型。在数据和知识爆炸式增长的背景下，希望借助人工智能技术，将内部数据转化为解决具体业务问题的能力，支撑公司智能化提升、业务发展。

客户痛点为，企业内部数据涉及电力资源、基础设施、投资、生产、输送、消费、价格及进出口等，能源行业标准、作业规范细节知识点密集且隐蔽。

百度智能云为客户搭建了"设备知识库管理平台"，功能如下。

第一，标准知识图谱构建。提取了各类电力主设备标准的核心内容，以标准知识库为语料，挖掘和识别电网主网设备相关对象、属性、关系，构建变压器套件等主网设备标准知识图谱，通过跨标准、跨层级的比对和预警，使标准冲突时自动发现，引用标准自动更新，实现数字标准的向上溯源分析和向下影响分析。

第二，标准问答机器人。构造了20多种问答卡片，分层次展示长短答案，集成生成式对话、知识图谱问答、问答对挖掘、阅读理解问答、推理问答、多轮对话等核心关键技术，针对不同专业的不同需求，面向标准业务应用场景提供精准人机交互式对话，缩短查找路径，提升查阅效率。

第三，智能化推荐。基于知识图谱、智能搜索面向电网设备标准多样化的应用场景，研究标准画像、场景画像、用户画像，可以实现精准匹配的推送；相关实体推荐、热门查询、搜索建议联想、推荐词推荐等场景的准确率几乎达到100%，满足专业人员对标准知识获取的需求，提升标准知识在业务场景的利用率。

第四，标准辅助编写。基于大模型生成能力引擎打通从撰写、审核到存储、使用的数字化全流程，结合边写边推荐、大模型一键成文、相关语义推荐、碎片化搜索、纠错查重等能力，通过预置标准模板实现标准的智能辅助编写，促进员工撰写标准效率提升5倍。

项目实施后，客户构建了涵盖标准"管、查、用、编"全生命周期的数字生态系统，建设电网设备标准知识管理，基本实现了国标、行标、企标、团标等上万篇标准文档的可检索、可问答、图谱化、可推理，在标准的机器可读方面迈出了坚实的一步。根据实践经验，总结编写了相关领域的白皮书，获得了业内同行和专家的高度认可。

2. 营销知识管理

该案例适用于大型企业,具有组织庞大、知识量多、人员流动大等特点,需要专业运营管理和效果提升,持续引导员工基于统一的平台进行知识复用和共享。百度智能云甄知企业知识管理平台可以作为企业的知识中台,服务于企业内多种知识管理场景,包括销售知识管理、营销知识管理、客户知识管理等。

一家运营商企业,需要从市场、行业和能力等多个维度建设知识管理体系,从满足各类行业客户对DICT(数据、信息、通信、技术)应用的需要,围绕政企等行业客户经理及专业公司售前解决方案等一线人员的工作需求,全面提升员工的综合能力。

用户痛点为,在营销环节,政企等行业的客户经理以及专业公司提供售前解决方案的一线人员专业能力不一,又缺乏有效工具。虽然企业已经构建了内部知识库,但存在内部"数据孤岛"现象严重、信息分散、搜索效率低等问题。

针对这类问题,百度用大模型知识库管理能力,对该运营商已有知识库进行优化处理。项目成果如下。

第一,构建了以用户生产内容为核心的知识生态社区,打造成为客户实现知识沉淀、员工赋能、组织赋能、营销渠道赋能、业务赋能的有效工具。

第二,平台提供了符合用户搜索习惯的搜索功能,以及智能推送、知识传输、知识互动、智能提问、知识回答、个人空间等功能，借助知识图谱能力及企业搜索引擎，提升高质量内容应用效果。

第三，平台也支持 PC 端网页、App 等终端载体，能够无缝融合到用户的实际工作场景中，同时实现界面美观、体验友好，使其成为用户工作中不可或缺的知识支撑工具。

此外，支持企业智能搜索、问答的系统嵌入，优化原有系统的搜索管理服务，提升搜索效率。

这套架构，也可以灵活支持未来深化数据智能交互应用，不仅着眼于现在，也放眼于未来。

3. 手机银行 App 搜索

该案例适用于金融行业。该领域对内容要求高，面向 C 端用户需提供生活服务、金融建议等内容；面向客服、银行客户经理、保险代理人等，需提供多样的政策和法律法规知识，以助力提升业务拓展和获客技能，对内容接入和运营提出更高要求。

同时，营销难度大，金融监管严，风险控制需求大，覆盖用户群体复杂、范围大，营销活动需结合反欺诈数据及情报开展日常运营工作，需要面向各种细分场景制定行为规范，提升营销活动过程中客服问答效率，保障基于 App 的营销效果。

甄知可以覆盖手机银行 App 搜索、客服座席知识管理、保险知识助手等场景。

当前手机银行成了银行业务增长的重要渠道。某大型商业银行的手机银行 App 存在搜索结果单一、搜索功能简单、搜索准确率不高等问题，并且银行售卖产品多样，无法针对上亿客户推送更加精准的结果，面向目标客群的精准营销效果也不理想。

百度基于甄知平台，在客户内部建设智能搜索系统，集合多个系统数据，提供统一的信息查询入口，为消费者提供便捷化、智能化的对结构化与非结构化数据的检索查询方法。

实施效果包括引入理财产品、手机应用、常见问答等各项资源，构建索引和知识图谱，实现手机银行搜得快、搜得准，提升了手机银行用户黏性。

第一，通过用户画像和个性化搜索技术，为用户推荐个性化的理财产品、文档等搜索结果，提高销售成单率。

第二，为手机银行建设五大资源搜索能力，包括理财产品、手机应用、常见问题、自媒体文章搜索和交易辅助。精准定位用户搜索需求，为用户个性化推荐最适合的理财产品，提升手机银行销售产品成单率。

第三，协助用户通过搜索实现知识获取、精准交易辅助等功能，检测问题账户准确度在 97% 以上，满足多业务场景的需求。

项目实施后，客户对基于手机银行 App 进行展业、提升服务的信心显著增加。

综上所述，大模型带来的人工智能原生应用浪潮才刚刚开始，无论是开发还是部署应用，几乎都是"唾手可得"。相信用户在百度智能云千帆平台上，通过一站式服务，可以探索属于自己的人工智能应用，迎接人工智能提效降本的红利，开启新的商业模式，探索新的业务蓝海。

> 大模型为企业带来的价值，以及企业客户对于大模型应用的期望，无外乎以下四点：增收、降本、提效、合规。
>
> 智能客服 3.0 的应用，推动客服领域最关键的指标——自助解决率，从 80% 提升到了 92% 以上。
>
> 大模型从三个方面提升了数字人：基于模态迁移技术，将 3D 人物、场景、镜头等复杂的三维数据模态，迁移为图像、文字、代码等现有大模型能够理解的模态；依托多智能体协作的技术框架，保证生成 3D 形象与内容的效率和质量；通过 4D 绑定技术，确保 3D 数字人表情、动作的美观度和生动性。
>
> 代码生成是最常用的人工智能应用之一，借助大模型，代码编写的速度、质量都有了显著提升，深受开发人员喜爱。
>
> 从智能化程度来看，企业知识管理通常可以分为四个阶段：数字化、信息集中化、信息知识化、知识智能化。

第五章

产业变革：
大模型赋能千行百业

人类文明的长卷中，真正改变历史走向的技术革新，不像"悬于云端的星辰"，而像"浸润大地的江河"。也就是说，任何技术要成为浪潮，必须深入产业、影响产业、重塑产业，甚至创造新产业。

电力，作为新的动力来源，为全工业带来提效。比如在纺织业，蒸汽机需要通过复杂的传动装置来驱动机器，启动和停止都比较缓慢，而电力驱动的纺织机则可以直接启动和停止，反应更加迅速，可以更好地满足生产节奏，从而使单位时间内的纺织品产量大幅增加。纺织物的普及，不仅可以帮助人类适应不同的气候，也带来了各种新时尚。

在交通领域，早期的蒸汽机车速度可能只有几十公里/小时，而电力机车的速度则可以轻松超过100公里/小时，甚至更快。就像中国的高铁，采用电力驱动，可以轻松达到350公里/小时的速度，交通运输效率显著提升，这对于有着"全球规模最大的人口迁移运动"称号的春运而言，意义重大。人们可以减少花在路上的时间，更多地陪伴家人。

电力也改变了依赖纸质信件、信鸽等工具的通信行业。1844年诞生了第一封电报，莫尔斯电码的"嘀嗒"声，开启了跨大陆即时通信的时代；1876年贝尔通过铜导线的振动传出"沃森先生，过来，我需要你"，让人类通过金属丝就能跨越千里、咫尺对话；1895年马可尼的无线电波穿越英吉利海峡，航海通信自此告别旗语与烽火时代。

电力对金融行业的改造也潜移默化且深刻。20世纪20年代，华尔街的交易大厅里，股票行情电报机的电流声取代了信鸽翅膀的扑簌声；1971年，纳斯达克推出电子报价系统，采用新型电子信号传输替代纸质单据，投资者自此告别挥舞单据的嘈杂场景，将交易速度提升至毫秒级。

在娱乐领域，电力革命催生出电影、电视等新型艺术形态，与传统剧院形成业态互补。19世纪80年代改良电灯的普及，不仅提升了照明效率，更通过消除昼夜界限深刻改变了人类的作息规律。在此基础上，电力革命催生出电气设备制造业及配套服务体系，构建起现代社会的物质基础。

电，就是浸润人类各行各业的江河。而互联网对各行各业的改造，也将更加深刻。

1969 年，阿帕网从美国加州大学洛杉矶分校向斯坦福研究所成功发送首组数据分组，互联网雏形初现；1971 年，雷·汤姆林森敲出的第一个"@"符号，让电子脉冲替代了邮差；1990 年，蒂姆·伯纳斯-李敲下万维网的第一行代码，从而让人类进入了万维网的虚拟世界。翻天覆地的变化，也开始在各行各业发生。

在通信领域，基于互联网的电子邮件、QQ 等即时通信工具，可以传递比电话、电报更加丰富的信息，而且成本更低、时间更短。在交通领域，传统在纸质地图上用铅笔勾画路线的行程安排，已经让位于更加便捷的地图导航，而且导航应用还可以实时寻找最优路径算法。

互联网的普及，催生了电商、搜索引擎、门户网站、视频网站等新业态。

在金融领域，互联网也带来了重大改变。用户办理转账汇款、账户查询、理财购买等业务，无须再频繁前往银行网点，而是可以直接通过网上银行、手机银行随时随地办理；以支付宝、微信支付为代表的移动支付方式，让消费者在购物、交费等场景中只需轻松扫码即可完成支付。

工业互联网、移动互联网这些尽在眼前的变化，更是无须赘述，读者都可以亲身感受。总结来说，TCP/IP（传输控制协议/网际协议）如同数字时代的运河，将信息孤岛连接成新大陆，也改变了世界连接的方式。

因此，非常有必要用一章内容阐述大模型和生成式人工智能给各行各业带来了什么影响，以及为什么大模型和生成式人工智能的发展可以被称为浪潮。

不少观点认为，这波大模型浪潮，就看中国和美国。中国最大的优势是产业有纵深，场景很丰富，可以为技术提供练兵场，从而加速技术完善。

相比之前两次技术革命，大模型对各行各业的影响会更快、更深，原因有三点：一是各行各业都积累了丰富的数据，这些数据和大模型结合，可以快速带来显著效果；二是正如前文所述，大模型及其相关系统作为人工智能新基建，屏蔽掉了底层开发平台的复杂性，大幅降低了各行各业对新技术的使用门槛；三是大模型并不是"躲在后台"的技术支持，而是直接与一线场景结合，直接给企业的产品、服务带来影响，对效益的影响更加直接。

总结而言，就是能用、好用、有用，因此更容易被企业使用，从而更早地影响产业。

以文心一言的调用量为例，总的调用量在持续提升，而其行业分布却十分均衡，这也体现了与各行各业相结合的趋势。

在大模型的行业落地中，因为技术储备充分、人才资源充足、业务轻资产等特点，互联网行业依然享受到了先发优势，这一点毋庸置疑，也无须多言。而本章则重点关注互联网行业之外的领域，包括手机、汽车、具身智能、金融、教育、电商等。

不同行业，各有特点。百度智能云根据实践经验，针对各行业的通用需求，开发了多个行业解决方案，尽可能为用户提供"交钥匙模式"，降低用户部署负担。

这些解决方案，也许未必是终极答案，但依然分享给大家。一方面，这些解决方案尽可能保留了敏捷性，可以随着技术发展而更新；另一方面，相信可以为读者带来良好的借鉴和思考。

总的来说，大模型就是智能时代滋润各行各业的"运河"，其影响之大，绝非一章内容就能完整表述的，也期待各位读者在各自的领域中深入体会。

第一节　手机：成为智能私人助理

手机，是移动互联网的重要驱动因素，也是重要载体。Exploding Topics（趋势分析工具）的数据显示，2024年全球约有72.1亿部智能手机。然而，我们可以在此时停下来，回想一个问题：以你或者周边朋友为例来看，更换手机的周期是不是变长了？

多家权威咨询机构的报告显示，全球智能手机市场正面临更新率下降和换机周期延长的趋势，传统认知中的18~24个月换机周期已显著延长至40~50个月。这一变化对消费电子行业构成了严峻挑战。全球消费电子行业的玩家，也都在探索技术革新、产品创新以及运营模式优化等路径，以期带动行业复苏并重振市场活力。

然而，从消费者的视角来看，用户需求却又远未触及天花板。

虽然传统的产品升级路径，如扩大屏幕尺寸、提升摄像头像素等，已难以激发强烈的购买意愿。但与此同时，消费者对智能化和趣味性的期待仍持续升温。

手机作为目前全球高渗透率、高使用率的终端，既是普通大众体验人工智能的直接渠道，也是大模型深入日常生活、加速普及的最佳入口。

于是，大模型和手机的结合，就形成了手机厂商、消费者、大模型厂商三方共赢的局面。以每日互动的数据为例，2024年第一季度，人工智能手机销量同比增速高达131%，表现亮眼。此外，智能终端新品类，如耳机、手表、手环、人工智能眼镜等，也在2024年迎来了新的增长机遇，吸引了众多创业者和手机厂商入局。

可以说，大模型不仅给相关企业带来了增长机遇，也给消费者带来了新体验，是推动操作系统和移动应用进入下一个增长浪潮的关键力量，也一定会带来移动应用的二次爆发。

一、大模型的哪些能力可以发挥作用

其实，人工智能革命早就在智能手机的方寸之间发生了。例如，2019年10月，苹果为部分机型推出了Deep Fusion（深度融合）功能。该功能是，手机在用户按下快门前，会预先捕捉4张短曝光图像和4张标准曝光图像，用户按下快门后再拍摄1张长曝光图像，最终合成9张图像。通过内置的神经网络模型，系统会从中筛选 5 张照片进行降噪、锐化、调色等处理，最终生成一张画质最优的照片。这不仅是摄影技术的进化，更是硅基生命对光与影的全新诠释。

在国内市场，人工智能功能同样得到了广泛应用。许多手机也集成了人工智能模块，支持一键完成证件扫描、文字提取等传统 OCR 功能，轻松解决生活中的诸多小难题。而语音助手像贴心的小管家，早已成为每部手机的标配，时刻准备为用户服务。此外，人工智能技术还延伸至其他终端设备，如智能音箱，广泛应用于家庭、酒店等场景，为人们带来便捷与欢乐。

那么，与传统人工智能功能相比，大模型究竟具备哪些显著优势，能够带来哪些用户体验的飞跃呢？

第一，在自然语言处理方面。传统人工智能对简单语句的理解能力尚可，但在面对复杂、模糊或具有上下文依赖的语句时，表现较为有限。而大模型凭借强大的语言理解能力，能够应对复杂场景、解析模糊指令，并拆解多意图指令，显著提升了交互的智能化水平。二者相比，传统人工智能如同在语法河流中划桨的摆渡人，只能在限定航道解读简单语义，大模型却是能驾驭语言海洋的冒险者。借用著名哲学家路德维希·维特根斯坦在《逻辑哲学论》中表达的观点"语言的界限，就是世界的界限"来总结，就是"语言的界限，也是智能的界限"。

第二，在交互流畅性方面。传统人工智能的回答往往显得机械生硬，缺乏灵活性，而大模型的长上下文能力和记忆能力，使用户与设备之间的对话更加自然流畅。如果将传统人工智能对话比作套路化的八股文，大模型的交流则已经有了李白才华倾倒的感觉。

第三，在知识推理与联想方面。传统人工智能的推理能力有限，更像基于规则的搜索，只能输出预设信息。而大模型拥有跨领域的丰富知识，能够进行知识推理和联想。例如，当用户查询某地天气时，大模型可以推测用户可能有出差计划，并主动推荐相关酒店、景点等信息。当用户询问"三亚台风预警"时，大模型不仅可以报告风速数据，更可以推演出"可能需要取消航班、推荐延误险、提示免税店线上商城"等需求。

第四，在多模态能力方面。传统人工智能通常只能在单一模块中分别处理文字、图像、语音等信息，好比不同乐手各自演奏，既无互动，也无交流。而大模型凭借其强大的多模态能力，如同交响乐团调动各个乐手一般，将各个形态的信息进行综合处理，不仅提升了传统OCR的识别精度，还拓宽了用户的信息输入方式，降低了使用门槛，从而催生了更多新场景和新体验。

第五，在跨平台整合方面。传统人工智能通常局限于单一应用或服务，缺乏跨平台协同能力。而大模型能够打破应用和服务之间的界限，在获得用户授权的前提下，实现跨应用数据交互和功能整合。例如，当用户在购物时，大模型可以像一位精明的购物达人，自动比价不同电商平台，或在即时通信工具中快速识别信息并调度其他应用。

第六，在自我学习能力方面。大模型具备强大的实时学习和动态优化能力，它能够不断更新数据、修正输出结果，并基于用户的个性化信息持续优化，比如从"您更偏爱拿铁"推导出"推荐低咖啡因新品"等，从而更贴近"私人助理"的角色定位。

综上所述，大模型在交互方式、知识覆盖、任务复杂度、学习能力等方面均实现了显著提升，为消费电子终端带来了全新的功能体验，推动了智能化应用的进一步发展。

二、大模型带来手机使用新体验

大模型的核心能力可归纳为以下几个关键维度。

第一，智能助手功能的全面升级。如今，各类应用越来越多，用户在多应用间频繁切换，就像在杂乱无章的房间里翻找物品。而新一代智能助手搭乘大模型的东风，实现了全面升级。语音交互上的便捷性，如同流畅的乐章，每个音符都能精准落入用户耳中；意图识别的精准度，好似神箭手百发百中，直击用户需求核心；上下文理解能力更是如同一位资深老友，能精准捕捉话语间的微妙情绪与深层含义，为用户奉上高度个性化的服务建议，显得既贴心又温暖。更为重要的是，智能助手的系统集成能力得到强化，宛如一位神通广大的指挥官，通过统一的交互入口，就能让多个应用像训练有素的士兵一样协同作战。

以典型应用场景为例，用户可以通过自然语言指令，如"我需要在本周五前往上海，请预订高铁票和外滩附近的五星级酒店，并安排当晚与客户的商务晚宴，同时将餐厅位置和路线信息同步给相关人员"。在大模型的技术支持下，智能助手可以自动完成原本需要在铁路12306、携程旅行、大众点评、地图导航软件及社交软件等多个平台分别操作的任务流程。尽管当前受限于 API 的开放程度，这一愿景尚未完全实现，但大模型的技术能力已为此奠定了坚实的基础。

第二，智能化工具的能力跃升。在多媒体处理领域，大模型显著提升了图像与视频的自动生成能力，支持基于自然语言描述的智能图像编辑与处理。在语言服务方面，实现了近乎零延迟的实时语音翻译，不仅支持传统的文本和语音翻译，更通过多模态能力扩展至图像、视频等载体的信息提取与翻译。例如，用户可通过设备摄像头实时识别并翻译外文菜单、路标等视觉信息，极大地提升了跨国交流与旅行的便利性。

以 Galaxy AI（三星推出的人工智能产品）为例，它深度整合百度文心大模型的技术能力，实现了摘要、帮写、智能文档问答等创新功能。其中，"即圈即搜"功能通过直观的手势交互（如画圈、画线等），可以实现精准的内容检索；笔记助手功能则利用大模型的自然语言处理能力，提供封面生成、要点提炼、智能排版等一体化解决方案，显著提升了长文本处理的效率；三星语音助手 Bixby 智能文档问答，基于多模态输入和文心大模型长文档分析的能力，帮助用户快速理解文档内容，提升工作效率。

第三，个性化推荐系统的优化升级。搭载大模型的人工智能设备突破了单一应用的数据壁垒，在获得用户授权的前提下，能够基于全设备使用行为数据进行深度分析，结合地理位置、时间、环境等多维度信息，为用户提供更加精准的场景化推荐服务。这种推荐机制不仅考虑了用户的历史行为模式，还能实时响应环境变化和个人状态，实现真正意义上的个性化服务。

展望未来，随着人工智能技术的持续演进，百度智能云基于丰富的实践经验，已构建起完整的用户意图识别模型体系（见图 5-1），涵盖通识问答、多模态交互等多个场景。通过端侧部署优化，百度已与三星、vivo、OPPO、小米、联想、荣耀等主流终端厂商建立了深度合作关系，共同推动智能终端体验的革新。

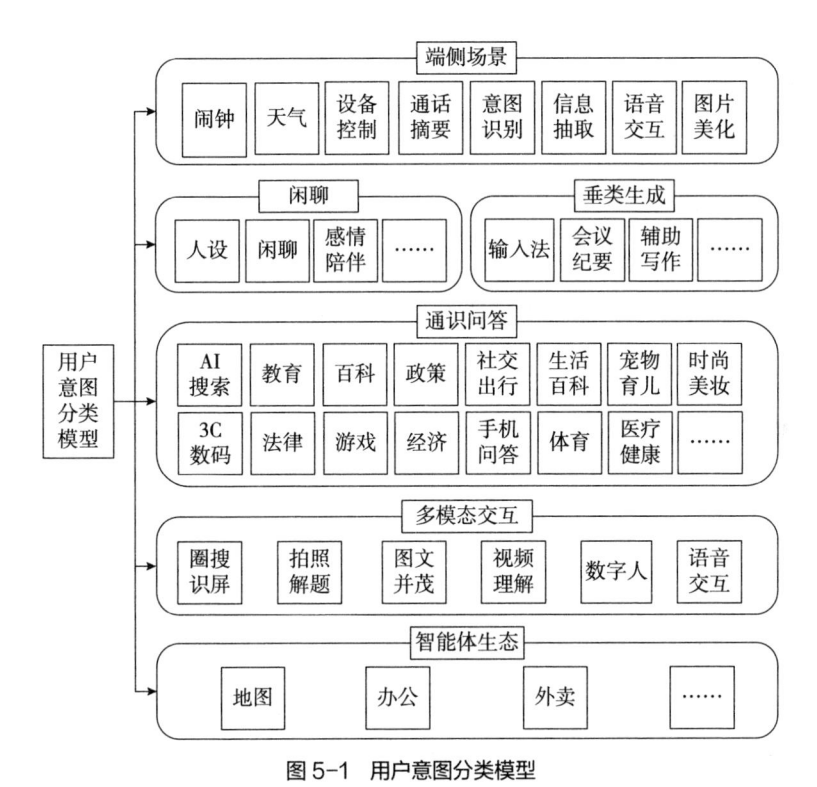

图 5-1　用户意图分类模型

三、其他智能终端的应用

大模型技术不仅推动了智能手机的革新，更为耳机、智能手表、手环、AI 眼镜等智能终端设备带来了显著的性能提升与功能扩展。其中，AI 眼镜作为有望媲美智能手机普及率的新一代智能终端，凭借其便携性和强大的视觉信息处理能力，正在成为人机交互的重要载体。

在技术演进路径上，AI 眼镜经历了从 AR/VR（增强现实/虚拟现实）形态到智能化升级的转变。大模型技术的引入，不仅强化了原有的 AR 显示和人工智能语音交互能力，更催生了丰富的应用场景和创新体验。在多模态能力，尤其是视觉大模型的支持下，AI 眼镜实现了"所见即所得"的革命性突破。与其他终端相比，这个突破在旅行、购物、日常生活中都有着显著优势。

旅行时，无须再手忙脚乱地掏出手机拍照进行翻译，AI 眼镜的实时翻译功能只需轻松一扫，就能让语言障碍瞬间消失；导航信息也不再局限于手机屏幕，而是直接呈现在用户视野当中，为出行提供了极大的便利，让每一次旅程都更加从容自在。

购物时，用户佩戴 AI 眼镜，轻轻一瞥，就能快速识别商品，同时即时获取丰富的网购信息，甚至能通过语音指令轻松完成购买流程，让购物的快乐加倍。

日常生活中，AI 眼镜具备快速识别物品能力，就像一位随时待命的生活小助手，能在瞬间为用户提供所需的相关信息，极大地提升了日常生活的效率。

另外，AI 眼镜也在教育、娱乐、办公、演讲等多个场景下展现出强大的应用潜力，实现了高效的人机交互和信息传递。这种技术革新不仅重构了传统产品的形态和用户体验，更推动了整个行业格局的变革。

Canalys（科技市场分析机构）的数据显示，2024 年全球手机销量同比增长 7%，结束了连续两年的下滑态势。这一增长在很大程度上得益于大模型技术在智能手机领域的成功应用。而 AI 眼镜等新型智能终端的崛起，预示着更为广阔的技术革新浪潮正在开启，智能设备生态将迎来新一轮的升级与重构。

> 大模型推动智能手机发展，带来全新体验：智能助手功能的全面升级，智能化工具的能力跃升，个性化推荐系统的优化升级。

第二节　汽车：更智能、更舒适的"第三空间"

汽车有 130 多年的历史，先后经历了电力、互联网的改造。特斯拉的诞生，吹响了电动车的号角；蔚来、小鹏、理想等中国新势力品牌的崛起，大幅加速了汽车电动化的进程。于是，汽车不再是喷着尾气、轰轰作响，而是在安静、高效的电机的驱动下，静谧行驶。电力让汽车这个人类的主要交通工具更加高效、清洁。

互联网的出现，又一次重塑了汽车的面貌。曾经，汽车只是单纯的交通工具，而互联网则让汽车摇身一变成为移动的智能终端。通过车联网，车主在出发前就能用手机远程控制车内温度，提前营造舒适的驾乘环境。导航不再是模糊的地图指引，实时路况信息让出行路线规划更加合理。

大模型的出现，则让汽车的智能性、舒适性得到进一步提升，从交通工具、智能终端，化身为消费者在家和办公场所之外的"第三空间"。大模型和座舱的结合，就更加重要。大模型可以让人车交互更高效，也可以让旅行更有趣。

另外，电动车的高度电子化，也让智能驾驶程度越来越高。在大模型的提升下不断发展的自动驾驶，更安全、更流畅，以"萝卜快跑"为代表的自动驾驶出行服务，正成为越来越多人的选择。

人们对汽车的期待一直很高。20 世纪 80 年代，讲述汽车机器人的动画片《变形金刚》就风靡全球。虽然如今的汽车仍无法像动画片中展现的那样自如变换身形，但大模型带来的智能化，已经在加速推进，正深远地影响着汽车行业，改变着人们的出行方式。

一、智能座舱，驾乘新体验

随着汽车行业的竞争越来越激烈，电池等硬件差异缩小，各大车企纷纷将智能座舱作为重要卖点来吸引消费者。而大模型技术的横空出世，宛如一场及时雨，为智能座舱的进化再次注入了动力。大模型带来的提升可以划分为三个代表性阶段。

第一，基础阶段，车企们期待大模型能够像一位耐心的导师，增强基本的语音交互理解能力，实现对话流畅、指令形成等基本功能，让车内交互不再生硬。这就好比为汽车装上了一颗初步感知世界的"心"，开始懂得驾驶者的简单诉求。

第二，进阶阶段，大模型的多模态能力成为关键。车企们期望它能像一位敏锐的艺术家，不仅可以精准识别周边风景，更能如同一位经验丰富的旅行管家，可以与餐饮、酒店、景区、加油站等旅途所需的服务场所建立紧密的生态合作，实现信息的无缝对接。此时的汽车，已经不再仅仅是一个交通工具，更是一个贴心的出行伙伴。

第三，高级阶段，大模型要与座舱系统实现深度融合，如同水乳交融一般，彻底提高汽车整体智能化水平。每家车企都渴望借助大模型，形成独一无二的特色能力，为消费者带来专属的非凡体验。要实现这些美好期待，大模型的理解、识别、生成、记忆、交互、多模态等能力缺一不可。

值得欣喜的是，如今大模型已经具备了高级阶段的能力。当然，要将这些能力完美落地，离不开车企智能硬件的有力支持。增加摄像头、雷达等配置，就如同为大模型开启了更多感知世界的"眼睛"，让它能够充分发挥多模态能力，更好地服务于驾乘人员。

大模型在汽车座舱中的作用，与在智能手机领域的作用有着诸多相似之处，比如提升语音识别能力、交互更便捷等，在此不再赘述。不同之处在于，其知识库融入了更多与汽车紧密相关的内容，比如汽车故障排除、旅途经典信息等，如同一位专业的汽车专家随时待命。

使用场景也和手机端有许多类似之处，比如聊天陪伴、语音控制、智能提醒等。而主动故障提示和紧急主动救援，则是大模型在汽车领域的重要应用，可以提升驾驶安全性。尤其是故障发生后，如果车内驾驶人员无法完成报警，大模型就可以基于碰撞数据主动发起报警，并自动上传地点数据，增加救援时间。

智能座舱，让行车旅途更舒心、更有趣，也更安全。

二、自动驾驶，更安全且更智能

（一）自动驾驶的六个级别

自动驾驶技术的出现，要早于本轮大模型技术。其在车端的发展，也经历了从无到有、从有到优的过程。国际自动机工程师学会根据智能程度，将自动驾驶从L0到L5分为六个级别。

L0，无自动化。在这个级别，所有的驾驶任务都由人类驾驶员完成。虽然车上可能安装了盲点监测、倒车摄像头等警告系统或辅助功能，但它们最多就是"喊几嗓子"来提醒，并不会直接帮助驾驶员控制车辆。

L1，驾驶员辅助。在L1级别，车开始有点"小本事"了，可以提供基本的驾驶辅助功能。比如自适应巡航控制系统（ACC），像一个贴心小管家，帮助驾驶员保持与前车的安全距离，人不用一直盯着前车频繁踩油门和刹车；再如车道保持辅助系统（LKAS），能在驾驶员不小心偏离车道的时候，主动把车拉回正轨。不过这个等级的系统，仅能在单一维度上进行干预，要么是纵向的速度控制，要么是横向的转向控制，而不能两者同时进行。

L2，部分自动化。L2级别的车辆，"能耐"又大了些。在特定条件下可以同时执行加速、减速和转向等操作，但驾驶员仍需时刻准备接管。比如在高速公路上，汽车可以自主加速、减速，并稳稳地保持在车道里行驶。

L3，有条件自动化。L3级别的车辆能够在特定环境和条件下自主地执行所有驾驶任务，包括在城市里人来人往、车水马龙的街道上，也能自主开得有模有样。然而，在特定情况下（如恶劣天气或系统无法处理的情形），系统会要求驾驶员接管控制权。这意味着虽然车辆可以在很多场景下自动驾驶，但在必要时仍需人类驾驶员介入。

L4，高度自动化。在特定的区域或者特定的条件下，L4级别的车辆几乎可以完全自主运行而无须任何人类干预。即使在系统失效的情况下，它也能安全地停止运作。但它也有自己的"限制"，一般只能在像城市中心、封闭园区这些特定的地理区域内"撒欢"。

L5，完全自动化。这是自动驾驶的最高级别，意味着车辆可以在任何条件下独立完成所有驾驶任务，无须驾驶员干预。无论是在高速公路上飞速驰骋，还是在弯弯绕绕的乡村小道上穿梭，无论是白天阳光明媚，还是夜晚漆黑一片，抑或是碰上雨雪天气，它都能轻松应对。

目前车企作为卖点部署应用的自动驾驶，都标为 L2 级别，但部分车企已经获得了国家颁布的智能网联汽车准入和上路通行试点许可。这对应的就是 L3 和 L4 级别。大模型的出现，也加速了自动驾驶迈向 L4，甚至完全自动驾驶的级别。

（二）端到端自动驾驶

自动驾驶包括感知、预测、决策等各环节，大模型则可以全面赋能。比如在感知方面，大模型多模态能力可以融合摄像头、激光雷达等多传感器数据，增强对动态场景（如无车道线道路、拥堵路段）的感知能力。

在预测、决策方面，由于大模型的引用，自动驾驶从"规则前置"转向了"自主学习"。传统自动驾驶的做法是进行模块化设计，也就是制定规则、模型识别状况、选择合适的规则、执行规则。但是，由于现实路况非常复杂，不仅有地区差异，还有天气影响，即使编写各种各样的规则，也无法穷尽。这不仅非常消耗人力、智力资源，而且在遇到一些突发事件时，如果没有提前定义规则，可能会导致自动驾驶无法执行。

特斯拉之前也是按照规则的思路来研发自动驾驶的。但是在 ChatGPT 火了之后，特斯拉就有了新的思路。比如，特斯拉研发的汽车驾驶辅助系统软件 FSD V12 就借鉴了 ChatGPT 的做法，减少规则，大力发挥"神经网络"的作用，也就是给模型输入超大量的、真实的人类驾驶行为的视频、数据，然后通过超大算力进行训练，接着等模型自主学习、智能涌现。这也被称为"端到端自动驾驶"。

与之前的模块化设计相比，端到端技术通过将感知、决策和控制等过程整合到一个统一模型中，减少了模块间信息传递过程中的误差积累，提升了算法的运行效率，也有利于通过大量数据训练来不断优化系统性能。

在实际应用中，FSD V12 整体表现良好。不仅可以准确识别路况，更重要的变化在于"应对突发"。正如马斯克所说，"这些建筑、道路标志，是模型以前从未见过的"，但依靠人工智能的自主学习，依然可以做出清晰、正确的判断和应对。

在国内，百度是最早布局自动驾驶的企业，并在 2024 年 5 月发布了 Apollo ADFM（自动驾驶大模型），这是全球首个支持 L4 级自动驾驶的大模型。"萝卜快跑"发布了第六代自动驾驶汽车，全面应用"百度 Apollo ADFM 大模型＋硬件产品＋安全架构"方案，能够预判和规避潜在风险，显著提升自动驾驶的安全性，已经在武汉等地进行了规模化运营。在运营中，"萝卜快跑"成功应对了武汉多样化的道路情况，实现了武汉城市全域、全时空的自动驾驶服务覆盖，为超半数的武汉市民提供服务。"萝卜快跑"正规划登陆香港，为香港市民提供服务，未来更将成为出海新品牌。

（三）大模型如何帮助端到端自动驾驶

大模型是如何加速端到端自动驾驶发展的呢？首先，大模型可以解决自动驾驶训练过程中所需要的数据难题。

端到端自动驾驶对数据的要求非常高，如何从海量数据中筛选出对自动驾驶训练有用的高质量数据就非常关键。在传统方式下，车企会依靠人工标注或算法打标进行流程式数据挖掘，然而面对增长迅猛的海量数据，以及需要挖掘长尾数据时，传统方式会遇到很大的挑战。

因此，可以借助大模型，例如基于文心大模型，将数据服务从烦琐的流程式操作，升级为更便捷的检索式智能搜索，包括以文搜图、以图搜图等方式。例如，当想找一个路面有积水的场景时，可以基于一张表达此场景的图片或者一段相关文字描述进行搜索，特征库中所有类似的特定场景就可以立刻被搜索出来，从而作为自动驾驶的训练数据。

另外，自动驾驶有一个挑战，就是有许许多多的边角案例，如果算法不能有效覆盖，就会面临安全风险。在训练中，单纯依赖对真实数据的采集，速度慢、样本小，并不能满足高级别自动驾驶的需求。因此，可以借助大模型，发挥大模型的数据处理能力，从海量原始数据中以较低成本实现新的合成场景。

百度汽车云不仅支持端到端仿真，满足数据搜索、数据合成的需求，还可以提供超过百城的真实路网数据和千万公里的场景数据，实现高效的端到端训练。

电动车作为中国汽车工业"换道超车"的经典案例,必将成为国产大模型的重要应用领域。大模型提升下的自动驾驶汽车会逐渐普及,不仅带来出行新体验,还会改善城市交通治理。大模型,让汽车成为科技感、舒适感十足的"第三空间"。

> 在预测、决策方面,由于大模型的引用,自动驾驶从"规则前置"转向了"自主学习",也就是端到端自动驾驶。
>
> 端到端自动驾驶,即减少规则,大力发挥"神经网络"的作用,将感知、决策和控制等过程整合到一个统一模型中,减少了模块间信息传递过程中的误差积累,提升了算法的运行效率,也有利于通过大量数据训练来不断优化系统性能。

第三节　具身智能:与大模型互相促进

在 2025 年中央电视台蛇年春节联欢晚会上,节目《秧BOT》令人眼前一亮。来自杭州宇树科技公司、穿着碎花大棉袄的人形机器人,与舞蹈演员们一起扭秧歌、转手绢,机器人肢体的灵活程度令人大吃一惊。

但这并不是机器人第一次登上春晚舞台。早在 2016 年中央电视台猴年春节联欢晚会的广州分会场上,540 台优必选机器人就与歌手孙楠共同表演了歌曲《冲向巅峰》,这也是机器人在央视春晚的首次大规模表演。

人们对机器人的期待一直很高。与机器人相关的影视作品和角色也是不胜枚举，例如《机械公敌》中突破"三大定律"、有心机、有阴谋的机器人，《机器人总动员》中憨态可掬、充满情趣的清扫型机器人瓦力，《西部世界》中意识觉醒、与人类相貌完全相同的机器人。毫无意外，无论哪种形态，机器人都具备了和人类一样的智能。

机器人，包括四足机器人、两足机器人、机器狗等，都可以统称为"具身智能"，具身智能的思想萌芽于人工智能诞生之初。1950年，图灵在其为人工智能奠基、提出图灵测试的经典论文《计算机器与智能》的结尾展望了人工智能可能的两条发展道路：一条路是聚焦抽象计算（比如下棋）所需的智能；另一条路是为机器配备最好的传感器，使其可以与人类交流，像婴儿一样进行学习。这两条道路逐渐演变成了非具身智能和具身智能。

在具身智能的发展道路上，人们思考和探讨人工智能系统是否需要拥有与人类相似的身体和感知能力，以及身体如何影响智能和认知。早期的具身智能研究主要集中在机器人学和仿生学领域，逐渐发展并融合了跨学科的方法和技术。近年来，随着大模型和机器人学习等技术的快速发展，具身智能研究进入了一个新的阶段。研究人员利用虚拟物理环境和强大的计算能力，设计和训练具备感知与行动能力的智能系统，并将这种交互能力迁移到真实世界，使智能体进行自主决策，执行物理交互任务。

在中国计算机学会的术语定义中,具身智能是指一种基于物理身体进行感知和行动的智能系统,其通过智能体与环境的交互获取信息、理解问题、做出决策并实现行动,从而产生智能行为和适应性。[①]

为什么具身智能的研究、发展十分重要呢?因为这对于取得通用人工智能很有帮助。

近年来,人工智能的学术研究前沿逐渐从以静态大数据驱动的"互联网人工智能",向以智能体与环境交互为核心的"具身人工智能"转变。互联网人工智能孕育了 ChatGPT 和 GPT-4,开启了通用视觉语言大模型之路,充足的数据使语义理解的研究范式日趋成熟、能力日趋完美。但是互联网的静态大数据缺乏机器人如何运动、如何移动关节、如何与世界物理交互的信息。这种物理交互能力的缺失成了当今通用人工智能发展的瓶颈。具身智能则关注从机器人身体出发的感知和交互,致力于从环境交互的数据中学习执行物理任务的能力,吸引了计算机视觉、自然语言处理和机器人等众多领域的研究兴趣,使具身智能逐渐成为热门的研究方向。

楷登电子 2024 年在硅谷举办了一场活动(CadenceLIVE Silicon Valley 2024),英伟达创始人黄仁勋在活动上表示,在不久的将来,人形机器人有望成为大众化设备,制造成本有望大大低于人

---

① 资料来源:《具身智能 | CCF 专家谈术语》,中国计算机协会,2023 年 7 月 22 日。

们的预期，售价可能为 1 万~2 万美元。另外，在一些环境下，机器人可能更敏捷、更多才多艺，且有望提高生产力。具身智能被认为是一个未来成长空间会超越汽车的产业，从保有量视角来看，一个家庭会拥有一辆或者两辆汽车，但却可能拥有四五个机器人；从取代性来看，未来实现自动驾驶，只是取代了司机，但机器人却可以取代各行各业的多个岗位。

那么，具身智能的发展是否遇到了挑战？大模型技术是如何帮助解决这些挑战的呢？具身智能所遇到的挑战是如何被解决的，又会带来哪些场景应用呢？

一、具身智能技术和产品落地面临的挑战

虽然具身智能机器人被各界看好，但在各类场景的产品化落地中，却依然面临着不少挑战，包括大脑够不够聪明、会不会自我学习、移动控制能力的物理环境适应性、操作控制能力的场景任务泛化性和成功率、高质量真实数据稀缺、大规模数据的采集成本高、端侧机载算力和续航能力面临瓶颈等。这些挑战落在具身智能实体上，主要体现在四个部分：具身智能大脑、运动控制小脑、驱动迭代的数据、软硬件整机本体。这就有点像人要健康发展，需要有大脑、小脑、知识和强健的体魄。

第一，具身智能大脑。从名字就可以知道，这是最为核心的部分，主要实现信息处理和决策制定。它具有几个要求。比如，与常规虚拟环境下的人工智能不同，具身智能会置身于各

种各样的现实环境，接收信息的来源包括视觉、听觉、触觉等方面，信息形态包括语音、文本、图像等，因此，需要能够对环境有全面理解。这就要求具身智能的大脑需要有多模态感知、语音指令理解和任务规划能力。再如，具身智能所执行的任务，多数是复杂的、多步骤的，因此，也需要具备长程任务规划能力，能够制订并调整详细的行动计划。另外，为了提高实用性，具身智能还需要有很好的实时互动性，可以反馈环境实时动态，进行端云模型业务协同，也就是将计算和数据处理任务分布在机器人等终端和云端服务器之间，进行灵活处理。最后，传统的人工智能需要设置规则供机器执行，但由于现实情况多种多样，规则并不能穷尽所有问题，尤其是遇到一些新情况时，传统人工智能无法良好应对。面对复杂环境产生的大量数据时，传统人工智能并不能快速实现有效分析与应用，因此需要大模型来提升。

第二，运动控制小脑。它和人类小脑一样，是控制具身智能运动的部分。它的要求是，由于具身智能面对的环境复杂，会动态变化，所以要想普及使用并具有很高的实用性，就要确保移动控制能力有很强的物理场景适应性，以及具备操作控制能力的场景任务泛化性。

第三，驱动迭代的数据。这是实现具身智能持续改进的关键。目前面临的困难包括：技术路线对数据的需求未收敛，标准尚未统一；高质量真实数据比较稀缺；大规模数据的采集和标注成本仍然较高，尤其是数据方面，有一个经典的描述是"数据金字塔"，即底层是互联网数据、中间是合成数据、最顶层是真实数据，从下往上，数据价值不断升高，但与此同时，数据成本也在不断升高。

第四，软硬件整机本体。它需要具备各种能力，比如多模态感知（视/听/触觉等）能力、本体全方位终端安全保障能力、臂/手/夹爪的任务胜任能力、机载人工智能算力和续航能力等。

大模型只有良好解决了上述挑战，才具备技术先进性、商业可行性。

二、大模型为具身智能带来新思路

大模型可以针对上述四个难点，进行显著改善。

第一，无论是大脑还是小脑，无论是快速交互还是动态思考，都需要计算平台，从而进行高效算力调度和训练推理加速。算力的核心不是价格，而是能否把算力高效利用起来，以及加速模型研发工作，更快速地出成果。百舸 AI 异构计算平台尽可能确保用户的每一分算力成本支出都不浪费，拥有更多的有效训练时长。

第二，具身智能大脑的能力决定了对高级指令的理解和任务规划能力。大模型的通用能力、泛化能力，以及强大的学习能力，可以克服传统人工智能的不足。因此，具身智能需要优秀的预训练基座大模型，来高效、精准地处理大量数据。同时，也需要配套的开发工具链平台，可以针对场景任务进行模型微调训练，同时面向多模态构建能力体系，从而提升具身智能的理解和应对能力。

第三，小脑开发方面，核心的支撑是仿真平台，这也是机器人开发工作流程中很成熟的工具。对于工具属性的平台，开发者自然希望工具功能完备、可快捷易得、效率可按需提升。百度智能云协同合作伙伴英伟达建设了云上仿真平台，实现云上算力按需灵活扩展，大幅缩短任务耗时，加速运动控制算法开发迭代效率，并且可以开箱即用，一键部署，快速获得仿真平台工具，节省仿真平台的部署和维护成本。[①]

第四，数据方面，随着技术路线的收敛和数据需求的明晰，行业持续需要高效的规模化、专业化采集和标注手段，以及创新的数据集共创、共建、共享模式。百度智能云在人工智能数据的采集和标注服务上有非常好的积累，在自动驾驶和互联网等业务领域上沉淀了规范化、专业化、规模化的各类数据采集和标注能力以及相关的数据平台，也正协同合作伙伴推进具身智能领域的大规模数据集建设工作。

第五，本体构建方面，一些大模型服务商可以覆盖产品研发、测试、运营三大阶段，以及涵盖云、管、端和数据的全方位体系化安全能力建设，为产品商业化落地保驾护航。

第六，在需要对话的人机服务场景中，前端语音方案的效果是整个用户交互过程体验的第一关。可以想象，如果前端语音

---

① 资料来源：英伟达官网。

交互到后端大模型的指令输入本身就是错误的，那么必然会导致低质量的输出。

用户平时在手机上使用的语音交互功能属于近场语音交互场景，但在与机器人的语音交互场景中，往往是三五米开外的远场场景，这带来了一系列复杂挑战，包括远距离引起的超低信噪比、多样的背景噪声和混响、机器人的相对位置和麦克风朝向多变等。

具身智能企业可以结合百度长期积累的语音技术能力，以及在扫地机等行业积累的丰富量产实践，来提升远场人机交互效果。在面对复杂背景噪声的情况下，可以实现 90% 以上的唤醒识别率，在 5 米的距离，实现声源定位 ±15 度的精度，从而产生友好的交互体验。此外，可以灵活支持唤醒词和音色的个性化定制，实现机器人个性化效果。

整体而言，大模型使具身智能实现了多场景、多领域的智能提升，更能贴近现实、符合现实需求。通过使用范围的扩大，也降低了具身智能机器人的成本，进一步加速了产品的大众接受度。

三、具身智能的应用展望

大模型提高了具身智能的情感能力、交互能力、知识丰富性、操作精细度等，从而让具身智能走进了更多场景发挥作用、提供服务。

（一）服务领域

相比传统机器人，具身智能机器人可以更好地适用服务领域的多个场景。

比如，在餐饮领域，除了传统的点餐、送餐功能之外，新增的多模态功能也可以实现餐桌清理功能。另外，基于对菜谱等知识的获取以及对精细化动作的控制，具身智能也开始在炒菜领域发挥功效。双手协作的能力也可以应用于洗衣服、浇花等场景。

比如，在酒店服务领域，大模型提升了具身智能的语音交互能力，也可以直接集成智能客服等应用，于是具身智能机器人可以协助办理入住和退房等手续，并提供客房信息和旅游咨询等。酒店必需的客房清洁、公共区域卫生维护、运送物品等服务，也正逐渐由智能机器人来提供。

再如，在居家场景和养老场景下，具身智能不仅具备充足的知识、拟人的语音输出，还具备面部识别能力，从而可以提供更好的情感陪护服务。

（二）教育领域

在大模型的支撑下，具身智能机器人可以作为"私塾先生"，实现教学辅助，提供个性化学习计划，帮助学生掌握知识；也可以作为"伴读书童"，通过交互的方式提高学生的口语和听力练习效率；还可以作为"助手"，协助学生进行实验操作，提高效率和安全性。

（三）医疗领域

具身智能机器人可以基于丰富的医疗知识库、专业的医疗大模型等，以"坐诊"的方式辅助医生，提供预诊断、医疗影像识别等服务，降低医生的诊断压力；同时，灵活的机械手可以执行更加精确的切割、缝合等操作，提高手术的安全性和效率。智能机器人的耐心、24小时工作时长等特点，也可以在病人的刚需（如陪护）场景下发挥良好的作用。

（四）工业领域

与传统人工智能机器人相比，具身智能机器人可以执行更加复杂的装配、焊接等任务，也可以基于视觉检测等多模态能力，基于更少的样本，实现更精准的识别，提高检测效率和准确度。

在维护与巡检方面，具身智能机器人不仅可以执行更丰富的检测，还可以基于大模型提高巡检效率。大模型带来的更强的实时应对能力，可以确保具身智能机器人比传统机器人更能胜任危险、复杂的环境。

展望来看，随着机器人制造工艺的发展，具身智能会更加灵活、稳定，随着大模型的发展，具身智能会具有更高的自主学习性、更好的交互能力、更强的应对能力，从而真正成为人类的帮手，甚至从事许多人类无法胜任的工作。

> 机器人，包括四足机器人、两足机器人、机器狗等，都可以统称为"具身智能"。具身智能是指一种基于物理身体进行感知和行动的智能系统，其通过智能体与环境的交互获取信息、理解问题、做出决策并实现行动，从而产生智能行为和适应性。
>
> 具身智能面临的挑战，主要体现在四个部分：具身智能大脑、运动控制小脑、驱动迭代的数据、软硬件整机本体。

第四节 金融：智能体数字员工的崛起

金融作为国民经济的血脉与国家核心竞争力的关键支柱，其细分领域广泛，涵盖银行、证券、保险、信托、资产管理、金融科技、投资顾问、信用评级、租赁以及金融监管等众多范畴。金融行业作为信息化程度最高、信息技术应用最为密集的行业之一，在每一次的科技革命浪潮中，总是勇立潮头、一马当先。从早期的会计电算化起步，历经金融电子化（电子银行）、互联网金融（移动银行）、金融科技（开放银行），每个阶段都带来金融行业在技术应用与服务模式上的重大飞跃，深刻改变着金融生态。如今，金融行业正站在数字化转型的关键节点，变革序幕已经拉开，迫切需要一场华丽的蝶变。而大模型技术的横空出世，恰似一股强劲东风，为金融服务装上了智能的翅膀，开启了金融行业智能化的崭新时代。

一、大模型赋能金融行业：从员工到业务的全面革新

在员工赋能方面，大模型从辅助驾驶者的角色优雅蜕变为智慧代理的数字员工分身，帮助员工实现工作效率与智能表现的双重飞跃。在业务层面，它能够显著提升金融机构的风控能力，优化投资策略，加速产品研发进程；在用户交互领域，由大模型驱动的智能客服等系统，极大地提升了用户体验与满意度，让个性化金融服务唾手可得，有力地推动金融行业大步迈入智慧银行的新纪元。

以银行为例，在数字化转型进程中，原来诸多棘手的问题正在被大模型技术——破解。其一，海量业务数据的处理分析效率欠佳。例如，某股份制银行信用卡中心每日需处理 300 万笔交易，传统规则引擎难以实时甄别新型欺诈模式。借助大模型技术构建智能中枢，运用多模态大模型打造反欺诈系统，通过对交易时序分析、设备指纹关联等 20 多个维度特征进行建模，可以将跨境支付欺诈识别准确率提升至 98.5%。其二，长尾客户服务覆盖率低。某头部银行理财经理人均需服务 2 000 多个客户，精准洞察客户需求困难重重。基于生成式人工智能的"智能财富助

理"重构服务流程,实现了百万级客户资产配置方案的秒级生成。其三,合规管理方面,复杂产品合规风险急剧攀升。在资管新规(《关于规范金融机构资产管理业务的指导意见》)下,理财产品说明书条款动辄数百条,人工审核效率极为低下。采用法律大模型实现招股书自动化核验,可以将原本需要三个人耗时一个工作日的尽调工作,压缩至两小时内完成,关键条款识别准确率超过95%。这些实践充分彰显了大模型在重构银行核心能力体系中的战略价值。

二、大模型的专业性提升:应对金融需求的挑战

金融行业以知识密度高、时效性强、严谨性高等特性著称,对从业者提出了极高的专业性要求。那么,大模型如何解决金融行业的需求呢?

大模型解决金融行业的需求并非一蹴而就。通用大模型在训练中金融语料占比往往较低,数据滞后,且金融专业度不足。因此,需要通过知识增强和专业工具组合来确保大模型生成内容的专业性。这一过程包括预训练、二次训练、精调、检索增强生成等多个环节,以应对不同的专业要求。在工程化落地过程中,大模型隐性知识和图谱显性知识需要相互补充,开放问题和封闭问题需要结合处理,大模型和小模型需要协作决策,以确保服务业务的严谨性和专业性。

大模型在金融领域的训练过程,犹如员工从青涩到成熟的

成长历程。基础大模型经过预训练后,相当于一个学富五车的高才生,具有丰富的社会通识和强大的语言、情感及推理能力,但在金融领域尚显稚嫩。随后,结合金融行业的公开数据进行第二次预训练,大模型便升级为金融科班的从业者,具备丰富的金融学识和专业的行业技能。然而,这仍不能满足金融机构的实际需求。因此,根据银行的具体岗位要求,对大模型进行模型精调,通过有监督微调、人类反馈强化学习等方法,使大模型成为具备专项能力的业务专员,既具备特定技能,又熟知业务规范,还可以通过金融行业的合规考核。

精调后的大模型虽然已具备较强的专业能力,但为了更好地满足用户的特定要求,还需继续增强其能力。通过检索增强生成技术,让大模型基于金融机构自有的知识库、代码库、数据等来执行业务,此时的大模型便如同一位特定银行的初级学员,熟悉行内知识、规范及产品详情。在此基础上,进行工程优化,包括提示词学习、智能体开发等,使大模型从初级学员成长为熟练员工,金融机构也由此拥有了一批数字化员工,如数字化风险专员、数字化零售专员、数字化财富专员等。这些智能体不仅具备良好的业务技巧,还能根据特定偏好持续学习,并根据指标考核不断优化策略。

在大模型迭代过程中,金融机构可以根据自身需求选择合适的解决方案。如果希望采用初级的预训练大模型,可基于百度智能云的公有云服务获得;如果希望进行进一步的预训练、微调、检索增强生成、提示词和智能体工程优化等开发工程,则可在百度智能云千帆大模型平台上进行，同时百度智能云还提供私有化方案，确保用户数据、隐私的安全性。

三、大模型在金融行业的应用价值

（一）更真实地了解客户：大模型在客户服务与营销领域的革新

在客户服务与营销领域，大模型通过智能客服系统实现了全流程优化。从预判客户问题、实时话术推荐到通话质检，大模型显著提升了服务响应速度和客户体验。同时，为一线客户经理提供精准的产品话术和营销策略，助力理财顾问更高效地转化客户需求。

1.客户服务，大模型赋新能

客服是金融机构不可或缺的业务环节。借助大模型，可以在通用智能客服的基础上，基于金融行业知识库进行再训练，从而提供具有行业场景特色的智能客服解决方案。智能客服不仅能实现智能营销，包括文案生成、图文生成、内容推荐、自动化营销、效果评估、交易分析、情感分析、客户反馈等功能，精准洞察用户需求，智能推送个性化内容，提升营销效率，还能批量快速生成个性化营销内容，实现"千人千面"的营销效果。

此外，金融机构还可以基于智能客服，通过画像分析、展业工具、营销管理、渠道管理、活动管理、运营监控等,将金融服务深入生活场景。在众多智能客服产品中,百度智能云客悦由于其对话更友好(用户问题自助解决率提升至92%以上)、构建智能体更快(1小时即可拥有大模型机器人)、运营效率更高效(提升6倍)、部署更简单(全渠道、多场景一键集成)等优点脱颖而出。

某头部股份制银行与百度智能云合作,打造了全行级智能语音客服机器人,接入了20个以上零售业务渠道,可通过语音交互完成超过350个业务办理。该机器人不仅盘活了企业数据资源,为员工提供业务咨询、知识检索等对内服务,还取得了显著的实践效果:客户的首次联系解决率达到88%,客户使用满意度达到99%,为该行的零售业务经营拓展提供了创新科技支撑。

2. 销售的"最后一公里",让大模型来加速

投资/销售顾问是用户和金融机构之间的桥梁,也是金融机构服务和产品落地的"最后一公里"。然而,投资/销售顾问在日常服务中却面临诸多挑战,如服务半径小、知识获取慢、重"投"轻"顾"等。这些问题不仅影响个人业绩表现,还会损害金融机构的品牌形象和展业效果。

智能体的引入为投资/销售顾问带来了显著改善。智能体可与保险代理人、经纪人、财富顾问等协同合作,在客户投前、投中、投后等多环节提供优质服务,提升转化率,改善客户体验。例如,在投前环节,智能体可以实现智能客户标签、客群分层、

客户需求分析与确认，以及通过谈话录音等资料完成客户身份验证［KYC（了解你的客户）］，降低销售人员的工作量，使其能将更多精力投入重要环节。在投中环节，智能体可以通过大模型实现市场分析与预测、产品分析、资产配置研究和投顾方案设计，大幅提升专业度，为客户提供更全面、更精准的建议信息。在投后环节，智能体可以实现组合优化、交易执行优化等功能，并在组合管理环节实现组合跟踪与管理、组合调整与再平衡、绩效分析等，提高与客户的互动频率，提升客户满意度和信任度。

（二）更高效地支撑业务：大模型在业务运营方面的助力

在业务运营方面，金融大模型助力显著。在交易场景中，智能体作为交易助手，可以实现询报价解析、交易意图分析等功能，提升交易效率。在投资研究领域，智能体高效完成报告撰写等常规工作，通过人机协同优化工作流程，提高信息获取和报告生成效率。

1. 大模型智能体辅助场外交易业务，短期实现日均交易规模翻倍

交易业务，是各类投研策略的关键一步。交易员也面临着诸多痛点，如业务专业度高、应用平台操作烦琐、交易询报价响应不及时等。

因此，金融机构也在探索通过开发相关智能体，实现询报

价解析、交易意图分析、对话式交易引导等功能。比如，银河证券和百度智能云合作，构建了"百度智能云金融智能场外交易发现平台"，在传统人工询价模式下，由于询价时间集中、询价标的繁多、询价要素复杂（多标的、多结构、多期限）等，响应效率并不高。但智能体可以做到意图识别、自动规划、秒级回复、无遗漏响应等。在实践中，银河证券场外衍生品交易业务的日均规模翻倍，询价到下单转化率翻至3倍。

2. 投研的常规工作，大模型来高效完成

投研是金融机构的核心职能之一，其中报告撰写是呈现全面且准确的信息，为投资决策、信贷审批等业务提供依据的重要环节。然而，机构研究员、对公客户经理在撰写报告时却常常面临信息多、耗时长、分析难等问题。

为解决这些问题，金融机构可以开发智能体作为风险识别和评估的专业报告撰写辅助工具。在输入过程中，智能体可以快速获取研报信息，回答问题，提高信息获取效率和准确性；同时重视动态变化，梳理分析师的相关历史研报、数据、观点的变化，并对多篇研报的观点进行对比，对行情数据进行对比等。在输出过程中，智能体可以结合已有数据库辅助撰写通用报告，提高报告撰写效率；对于特定制式报告，则可以实现自动化数据收集、财务报表等资料的自动分析以及信用评估报告生成等业务，从而缩短审查时间、降低成本。

智能体在基金行业的应用也已取得显著成效。例如，鹏华

基金通过私有化部署千亿级大模型和百度智能云相关中间件能力，联合打造了 20 多个智能应用，覆盖 8 个核心业务场景，包括分析类场景（如财经事件分类及正负面判断、基金持仓风格偏移判断）、摘要生成场景（如公告摘要生成、会议纪要摘要生成等）、知识检索场景（如内部制度智能问答场景、客服知识库检索场景、单文档核心要素抽取场景、研报智能问答场景等）。目前，该基金公司内部员工使用率已超过 60%，业务效率不断改善。

（三）为风险管控掌舵：大模型在风险管理领域的应用

在风险管理领域，金融大模型的应用同样重要。例如，在信贷业务领域，大模型通过强大的数据整合和语义解析能力，能够及时捕捉新型欺诈模式，提取传统征信外的弱特征，快速适配新场景，有效辅助信审人员定位风险点。此外，在合规管理方面，大模型能够快速解析大量合规文件，提取关键信息，并协助分析业务操作或合同文本，准确识别潜在合规风险。其强大的文本理解和推理能力，以及构建的合规知识库，极大地提升了合规管理的效率和准确性，助力企业合规、稳健地发展。

1. 大模型精准施策，风控效率大提升

尽管金融机构需要积极拓展业务，但风控同样重要，堪称金融机构的生命线。然而，金融信贷风控却面临着市场环境骤变、行业竞争加大、黑灰产欺诈手段不断变化，以及风控能力不

足、数据覆盖度和质量不高、风控模型能力提升缓慢等问题。随着客户需求的多样化和个性化发展，信贷风控相关技术也需要不断优化来适应市场变化，但不少机构技术相对薄弱。

大模型则可以针对上述问题一一化解。首先，大模型具备强大的数据整合能力，不仅能处理更大量的数据，还能进行多模态数据处理（文本、语音、图像、交易流水等），从而更及时地捕捉黑灰产的新型欺诈模式。其次，大模型可以对非结构化数据（如客户经理沟通记录、社交媒体行为）进行语义解析，提取传统征信外的弱特征（如消费偏好、情绪倾向），弥补传统信贷数据不足的问题，并通过无监督学习等方式提前发现未知风险模式。此外，大模型还可以基于微调技术在数据量较少的情况下快速适配新场景，提升风控模型迭代速度。同时，大模型还能与人员进行协同工作，辅助信贷审核人员快速定位风险点。对于技术力量较弱的机构，还可以通过模型蒸馏等技术在当地部署轻量化版本。

百度智能云开发的"度御"风控产品便融合了百度大量风险建模专家的经验及知识，通过大模型技术涵盖贷前、贷中、贷后的各环节风险控制。实践表明，某金融机构在采用"度御"风控产品后，模型效果（KS值）提升了20%以上，风险识别更迅速，对业务的支持力度也更大。

2. 大模型快速筛查，合规风险无处藏

合规是金融机构开展业务的前提，容不得一丝马虎。然而，

合规领域却面临着合规文件数量多，人力难以完全记住，以及业务创新日益复杂、多元，各类业务风险交叉隐蔽，不容易直接判断等难题。因此，合规管理通常较为烦琐，完全依靠人力来做判断、管控，非常耗时耗力。

大模型的引入为合规管理带来了显著改变。首先，大模型在自然语言处理方面能力更强，可以快速解析大量合规文件、提取关键信息（如法规条款、合规要求等）并生成摘要或分类存储便于后续查询。其次，大模型的文本理解和推理能力可以协助人员，甚至独立地分析业务操作或合同文本等，识别潜在合规风险。最后，大模型带来的交互式问答系统可以构建完善的知识库，员工可以通过自然语言提问的方式快速获取合规建议，提升人工查询效率，而且知识库可以快速更新，发挥多模态能力，补充更完善的合规内容，并依次进行风险识别。

百度智能云开发的合规智判智能体便包含了丰富的合规场景领域知识，如银行法规、证券法规、外汇管理法、一行两会公告文件、各类规范文件以及监管处罚单等。基于这些知识库，合规智判智能体可以提供多项产品服务，包括制度体检、制度库、制度撰写、合规指引、合规审核、合规助手、监管洞察、系统管理等。在实践中，某保险公司与百度合作，基于标签和知识图谱等技术实现外部条款与内部条款的关联识别，从而协助合规人员快速比对关联条款，并提示未内化的缺失条款，促进企业合规快速发展。

（四）让办公知识管理"活"起来：大模型在综合办公领域的应用

在金融机构的综合办公领域，知识管理一直是一项挑战。知识分散，无统一管理，导致搜索困难、信息获取效率低下；知识难以萃取，无法有效提炼，使有价值的信息埋没在海量数据中；同时知识消费场景有限，知识管理难以运营和维护。为解决这些难题，类似泰康集团这样的金融机构开始采用基于大模型的知识管理平台，如百度智能云甄知企业知识管理平台。

泰康集团与百度智能云联合打造了私有化的新一代泰康知识中台。该平台接入了泰康多个系统的知识，通过自动挖掘、解析和加工形成了海量精细化知识点。随后知识中台对这些知识点进行有序整合，按照泰康的组织架构、权限、应用、知识类型等业务维度进行关联和聚合，构建起了完善的知识网络。

这一举措极大地提高了泰康各部门员工的知识获取效率。内勤员工可以快速获取公司最新的福利制度、通知公告，保险代理人则能在解答客户问题时通过口语化提问迅速获取业务知识。业务效果显示，大模型的知识加工效率相比传统人工提升了5倍，实现了从被动搜索知识到主动获取知识的转变，且问答准确率高达90%。这一创新应用不仅解决了金融机构在知识管理方面的难题，还为综合办公领域带来了全新的智能化体验。

（五）开启商业分析技术新视野：大模型在商业分析领域的应用

除了客户与营销、业务运营、风控管理等主营业务之外，金融机构还需要开展商业分析、代码管理和运维管理等工作。引入大模型可以让这些技术能力更好地支撑主业。以商业分析为例，传统商业分析场景下数据分析师常常面临需求响应慢、技能门槛高、取数时效低，以及数据传递过程中易出错、易泄露四大难题。这些难题严重制约了数据分析的准确性和及时性，影响了金融决策的效率和效果。

大模型的出现为这些难题提供了全新的解决方案。通过自然语言交互、自动生成报表和数据可视化等能力，大模型极大地降低了商业分析的技能门槛，使更多非专业人员也能快速上手进行数据分析。同时大模型强大的数据处理能力能够将历史数据和实时数据进行关联，实现跨时间窗口的快速关联查询，显著提升了处理效率。此外，大模型还具备敏感字段和敏感角色的识别能力，有效提升了线上数据传输的安全性。

百度开发的 GBI（生成式商业智能）产品便是大模型在金融行业应用的典范。该产品集成了大模型的优势，集数据智能接入、智能创建、智能分析等功能于一身，将传统需要几天才能完成的数据分析时间缩短至几个小时，大幅提升了效率。这不仅为金融机构提供了更加精准、迅速的商业分析支持，还为金融行业的数字化转型和创新发展注入了新的活力。可以预见，随着大模型技术的不断发展和完善，其在金融行业技术支撑领域的应用将会更加广泛和深入。

四、金融机构如何部署大模型：软硬资源迭代与整体规划

金融机构要实现大模型与业务的深度结合，确实面临诸多实际挑战。随着应用场景的不断扩展，算力需求稳步上升，成为亟待解决的问题之一。同时，新模型层出不穷，迭代速度加快，这要求金融机构必须及时引入专业评估、调优和测试流程，以确保模型的有效性和可靠性。此外，金融机构对于安全性的要求极高，大模型生成的每一份内容都需要经过严格的输出过滤和输入审查，以保障数据安全和合规性。因此，金融机构需要制定系统的规划，并构建完善的工具链，以确保大模型与业务的融合能够顺利且有效地落地实施。这些措施不仅关乎技术层面的整合，也涉及流程管理、风险控制等多个方面，是金融机构实现智慧化转型不可或缺的一环。

首先，在算力资源方面，金融机构传统的CPU集群已难以满足大模型的算力要求，需要转向GPU集群。然而，完全自建GPU集群又面临高昂的成本，且金融机构对用户数据、隐私安全有很高的要求。因此，在使用云服务时金融机构往往面临公有云、混合云同时使用的状况。这就要求金融机构在算力激增的高成本挑战下，在保障业务需求的同时有效控制算力成本。

其次，在开发资源方面，无论是自行开发大模型、直接调用

大模型服务,还是基于大模型进行应用开发,都需要充足的开发资源,包括开发人力、技术储备、硬件投入等。而且,随着大模型技术的不断发展,开发资源也需要随之更新。因此,金融机构需要一个便捷、高效、能够降低成本的平台以实现各类应用的开发。

为此,金融机构在部署大模型时需采用硬件与软件相结合的解决方案。百度智能云发布的开元智慧金融解决方案2.0便是一个值得借鉴的架构。如图5-2所示,该解决方案包含三个层级架构:底层算力平台支持异构芯片提升资源利用率,并可以实现大规模GPU集群管理;中间层提供可直接调用的大模型及充足的开发工具,支持一站式开发,降低使用门槛;上层则支撑各类业务场景的应用平台。

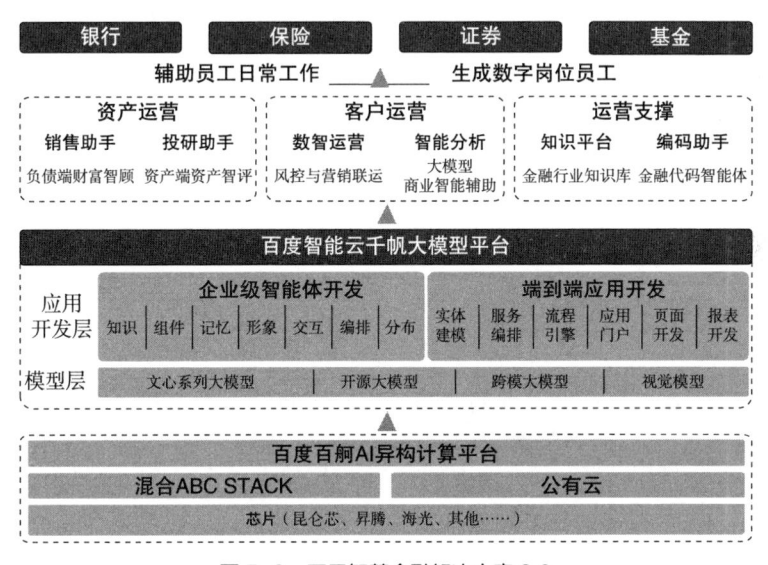

图5-2 开元智慧金融解决方案2.0

注:ABC STACK是百度智能云旗下的专有云解决方案品牌。

以某股份制银行为例，其与百度智能云合作建设了全行统一的大模型技术体系。该技术体系包含支撑大模型训练和推理的算力集群、覆盖生成式人工智能全流程的大模型开发应用平台及可精调的大模型、大模型原生应用开发框架，以及支撑业务场景的应用平台四层结构。这一体系为银行提供了强大的技术支持和保障，推动了银行业务的智能化转型和发展。

百度智能云将持续深化与金融机构的合作，不断完善一站式企业级大模型平台，优化全流程工具链，涵盖模型生产、服务、算力调度与安全控制；升级人工智能原生应用开发平台，使其兼容多种开发方式；通过数据飞轮和持续敏捷迭代的产品运营方法，打磨面向核心金融行业场景的业务智能体。我们将深入业务一线，整合技术、生态与政策资源，优化产品服务，推动金融行业在大模型时代实现创新发展，助力金融机构在复杂多变的市场环境中脱颖而出，共同开启数智金融的新篇章。

大模型在金融领域，需要通过知识增强和专业工具组合来确保生成内容的专业性。这一过程包括预训练、二次训练、精调、检索增强等多个环节，以应对不同的专业要求。

在客户服务与营销领域，大模型通过智能客服系统实现了全流程优化。

在交易场景中，智能体作为交易助手，可以实现询报价解析、交易意图分析等功能，提升交易效率。在投资研究领域，智能体高效完成报告撰写等常规工作，通过人机协同优

> 化工作流程，提高信息获取和报告生成效率。
>
> 基于各类合规知识库，合规智判智能体可以提供多项产品服务，包括制度体检、制度库、制度撰写、合规指引、合规审核、合规助手、监管洞察、系统管理等。

第五节 能源：借助大模型加速形成新质生产力

能源是涵盖广泛领域的综合性行业，包括煤炭、石油、天然气，以及光伏、风电等新能源。当前，能源行业的一个大趋势就是，数智化要求越来越迫切。

一方面，传统能源领域告别了过往高速发展的阶段，进入了平稳的新常态，对于企业而言，通过降本提效来改善业绩，就显得更加有必要性，数智化就是很好的途径。另一方面，光伏、风电等新能源的发展改变了传统能源结构，给发电侧、传输侧、用电侧都带来了变化，提升了数智化的必要性。

将大模型、人工智能应用于能源领域，并不是增加成本，而是带来收益。这也是响应国家号召，形成能源领域新质生产力的重要方式。

一、大模型为能源领域带来哪些提升

大模型会为能源领域带来哪些传统技术所不具备的优势呢？

首先，能源领域有许多流程固定的业务场景，而大模型的流程拆解与规则建模能力，也就是前文阐述的智能体的开发，可以快速学习 SOP（标准作业程序）文档、操作手册，实现工单自动生成、合规检查自动化，带来的效率提升是传统技术所不能比拟的。

其次，能源领域的数据类型多样，既有一些结构化数据，也有非结构化数据；既有文本信息，也有许多图像信息，例如巡检场景下会产生视频数据。传统技术难以处理如此庞大、多类型的数据。但大模型的多模态处理能力、强大的数据处理能力，不仅提高了传统视觉场景的效率和准确性，也可以扩大覆盖那些传统技术所不能触达的场景。

最后，能源领域也非常注重行业知识的构建和传承，尤其在安全生产等领域，操作规范也是员工培训的重点。传统依靠"师傅带徒弟"的模式，效率不高；集中培训的方式，对偏远地区的一线员工并不友好，也不能满足技能不断迭代的需求。而大模型可以快速、全面地构建行业知识图谱，将各类型的知识进行归集，助力公司内部的知识迁移、传承，加强人才体系建设。

考虑到能源领域的庞大，即使用一整本书也不能全面阐述，接下来仅列举一些有代表性的案例和场景与大家探讨。

二、电网"超级大脑"如何工作

电网可以实现能源的传输，是能源领域的重要支撑。电网企业的数智化非常关键,对外起到承上启下的作用,确保电力行业稳定、高效发展,对内致力于提升企业效益。

在电力专业应用场景下,数据资源虽然丰富,但从海量数据中提炼有效信息,构建实时、高效、准确的语义理解与缺陷预测仍然是一个艰巨的挑战。

因此,国家电网有限公司作为特大型国有重点骨干企业,以及行业领军企业,也一直在探索解决行业难题,推动人工智能在行业的落地。从 2020 年起,国家电网和百度合作,先后完成人工智能"两库一平台"("两库"指模型库、样本库,"一平台"指包含运行环境和训练环境的人工智能平台)智能基础设施建设。

2024 年,国家电网发布国内首个千亿级多模态电力行业大模型——光明电力大模型,为电网安全稳定运行、促进新能源消纳提供"超级大脑",并基于该大模型,探索了电网规划、运维、运行,以及客户服务等大模型应用的实践。

设备巡检是一项非常重要的工作,旨在确保设备的正常运行,预防故障和事故,延长设备使用寿命,保障生产安全。

传统巡检有较多问题,比如效率低、人员成本高、故障识别率低、信息化水平不足、应急准备不足、环境差导致工作量大且难以执行。随着技术的发展,传统的手工巡检方式正逐渐被智能化、自动化的巡检设备所取代,大大提高了巡检的效率和准确性,比如采用无人机巡检、建立视频智能识别系统等。然而,传统视频智能识别系统依然面临两个难点:第一,由于缺乏判断超低频异常事件的样本，系统很难实现冷启动；第二，过去的模型能力较为专一，在不同场景下使用效果不同，很难实现优化。

以上问题需要大模型来进行提升和改善。一方面，可以在原系统上进行视觉大模型升级，从而再次大幅提高准确度。另一方面，考虑到大模型算力和功耗要求高，不适合用于边缘侧，但边缘侧的小模型准确率和泛化性不如大模型，因此，可以将大模型和小模型进行整合，在边缘侧用小模型进行初步判断，在中心侧用大模型进行复判，同时形成误报数据的标注和数据回流，不断提升模型准确率。

通过CV（计算机视觉）大模型的使用，发挥其泛化性、通用性，也解决了样本少、冷启动难、不同场景快速优化难等问题。在多数场景中，要求缺陷数据样本量达到500才能启动训练，现在降低到样本量达到150~200就可以启动训练，效率提升3倍以上。

此外，在大模型赋能电力调度方面，南方电网也走在前沿。

调度运行是指对能源生产和传输系统进行协调、管理和控制的过程，以确保能源系统的安全、可靠、经济和环保运行。

在过去，调度值班员每天要进行日常监盘的工作，遇到复杂故障，需要翻阅调度运行规程、故障处置案例等文档材料，排查和解决故障周期较长、难度较大，知识沉淀的效率不高，日均交接还需要梳理生成各种报告，工作较为繁重。

因此，可以基于大模型打造调度值班助手。电力调度值班助手不仅能够快速查询各种数据，在遇到问题的第一时间就给出高质量解答，秒级生成处置方案，让员工不再需要投入大量时间去死记硬背常规内容，而且交互也很便捷，员工只需要说一句话，电力调度值班助手就可以把各种安全预警归类总结，整理得清清楚楚，自动生成工单和交接班日报，让管理和调度人员能快速知晓全局态势，保障电力供应的稳定和安全。

该调度助手不仅适用于电力调度，在天然气调度运行、煤炭调度运行、新能源调度运行等场景下，也同样可以对负荷进行预测，维持正常运行指标，并及时排除故障，确保安全，提升经济效益。

大模型的多模态能力、良好的泛化能力，正改善着能源行业的多个环节。能源行业越来越享受高科技的驱动力，在科技、信息化、数字化、智能化方面的投入和建设密度，都处于各行各业的前列。

> 大模型可以快速、全面地构建行业知识图谱，将各类型的知识进行归集。
>
> 设备巡检实践中，可以将大模型和小模型进行整合，在边缘侧用小模型进行初步判断，在中心侧用大模型进行复判，同时形成误报数据的标注和数据回流，不断提升模型准确率。
>
> 可以基于大模型打造调度值班助手。调度值班助手能够快速查询各种数据，在遇到问题的第一时间就给出高质量解答，秒级生成处置方案。

第六节　教育：在大模型促进下的产教融合新范式

科技革命对人类脑力的影响越来越大。蒸汽机革命和电力革命，更多是武装了人类的体力；第三次科技革命和信息革命，虽然辅助了人的脑力，但依然只是扮演着工具的角色。而这次以人工智能为代表的科技革命，尤其是生成式人工智能的出现，催生了一股新的力量，正在从辅助脑力的角色向代替脑力的角色演变，这也会大幅影响教育这个与知识、信息、脑力紧密相关的领域。

大模型带来了传统人工智能不具备的影响。例如，自然语言的理解、生成能力，可以辅助教学；多轮问答能力，可以显著改善人机交互，带来教学新体验；海量数据处理、生成能力，可以辅助科研活动；多模态能力，可以匹配知识的丰富性，提升教学活动的丰富性。大模型也为个性化教育带来可能性，甚至影响整个教育体系。

一、K12教育的智能化升级：解决规模化教育与个性化培养的矛盾

K12教育（学前教育至高中教育）长期面临着规模化教育与个性化培养之间的矛盾：既要确保所有学生掌握统一的基础知识体系，又要发掘和培养具有特殊天赋的学生。在传统的教育模式

下，这一矛盾难以得到有效解决，主要受限于教师资源的有限性和教学方法的标准化。

大模型技术的引入为这一困境提供了创新性解决方案。其价值主要体现在两个维度：第一，通过人工智能工具接管教师工作中的重复性、机械性任务，使教师能够将更多精力投入个性化教学和学生特点分析中；第二，借助人工智能技术提升知识训练效率，实现基于学生个体差异的精准化辅导，真正落实因材施教的教育理念。

（一）智能化作业批改

传统作业批改模式主要依赖教师人工审阅或后台人工处理，反馈周期较长，难以实现即时性指导。基于大模型重构的作业批改系统支持学生通过移动设备拍照或上传作业图片，系统可自动完成批改并实时反馈结果。这种模式不仅提升了批改效率，还为学生提供了即时学习反馈，有助于及时巩固知识。

（二）智能化在线判题

传统在线判题系统严重依赖题库匹配，未匹配题目仍需人工处理，导致题库维护成本高、更新频率要求高。大模型技术的应用突破了这一限制，系统不再依赖预设题库，而是通过大模型的自然语言理解和推理能力直接解析题目，实现自动批改和即时反馈。同时，系统可以自动生成个性化错题本，基于错题数据分析学生的知识掌握情况，为针对性强化训练提供数据支持。

（三）智能化习题解析

传统习题解析模式需要教育专家提前准备标准答案和解析过程，耗费大量人力与物力。基于大模型的智能解析系统，支持学生通过拍照或上传文件的形式发送题目，系统可实时生成详细的解题思路和推理过程。更重要的是，系统采用苏格拉底式引导教学法，通过循序渐进的问题引导，帮助学生自主发现问题、分析问题并最终解决问题。这种教学模式不仅保护了学生的学习信心和探索欲望，还培养了学生的独立思考能力和问题解决能力。

大模型技术的应用正在重塑 K12 教育的教学模式，通过智能化工具的应用，既保证了基础教育的规模化实施，又实现了真正的个性化培养。这种技术驱动的教育革新，为破解传统教育困境提供了切实可行的解决方案，推动教育向更加智能化、个性化的方向发展。

二、高校科研用大模型提效

高校一直是科研创新的重要力量。传统的科研实验，需要人工建立科学模型和处理海量数据，经历成百上千次的交叉验证。而如今，大模型显著提高了研发效率。正如西湖大学校长施一公所说，人工智能的出现大大延展了科学家的研究生命，"以前 10 个博士生 5 年才能解决一个大复合物的结构，现在借助于 AI，一个学生一周就能完成"。

大模型的提效，主要体现在科研前和实验设计时。在科研前，需要做大量的文献调研工作，而大模型可以快速总结海量文献，生成综述，提取关键信息，缩短文献调研时间。在实验设计时，大模型可以生成假设，优化实验方案或模拟结果，从而降低试错成本，这对于生物化学、材料科学等领域的实验很有帮助。

在许多领域，科研实际上是在不断试错，进行各种组合探索。这个工作如果靠人脑进行，既依赖于研究员的脑力，又非常消耗体力。而大模型不仅可以"7×24 小时"不停休工作，而且算力可以不断增加。更为重要的是，大模型和传统人工智能相比，理解能力、生成能力大幅提升，具备多模态能力，不仅可以处理高维度数据（比如基因组数据、社会调查数据），还可以跨学科进行探索，最终自主发现隐藏模式或潜在关联，大幅提升试错效率。大模型不仅可以成为科研的帮手，更可以成为科研的领路人。

为了赋能高效科研，百度也和多所高校进行了探索。

例如，百度与清华大学药学院合作，联合主办第一届和第二届全球 AI 药物研发算法大赛，吸引海内外千名"AI for Drug"（人工智能药物研发）领域的研发团队参与比赛。在"AI for Science"（人工智能科学应用）领域，百度联合国家超算中心，生成超过 7 亿条仿真数据，研发并开源了基于大规模预训练方法的 HelixDock（创新分子对接技术）全原子扩散模型，能够准确预测蛋白质和小分子的结合构象，该方法已经在多个药物研发管线中落地。

百度也与上海交通大学展开深入合作，依托各自的技术基础、人才优势以及资源优势，打造了"AI for Science"一站式全家桶解决方案，以生成式人工智能为核心，包括科学数据中台、低代码人工智能系统、飞桨科学计算工具、科学隐私计算平台。基于百度飞桨深度学习平台，在物质科学、分子科学、流体模拟、城市科学等领域，为上海交通大学提供大模型的开发、应用等技术解决方案。以化学合成领域为例，"AI for Science"平台可以通过加速分子设计、反应设计、条件生成、反应检验等化学合成全链条，将潜在功能性分子及其合成方案设计时长，从传统方法的几个月提速到几十分钟。

北京大学环境科学与工程学院也基于百度文心大模型推出了全新的水科学研究助手——WaterScholar（水环境科学文献研究助手），它基于强大的文献数据库和检索增强技术，可以轻松查询文献、梳理引言、总结内容、回答问题。WaterScholar不仅能够帮助水环境科研人员摆脱繁重的文献整理工作，还能围绕具体、细致的研究方向进行深入的文献综述，使科研人员能够更专注于科学问题的探索与解决。其核心功能包括便捷的文献查询、准确的文献引用以及全面的文献综述，旨在为水环境研究提供坚实的知识支撑和高效的研究工具。

未来，人工智能科学家和人类科学家共同努力，一定会给我们带来更多的惊喜。

三、教育企业，用大模型创收降本

教育企业兼具社会公益属性和经济效益的双重目标，这使其在运营过程中必须不断寻求技术创新以实现降本增效。特别是在当前技术快速迭代的背景下，大模型技术的应用为教育行业带来了显著的变革。下文通过上海某教育企业的案例，探讨大模型技术如何推动教育企业的转型升级。

该公司是一家专注于职业教育的初创企业，其核心产品"考试宝"主要面向 C 端用户，提供职业教育相关的试题解析服务。截至 2024 年 11 月，考试宝的用户规模已突破 6 000 万，试题库总量超过 30 亿。然而，职业考试试题的快速迭代给传统的人工解析模式带来了两大挑战：一是解析速度慢，用户上传试题后通常需要等待一天甚至更长时间才能获得解析结果；二是成本高，平均每道试题的解析成本高达 1.5 元。

为解决这些问题，考试宝基于文心大模型进行了全面的产品升级。首先，拍照搜题与试题解析能力提高。通过大模型技术，考试宝新增了拍照搜题功能，并同步支持试题解析和人工智能学习助手服务。大模型能够对真题进行智能解析，不仅可以提供正确答案，还可以生成完整的解析过程，提炼出对应的考点，帮助用户举一反三，有针对性地巩固知识点。

其次，实现题库管理与组卷效率提升。在试题解析场景中，考试宝实现了本地题库的一键上传，并同步生成题库及对应考点，极大地提升了组卷效率，使学习过程更加高效便捷。

再次，搜题准确度提升。基于文心大模型的推理能力，考试宝的搜题准确度提升了 30% 以上，显著改善了用户体验。

最后，提升了人工智能答疑服务。在答疑场景中，人工智能学习助手能够为用户提供快速、多维度的答疑服务，减少了人工干预的需求。使用大模型后，该场景下的人工使用量仅为传统模式的 1%。

各个场景的优化，最终帮助公司实现了经营改善，不仅实现了降本，而且迎来了增长。在成本方面，单条试题解析成本降到了 0.003 元，降幅达到 99.8%。而且通过机器可以 24 小时不间断生成内容，整个内容生产效率提升了超 1 000 倍，数据生成成本也大幅降低。过去，95% 以上的环节都由数据标注人员进行标注，生产的重复劳动很重，成本非常高。现在，由于应用了文心大模型，传统的数据生产模式实现了彻底重构，每日的调用次数达百万级，随着功能的不断完善和升级，预计将达到千万规模，可以减少近 100 个兼职人员，且数据标注质量更高，减少 1/10 的成本，提效 10 倍。

根据考试宝的统计，随着用户对人工智能驱动产品与服务的认可度不断提升，考试宝产品付费率增长超过 100%，营收增长超过 240%。

除了考试宝之外，越来越多的企业开始探索应用大模型。某教育机构运用百舸 AI 异构计算平台，打造了高性能的专业人工智能基础设施，为其自研的九章大模型（MathGPT）提供人工智能支持，解决了把流程转起来的问题。而且，结合文心大模型与该机构自身业务数据进行微调，开发了教辅助手、智能客服等应用，支撑了该机构多个创新业务的落地。

大模型技术的应用为教育企业带来了显著的降本增效效果，不仅解决了传统模式下的效率瓶颈，还通过智能化的服务提升了用户体验。无论是考试宝的试题解析与搜题功能，还是另一家机构的教辅助手与智能客服，大模型技术都在推动教育行业向更高效、更智能的方向发展。未来，随着技术的不断迭代与优化，大模型在教育领域的应用前景将更加广阔。

四、大模型对教育体系影响的探讨

大模型的应用，不仅提高了教师的工作效率，也可以帮助教师提高教学能力。尤其考虑到一些三线或偏远地区的学校，其师资力量非常薄弱，因此，可以通过使用大模型辅助教学工作来弥补不足，从而让应用大模型成为一个教育平权的途径。

大模型也有望带来真正的"千人千面"教育，可以根据每个学生的数据，制订专有的学习计划，以及错题练习等。让学生了解自己的优势和劣势，进行拓展和提高。与此同时，老师的工作被人工智能提效后，老师也可以有更多的精力关注学生的个性化发展，从而提升教育活动的多样化和丰富性。

另外，生成式人工智能也可以通过引导式、问答式的教学模式，启发学生的提问意识、创新精神。

由此不得不引发全社会思考：从小学到大学如何培养人才，如何在大模型的辅助下让学生不断彰显个性？

> 大模型带来了传统人工智能不具备的影响：自然语言的理解、生成能力，可以辅助教学；多轮问答能力，可以显著改善人机交互，带来教学新体验；海量数据处理、生成能力，可以辅助科研活动；多模态能力，可以匹配知识的丰富性，提升教学活动的丰富性。

第七节　电商：用大模型让营销更快捷

电商的核心业务始终围绕"交易"展开，所有业务环节和动作的最终目标都是促成用户下单购买商品。

从电商企业的视角来看，如何通过营销手段赋能交易是核心问题。电商营销流程通常包含四个关键环节：首先，引流获客，即通过社交媒体、广告投放等渠道吸引潜在客户进入平台；其次，激活转化，即通过个性化推荐、限时促销等方式引导客户完成购买；再次，售后服务，即通过高效的退换货、售后咨询等服务提升客户满意度和忠诚度；最后，复购增购，即通过会员体系、积分奖励等机制激励客户重复购买，提升客户生命周期价值。

近年来，营销领域正经历深刻变革，尤其是大模型技术的应用，为电商企业提供了新的增长引擎。大模型不仅能够优化个性化推荐、精准广告投放等环节，还能通过数据驱动的洞察提升客户体验，成为企业竞争中的关键得分点。在这一背景下，电商企业需要积极拥抱技术变革，将大模型等创新工具融入营销全流程，以在激烈的市场竞争中占据优势地位。

一、电商营销的变化与痛点

电商营销正经历显著变革，主要体现在以下三个方面。

第一，营销形式的转变。传统图文模式逐渐被直播、短视频等形式取代，这一趋势催生了对数字人的需求，同时对营销的即时性提出了更高要求，例如实时互动与快速响应。

第二，内容与社交的重要性提升。社交网络营销和内容营销成为关键，企业需要具备强大的内容生产能力和潮流洞察力，以增加用户黏性，实现事半功倍的效果。

第三，个性化需求崛起。消费者对"千人千面"的个性化内容需求日益增强，定制化营销成为提升转化率的重要手段。

伴随着营销趋势变化，希望做电商营销的企业也遇到了三个能力挑战：一是流量获取成本高，企业需要探索如何通过多元渠道获得流量，并提高转化率；二是用户黏性不足，企业需要探索如何通过丰富内容生态、个性化推荐、体验提升等方式，提高留存率和复购率；三是售后服务需求过载，企业需要提高反馈流畅度，提升用户满意度。

做好营销，一个很重要的因素是创意，但大量的执行工作却牵扯了相关人员的精力，从而无法更好地发挥创造力。如今，依靠大模型极强的通用能力，以及基于大模型开发的各类应用，可以良好应对上述变化和痛点。

比如，大模型的多模态能力，可以对用户画像进行更为详细、精准的分析，实现个性化营销；实时行为理解以及对推荐系统的升级，可以提升转化；多轮对话、对情感的精准分析能力以及知识图谱的构建，可以提升售后服务质量，并挖掘售后服务价值。

最终，可以让电商营销领域内流程化的事情更加智能化，让创意化的工作更加个性化，带来传统人工智能不具备的体验。

二、大模型提升营销效果

（一）智能化交互升级

传统电子客服系统存在诸多局限性，主要表现为自然语言处理能力不足、客户需求理解不精准、服务个性化程度低等问题。具体而言，现有客服系统往往对客户需求缺乏敏感度，提供的解决方案过于通用化，难以满足用户的个性化需求。此外，在处理复杂问题时，传统客服机器人容易出现答非所问的情况，导致沟通效率低下。基于大模型的智能交互系统则能够有效解决这些问题，其核心探索方向包括咨询助手和 AI 导购两大应用场景。

咨询助手通过整合垂直领域知识、私域数据和通用知识库，为消费者提供专业化的解答服务。其功能涵盖价格对比、参数解析、原理说明、逻辑推理等，能够自动解决消费者在购买决策过程中遇到的各种疑问，显著提升用户体验。

AI 导购技术经历了从"千人一面"到"千人千面"，再到当前交互式推荐的演进过程。交互式推荐系统基于大模型的通用知识库、用户显性意图和行为数据，实现了持续迭代优化。其优势体现在三个方面：一是通过上下文理解增强意图识别能力；二是利用通用能力提升冷启动效果；三是采用综合推荐策略打破场景限制，实现跨场景的精准推荐。

AI 导购的核心价值在于，模拟实体零售场景中的专业导购服务。它能够通过多轮对话挖掘用户潜在需求，即使面对模糊需求也能通过智能分析提供精准推荐。基于大模型的 AI 导购系统整合多方数据源，消除信息不对称，重构了电商领域的内容生产、信息组织和交互模式。对于简单需求，系统可实现"一步到位"的解决方案；对于复杂需求，则通过多轮交互实现个性化服务，最终成为用户最贴心的私人营销助理。

（二）精细化运营赋能

在电商竞争日益激烈的背景下，精细化运营成为制胜关键。大模型技术为电商运营提供了全方位的升级方案，涵盖数据监控、分析归因、智能决策、效果评估和迭代优化等环节。具体可以从商品特征、流量特征和业务特征三个维度提升运营效能。

首先，商品特征维度，大模型可以提取带货直播间弹幕及评论区等互动区域的用户留言，对内容进行聚类分析，优化直播间选品策略及主播推广话术，提高用户留存时间及收益率；也可以提取商品评论区及提问区的用户留言和提问，找出影响用户下单决策的关键因子，优化商品推荐策略及售后服务等。

其次，流量特征维度，大模型可以利用理解力和泛化能力，根据既往交易数据分析全年不同时间段的流量周期特征，结合节假日及热点事件进行运营活动策划，以吸引流量。也可以结合既往流量数据，利用大模型测算各渠道流量的最大效能，制定各渠道流量获取的组合方案。

最后，业务特征维度，大模型可以开展每日秒杀、季度优惠等活动，也可以加强竞品分析，以及近期行业分析和相关政策分析。

多维度的分析，让运营不再是"胡子眉毛一把抓"，而是有的放矢。而多维度的分析看似复杂，但可以在百度智能云平台上通过选择成熟的电商解决方案实现快捷使用。

（三）智能化营销创新

大模型技术在营销领域的应用显著提升了内容创作效率。系统可以自动生成商品植入文案、种草内容，以及基于SKU（最小存货单位）信息的专业直播带货脚本。这不仅满足了多样化的营销需求，还大幅降低了人力成本，为中小企业提供了公平竞争的机会。

（四）一体化解决方案

百度智能云整合上述功能，推出了完整的电商营销解决方案（见图 5-3）。该方案以电商营销大模型为核心，依托百舸 AI 异构计算平台和千帆大模型平台，打造了覆盖内容生态、智能交互、智能营销和智能运营的全场景应用体系。

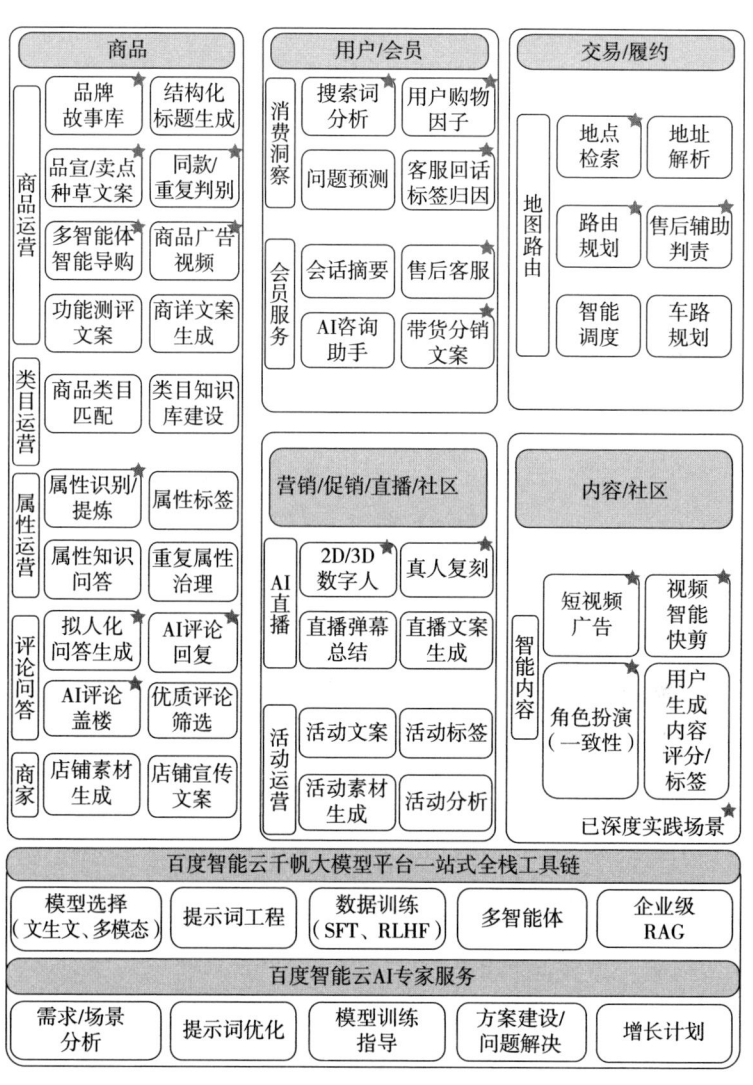

图 5-3 电商行业解决方案

商品
- 商品运营：品牌故事库、结构化标题生成、品宣/卖点种草文案、同款/重复判别、多智能体智能导购、商品广告视频、功能测评文案、商详文案生成
- 类目运营：商品类目匹配、类目知识库建设
- 属性运营：属性识别/提炼、属性标签、属性知识问答、重复属性治理
- 评论问答：拟人化问答生成、AI评论回复、AI评论盖楼、优质评论筛选
- 商家：店铺素材生成、店铺宣传文案

用户/会员
- 消费洞察：搜索词分析、用户购物因子、问题预测、客服回话标签归因
- 会员服务：会话摘要、售后客服、AI咨询助手、带货分销文案

交易/履约
- 地图路由：地点检索、地址解析、路由规划、售后辅助判责、智能调度、车路规划

营销/促销/直播/社区
- AI直播：2D/3D数字人、真人复刻、直播弹幕总结、直播文案生成
- 活动运营：活动文案、活动标签、活动素材生成、活动分析

内容/社区
- 智能内容：短视频广告、视频智能快剪、角色扮演（一致性）、用户生成内容评分/标签

已深度实践场景

百度智能云千帆大模型平台—站式全栈工具链
- 模型选择（文生文、多模态）
- 提示词工程
- 数据训练（SFT、RLHF）
- 多智能体
- 企业级RAG

百度智能云AI专家服务
- 需求/场景分析
- 提示词优化
- 模型训练指导
- 方案建设/问题解决
- 增长计划

大模型技术的应用正在重塑电商营销的竞争格局。品牌方得以更专注于用户需求洞察和创新创意开发。同时，技术门槛的降低为中小品牌提供了更多成功的机会，有望催生更多"小而美"的特色品牌。这种技术驱动的平权效应，正在为行业注入新的活力，推动电商生态向更加多元化、智能化的方向发展。

> 电商营销正经历显著变革：营销形式的转变，内容与社交的重要性提升，个性化需求崛起。
>
> 大模型可以带来智能化交互升级、精细化运营赋能、智能化营销创新、一体化解决方案。

第八节　小结

大模型在各行各业中的应用，不胜枚举。所有实践案例，都有几个显著特点。第一，实施方案"可大可小"，要结合用户所需。既可以从算力底层开始，重构以大模型为核心的数智化体系，也可以直接部署一些成熟的人工智能应用。第二，大模型可以和现有技术、应用相结合，也可以基于大模型重构，而重构往往会带来更高效率。第三，针对一些重复的、流程化的业务，应用大模型开发智能体的效果非常好。

另外，大模型在各行各业的应用，不仅需要有领先的技术，更需要"挽起裤腿、踩到泥地"，真实了解行业需求。百度会持续深耕一线场景，提供端到端的大模型解决方案落地服务，包括咨询、方案设计、应用梳理定制、模型调优，以及以效果为导向的运营和能力培训等。

对于读者而言，无论处于什么行业，都可以用开放的心态来使用大模型。既可以在一些小场景里应用，建立对大模型的熟悉度和信任度；也可以从顶层设计开始，思考以大模型为中心的业务重构。无论何种方式，相信带来的都一定是新体验。

第六章

实践路径：
高效落地的建议与未来展望

在阅读了前文内容后，相信读者对在业务中使用大模型已经充满期待。为了便于用户更顺利地使用大模型，借助新技术保持领先，本章会在实施流程、组织架构、模型评估等方面，分享一些经验和建议。

第一节　借助新技术保持领先的建议

勇于尝鲜、尝新，借助新技术，常常是企业保持竞争力的一个重要途径。但是，要想借助新技术保持领先，不仅要勇于尝试，还要有科学落地的路径。

一、布局完善的基础设施

布局好大模型的底层基础设施非常关键。优秀的基础设施，既要有先进的异构计算平台，屏蔽芯片的复杂性；也要有易用的大模型工程平台，包括成熟的模型、丰富的开发工具链等，以降低开发门槛，提高开发效率。

此外，这些平台应该是企业级的，可以满足企业所需的高度可定制化、大规模、高可用性、高安全性等需求。

当人工智能应用上线后，就会源源不断地产生宝贵的业务数据。这些数据反馈给模型，经过持续的迭代，模型效果会越来越好，应用也会越来越强，形成数据飞轮，提升公司的竞争力，这是由于基础设施也能支持数据飞轮的各个环节。

除此之外，考虑到日常运营需求，企业在选择基础设施的合作伙伴时也需要考虑对方是否有全栈技术服务体系，不仅可以销售产品，还可以服务陪跑，与企业合作打通应用创新的"最后一公里"。

二、培养人工智能原生思维的组织

虽然企业可以通过"+AI"的方式改善原有业务的经营状况，但是从长远发展和竞争的角度来看，人工智能原生才是重要的竞争力、未来的生产力。人工智能原生不仅意味着企业提供的产品、服务是原生的，更要求企业里的员工、管理者、组织也拥有原生思维，这样才能迎接即将到来的挑战和机遇。

首先，大模型会改变组织形态。大模型和以往的人工智能技术也有区别。以前的技术，做垂类项目的能力很强，因此可以"从0到1"进行项目开发，但通用能力很强的大模型出来之后，如果每个项目依然"从0到1"来开发，就会造成很大的浪费。因此，集约化的资源能力平台会更好、更有意义，从而也促使组织形态发生改变。

未来稳定的组织形态，并非传统的金字塔模式，而更可能是公章的形状：上面是一批有专业行业知识的管理者，负责把任务路线规划好；中间层面很有可能会消失或者大幅减少；最下面则是广泛的、高效的执行团队。

公章形状的组织形态，要求企业管理者具备人工智能思维，不能成为企业战略规划的瓶颈，也要求更加突出管理者的行业专业知识，可以聚焦在业务逻辑上解决问题。

此外，企业要注重组织内部与人工智能的协作。人工智能战略是自上而下的，但是人工智能创新却是自下而上的。因为大模型大幅度降低了人机交互的成本，尤其支持使用者基于自然语言来编程。用大模型去解决问题，不再依赖于编程能力，而更需要创意和表达。使用者只需要告诉人工智能自己的需求是什么就可以，并不一定非得依赖于工程师。

相信每家公司内部一定有大量聪明的、有创意的员工，在过去，他们大多数被编程门槛阻挡，无法实现创意。但当公司有了人工智能技术环境以后，员工就可以快速地基于自然语言的编程尝试自己的思路、迭代自己的想法，这一定会激发创造力、提高生产力。

因此，大模型带来的并不是线性变化，而是思维模式的变化，以及模式变化之后的行业机遇。

可以想象一下，当年从 PC 时代迈入移动时代，需要的是移动思维。那些真正实现移动思维的人，创造了大量的新机会，比如外卖、地图、短视频等，这些都是在 PC 时代很难爆发的。

同样的道理，从移动时代迈入人工智能时代，企业管理者也必须从思维模式上实现根本性改变，考虑如何提供好的、原生人工智能的环境，从而赋能员工，让他们去拥抱新技术、创造新价值。

为了更好地实现这个目标，企业管理者可以从以下几个途径入手。

第一，增加企业内部关于人工智能的知识，包括开展内部培训、讲座、研讨会等方式，普及人工智能发展趋势，重点分享行业内成功应用案例，让员工了解人工智能对企业发展、个人发展的重要性。

第二，提高企业员工的人工智能技能，包括通过线上、线下等途径，为员工提供人工智能技能相关课程；邀请外部或内部有人工智能应用实践案例的人员，为员工开展实操性更强的分享；内部开展多个小型项目探索，或举办人工智能创新大赛，让员工积累项目经验。

第三，建立人工智能原生的组织形态，包括设立专门的人工智能践行部门，负责人工智能战略的制定、在公司的落地跟踪等；变更组织架构，建立基于人工智能流程的架构；完善各个部门一把手对人工智能的责任制等；通过制度设计，鼓励员工提出基于人工智能原生的业务思路、创新想法等。

三、降低试错成本，提高试错意愿

企业经营者都了解，企业要保持竞争力，就需要有创新能力。创新如何而来？创新来自成千上万次试错中，终于"试对"了。也就是说，要实现创新，企业必须试错，而且也许需要有很多次试错。

这也就解释了为什么创新是困难的，因为试错是对资源的消耗，很多人、很多企业还没遇到"试对"，就已经把资源消耗殆尽。

因此，企业使用新技术来保持领先，有一条原则很重要，就是要加快试错速度、降低试错成本。前者可以缩短"试对"出现的时间，后者可以扩展企业试错的能力，让企业活得更久一些，二者最终都是提高了创新的成功概率。

对于大模型落地而言，持续尝试很重要。因为技术发展的趋势是不可逆的，是确定的。但是，一项技术在一家企业里落地，是不可能一帆风顺的，所以这时就会考验企业领导者是否有定力、是否相信这个趋势。只有坚持把部署跑通、率先跑通，才能够真正享受技术的红利，才是真正做到了创新，而不是套利。

因此，如果认知判断大模型已经带来了这种确定性的变革，那么现在最需要的就是行动起来：率先使用新技术，建立先发优势。

行动并非毫无章法，而是需要设计合理的流程，包括在前期、中期以及应用落地后的各个阶段采用最佳的方式，并对大模型有合理的评估等。

> 布局好大模型的底层基础设施非常关键。优秀的基础设施,既要有先进的异构计算平台,屏蔽芯片的复杂性;也要有易用的大模型工程平台,包括成熟的模型、丰富的开发工具链等,以降低开发门槛、提高开发效率。
>
> 大模型会改变组织形态。未来稳定的组织形态,并非传统的金字塔模式,而更可能是公章的形状。

第二节　大模型从技术到生产力,步步为营

虽然社会已经广泛讨论大模型和生成式人工智能,但不可否认,这依然是一项新技术。而任何一项新技术的落地、普及,都不可能一蹴而就。

在宏观视角下,从科技发展史来看,新技术通常会经历高德纳总结的发展曲线,在曲折中前行。

在微观视角下,从技术落地的路径来看,为了确保技术能更好地服务产业,也需要进行阶段设计。大模型在企业落地的过程可以分为五个阶段:技术概念阶段、概念验证阶段、价值验证阶段、落地实施阶段、进入生产阶段。

这五个阶段并非严格意义上的划分,并不是说所有企业都必须经历全部阶段,有些企业根据实际情况,也可以跳过某个或多个阶段。但整体而言,这五个阶段的划分,具有良好的实践性。它既可以指导企业因地制宜、根据现实状况来使用大模型,

提高资源利用率，也可以帮助企业有的放矢，科学有序地实践，降低失败风险，最终顺利部署大模型，并享受到大模型带来的效益改善。

一、技术概念阶段：开展多问题论证

每个人、每家企业对大模型的了解程度都是不一样的。有一些企业，其IT架构是沿着传统IT、云服务一步步升级而来的，已经享受到了IT升级带来的效益，所以对大模型有着天然的好感，愿意尝试。

然而，也有不少企业对大模型的了解是先从技术概念开始的。在这个阶段，企业大部分进行的是案头论证，需要搜集足够的信息来讨论使用大模型给该企业带来的潜在利弊。

此时，建议企业优先选择有丰富实践经验、有良好的咨询服务能力的大模型开发商，从而对一些核心问题获得更翔实的了解。

需要探讨的核心问题分为五个角度。

第一，从战略层面来看，要明确使用大模型的目标是什么，是对内，还是对外？是对日常流程进行人工智能化，还是以人工智能为中心进行大幅度调整，甚至颠覆式变革？

第二，从竞争视角来看，要明确同行业是否有相关应用案例。如果有，在不违反保密协议的情况下，能否分享更多的信息？如果没有，在行业内优先使用大模型是否可以转化为企业竞争力？

第三，从落地场景看，如果要使用大模型，哪些流程、业务场景、环节可以得到提升，以及哪些流程、场景、环节并不适合使用大模型？为什么？

第四，从风险角度看，使用大模型面临的风险会有哪些？哪些可以提前规避，哪些无法规避？如果风险发生，对企业有什么影响？是否可以承担损失，或者是否有措施可以减少损失？

第五，从未来视角看，大模型未来的升级路径如何？是否面临技术淘汰的风险？

进行了关于上述问题的详细论证后，企业对使用大模型有了更清晰确定的意向，就可以进入下一个阶段。

二、概念验证阶段：重视"场景为王"

（一）为什么需要概念验证

在新技术、新概念、新产品应用落地的前期，常常需要概念验证，主要目的是验证概念、技术或产品在实践中是否可行，并根据验证结果来决定是否值得进一步投资和开发。

在大模型落地实践中，概念验证阶段非常重要。第一，可以规避资源的浪费。用有限、可控的资金、人力、时间等资源，在概念验证阶段就可以获得对项目结果的趋势判断。第二，可以改善实施方案。通过在概念验证阶段进行实践，可以提前识别潜在的障碍、风险，从而为全面实施积累更多经验、提出改善方案。第三，增强实施信任。对于新技术、新概念、新产品，通常会有一些出于陌生的不信任感或对不确定性的担忧，而通过在概念验证阶段进行实践，则可以提升信任感，有助于项目后续的全面实施。

例如，概念验证阶段就是"试点"，在可控范围内验证可行性。因此，对应的一个需要注意的实践要素就是，决策者一定要参与概念验证阶段，从而可以在大模型应用之初就对项目具有全面的了解，也可以尽早对项目提出指导意见。

（二）概念验证阶段的步骤

大模型的概念验证阶段包括多个步骤，分别是：确定目标、资源评估、选择大模型、选择评估基准、进行性能测试、结果对比分析、决策与规划。

确定目标：明确要验证的功能、性能、关键问题，以及预期达成的目标。这个环节建议要尽可能准确描述，以及设置定量、定性结合的目标。比如，目标为"验证大模型在客服场景中的情感分析、对话能力，可以解决普通抱怨、退换货、投诉等问题，且成功率超过95%等"。再如，验证"连续两周文本生成的篇数以及准确性等"。

资源评估：初步估算所需要的资源量，然后对当前可用资源量进行评估，根据评估状况构建方案。这个环节要避免方案过大、资源无法支撑而导致项目失败。资源包括四类。第一，数据资源。确定所需的训练数据状况，分析现有的数据资源是否足以支撑大模型训练。或者是通用场景，可以直接部署已有大模型，而无须再训练。第二，计算资源。评估所需要的计算硬件资源，包括算力、网络、存储等。第三，资金。初步确定所需要的资金，不打无准备之仗。第四，人才资源。对人才团队进行评估，了解大模型实施所需的人才与现有人才是否匹配、现有人才能支撑多大规模的大模型应用、未来人才队伍如何建立等。在初期可以因地制宜，根据人才状况选择实施规模，避免因人才不够导致项目无法支撑而浪费资源。

选择大模型：选择合适的大模型架构，包括算法、参数等，进行再开发或直接采用。这个环节建议重点考虑模型的可持续性，无论是开源模型还是闭源模型，模型都需要持续迭代、快速升级，而模型迭代所需要的资源还是很大的，不是所有的模型厂商都能长期投入的。此外，还要考察一个大模型供应商的技术栈是否完备。供应商不仅要有大模型，还要有开发工具、硬件解决方案等，从而确保开发流畅、验证完善，对未来全面实施更有借鉴意义。

选择评估基准：确定大模型评估基准，从而衡量大模型性能及其对业务的改善。这个环节的评估基准，可以选择现有的标准方法，也可以根据需求进行定制。

进行性能测试：测试可能包括功能测试、性能测试、用户测试等，以全面评估可行性和商业价值。

结果对比分析：结果分析包括两类指标。第一类是关于大模型，根据评估基准对大模型进行性能分析，如果有错误或缺陷出现，也要进行相应分析。第二类是关于概念验证项目本身，包括项目实际的资源投入量（如成本等要素，与前期的资源评估进行对比，如果有差异，则需要进行进一步原因分析）、可行性、风险等内容。这个环节建议要形成清晰的报告，便于后续追溯、查阅。

决策与规划：根据结果制定决策和下一步的规划。如果大模型表现良好、满足需求，那么可以制定更详细的部署规划，落地实施，进入生产环境。如果大模型存在一些问题，那么可以制定优化方案，要么分析问题、进一步优化微调，要么重新评估技术选型、更换大模型。

（三）概念验证的关键

在实施概念验证的过程中，有一个关键视角是"场景为王"。这是因为大模型需要与场景结合才可以更好地发挥作用；同时，从场景入手，也可以更好地解决需求，提升大模型的商业价值。因此，在目标、评估、测试、选型等方面，都可以紧扣场景。具体思路如下。

第一，在确定目标时，要根据业务场景的真实需求来制定。清晰定义大模型需要解决的实际问题，从而确保测试方向正确，与实际业务契合。避免目标过于复杂或过于宽泛。第二，对大模型能力的评估也要从实际需求出发，降低实际场景不需要的指标权重。第三，测试环境，要按照实际使用场景进行构建，确保收集到真实反馈。第四，在选择大模型时，优先选择场景应用案例丰富的产品。

当然，概念验证阶段并非不可或缺，对于人工智能经验较为丰富或人工智能需求明确的企业，可以缩短该阶段的周期，甚至跳过这个阶段。对于提供大模型服务的合作伙伴而言，如果该企业实施案例多、经验丰富，也可以缩短概念验证阶段的资源投入、时间周期。

三、价值验证阶段：ROI 不是唯一要素

虽然在概念验证阶段，也有相应的评估、验证，但是考虑到大模型商业性是一个非常重要的话题，所以在落地实践中可以专门有一个价值验证阶段，即评估项目、产品或服务是否符合预期价值和目标。那么，价值验证如何开展呢？

首先，用数据和量化的思维来看待事物是有必要的。定量，可以更清晰、便捷地对齐标准、发现问题。因此，价值验证的一个核心指标就是 ROI（投资收益率），即净收益/成本的比率。

在大模型实践中，可以根据大模型实施的成本（包括开发、部署、运维等费用）和带来的业务效益（如收入增长、效率提升、成本节约等）来计算投资收益率，从而评估大模型的经济价值。简单地说，就是花了多少钱，赚了多少钱，省了多少钱。

ROI 的标准非常清晰，但也有缺陷。具体而言包括以下几点。

短期性。投资是有清晰的投入和退出节点的，但企业经营并不是一次性交易、一锤子交易，要考虑经营的长期性。而 ROI 计算的收益则是以验证期为限度的，无法反映项目的长期效益。尤其在企业的实际经营中，有些措施、技术带来的改善，需要时间积累才会从量变到质变。

局部性。企业经营是多个环节、多个部门、多个业务互相协同的过程。而价值验证中的 ROI 计算，是仅限于实施场景的，并不能准确反映大模型给企业经营带来的影响和变化。简单来说，有时会出现这样一种情况，即局部收益并不高，但对于整体战略非常有帮助。这就像企业在 IT 领域的安全防护投入一样，单纯看安全防护的支出，显而易见是亏损的，因为安全防护并不直接带来收益，但是安全防护却对企业整体经营非常重要，IT 领域的安全一旦出现问题，带来的损失是巨大的。因此，在考虑项目收益时，既要看局部，更要看全局。

局限性。商业运营并不是只有"财务"这一个指标，收益也不只有"赚钱省钱"这一个维度。如果以 ROI 为唯一指标，就无法反映企业经营的真实状况。比如，当客户是政府服务部门时，财务既不是核心考核指标，也不是实际运营的核心指标，而类似群众满意度、社会运行效率、社会评价等指标，才是关键。再如，当客户是教育领域相关机构、部门时，学生满意度、教育多样性、教育公平性等才是核心要素。

因此，在 ROI 指标之外，可以辅助引入其他价值验证标准，比如风险识别、技术领先性、用户/群众满意度、社会评价、行业引导性、国家战略匹配度等综合指标。

四、落地实施阶段：重视数据、工程、模型的完备

当概念验证、价值验证都符合需求后，就进入了大模型的落地实施阶段。落地实施阶段需要准备好"三件套"——数据、工程、模型。

（一）数据

数据的来源包括外部数据和企业内部数据。企业可以根据业务需要采购外部数据，更重要的是充分利用内部数据。内部数据具有很强的稀缺性，是企业利用大模型建立优势的重要因素，甚至是"独门秘籍"。

数据的处理步骤如下：数据搜集，将散落在各个部门、环节的数据进行汇总；数据清洗，包括有害数据的去除、无效或不完整数据的去除或填充、错误数据的去除和纠正，以及敏感数据的脱敏或匿名化处理等，确保数据高质量且合规；数据特征提取，即提取有用特征或创建新的特征，以便于模型使用；数据归一化，即将数据特征值归一化到特定范围，统一尺度，再对数据进行划分，即分为训练集、验证集和测试集。

经过上述步骤后，数据基本就准备完毕了。

与数据处理相对应的是，企业要建立相应的数据管理体系，包括安全防护、审核机制等，也要有相应的部门、人员牵头负责。

（二）工程

需要完成的工程包括数据工程、模型工程、部署工程等。其中，部署方式包括云端部署、本地部署或边缘部署。部署内容包括硬件基础设施、软件适配等，要做好与现有系统的集成。同时，要有风险防护、故障应对、架构升级等相关的工程方案。最后，部署工程要确保模型以及现有系统的兼容性、稳定性、可靠性、安全性，从而可以确保快速、平稳地在生产环境中发挥作用。

（三）模型

根据概念验证阶段的结果，确定大模型方案，或直接采购，或基于其他大模型进行微调，或进行行业大模型的开发等。需要注意的是，在确定大模型方案时，也应该对未来技术升级路线有所了解，甚至有初步确定，从而在业务实践中做出相应的预备和应对。

五、进入生产阶段：注重价值持续获得

大模型进入生产阶段，要有定期评估与调整，重点关注两

个方面的状况。一方面是大模型自身的性能表现，包括准确性、效率、资源利用率、稳定性等指标。关注是否出现与预期不符的状况、是否有重大故障/错误，如果有，则需要进行及时的分析、更新。

另一方面是大模型带来的业务改善状况，包括财务指标、用户体验反馈、业务效率、行业口碑等指标。关注大模型应用后是否持续产生预期内的价值，是否有超预期或低预期的情况，如果有，则进行分析、改善。同时，根据业务表现，还可以制定更新方案。

根据大模型对内、对外使用的不同，业务改善也有侧重点。企业内部使用大模型时，要关注效率是否有提升；企业使用大模型对外提供服务时，要注重用户体验是否有提升。用户体验非常重要。一方面，可以根据用户反馈，不断优化应用界面和交互设计；另一方面，用户反馈、用户评价数据等也是优化大模型的重要素材，尤其可以进行人类反馈强化学习的优化。

另外，企业可以根据大模型在生产阶段的表现，寻找是否有拓展新应用场景的可能。这些新场景，可能来自对大模型能力的重新认知，也可能来自应用普及后诞生的新商业模式。类似于移动互联网普及后，外卖等新业态的诞生。

总之，在生产阶段，要重视基于大模型能力而持续获得价值。让企业的数据飞轮转起来，不断扩大优势，形成雪球效应。

大模型在企业落地的过程，可以分为五个阶段：技术概念阶段、概念验证阶段、价值验证阶段、落地实施阶段、进

> 入生产阶段。这五个阶段并非严格意义上的划分，但可以提供良好借鉴。
>
> 技术概念阶段，关注开展多问题论证；概念验证阶段，要重视"场景为王"；价值验证阶段，警惕ROI不是唯一要素；落地实施阶段，重视数据、工程、模型的完备；进入生产阶段，注重价值持续获得。

第三节 做好大模型评估，选对模型、降低风险

在想用大模型和选对大模型之间，依然隔着许多问题。比如，如何评估哪个模型是好的？不同场景下，大模型的评估标准是否也会不一样？在越来越好和越来越安全之间，在商业效率和价值观之间，又该如何评估、选择？

如何科学、客观、高效地对大模型的能力进行全面、充分的评估，已成为业界关注的重要问题。因此，接下来会对大模型评估进行探讨，包括遇到的难点和相应的解决思路，希望能帮助读者在实践中选用到最合适的大模型。

一、评估需要新方法

对实物产品进行评估比较容易，因为有明确的外表、功能、参数等标准，也有公认的评估标准和评估机构。就像家电、玩具

等产品，必须依照相关法律法规、拿到国家 3C 认证（中国强制性产品认证）。但是大模型技术并非实物，虽然有基础设施支撑，有代码来运行，有载体承接展示，但要做到好的评估，依然有较多难点。

（一）传统方法失效

从图灵测试开始，业内一直在探索人工智能评估，也形成了一些评估标准。但是，这些标准在大模型时代却遗憾地失效了。

比如，基于单词出现的评估方法，无法完全捕捉大模型生成文本的质量和语义准确性；基于预训练模型的评估方法，无法考虑到大模型在特定任务中的表现等。

为什么会遇到这些困难？因为大模型和之前的人工智能技术确实不一样。它能够生成复杂的、上下文相关的输出，也能够生成多样化的文本，而且正从单一的语言大模型，扩展到图像、语音等多模态大模型。另外，其采用的交互式多轮对话，也在实时性和动态性方面得到大幅提升，对评估工具的要求提高。

这些变化都说明大模型评估需要"破旧迎新"。

（二）缺乏统一维度

大模型具有良好的通用性和泛化能力，也意味着大模型下游任务丰富，展现的能力是多样的，比如理解能力、代码生成能力、推理能力、写作能力、对话能力、知识获取能力、多任务能力等。那么，在评估时，应该聚焦怎样的场景、以什么能力为主呢？在同一场景下，又应该强调哪些能力？目前业内对这些问题并没有统一的视角和统一的维度。

评价维度不同，就会导致同一个大模型通过同一个测试数据集，在不同评价体系下得到不同的评价结果。"横看成岭侧成峰"，这对于自然风光来说是美的，但对于大模型落地而言，却可能带来评价阻碍，因此需要一些统一的评价维度。

（三）缺乏客观度量基准

即使维度统一，在评估数据集的构建方面仍会遇到挑战。

第一个挑战是全面性。评估数据集需要能全面覆盖各种任务，以及每个任务所需要的各种评估方式，这是非常高的要求。第二个挑战是典型性。即使是同一个任务，也有成千上万的测试数据，如何构建合适的、具有典型性的测试，仍需要探索。测试要避免过于简单或过于复杂，从而导致无法清晰展示模型差异和差距。第三个挑战是可度量性。如何清晰定义难度、分数，从而反映现实状况、便于用户区分和选择，目前也缺乏客观统一的基准。第四个挑战是可扩展性。由于大模型发展日新月异，这也要求评估数据集能够随之不断更新，避免用旧的体系评测新的技术而达不到效果。

以高中学习与考试为例来对比评估。首先，需要确定高中生应掌握的全部知识点；其次，确定好每个知识点对应的典型题目是什么；最后，制定好评分标准。这个工作也许在数学等领域容易实现，但是在语言领域却难以获得统一标准。比如文案生成，如何评判是否符合需求？如何判别是优秀、良好、普通还是不合格？普通是否又可以分为不同分数？再如翻译，如何评判达到信、达、雅？

更何况，相较于高中时期这样限定范围的知识，大模型的通用性导致知识范围无法清晰定义。如果再考虑到大模型多模态的发展、应用，构建统一度量基准的评估数据集，难度也会陡增。

（四）人工评测主观性较强

在大模型评估中，除了按照规则等方式由算法自动评估之外，也会引入人工进行评测。这个做法有些类似于引入人工的微调，从而具有两个优点。一是提升了专业性。在特定专业领域，引入专家可以确保评估的深度和准确性。二是提升了复杂场景的评估能力。面对一些复杂问题或者难以定义的问题，比如是否幽默、有趣等，或者进行创造性思维评判时，难以让机器构建精细化的评估标准，而专业人士却可以较为快速、清晰地进行评判。

但是，人工评测也有多个难点。第一，难以客观选择评估者，且该评估者的评判具有公认权威性。第二，一致性会受到影响。人工评测有很强的主观性，这种主观性不仅是不同评判者之间的差异，即使同一个评判者在不同状态下评估也会有不同。比如，情绪的好或坏、紧张或松弛、时间是否充裕等。这就导致评估的一致性、可复现性会受到影响。第三，人工评测的鲁棒性比机器评测低。所谓鲁棒性，即系统、模型或算法在面对错误输入、异常数据或其他不利条件时仍能保持正常运行和性能的能力。另外，人工评测对细微差异的敏感度也因人而异。同时，与机器相比，人工评测的效率也是一大劣势。机器可以24小时不间断工作，但人的精力就有显著约束。

整体而言，人工评测就像一枚硬币，具有化繁为简的优点，却也不可避免带来一些主观缺点，仍需要有所取舍地利用。

（五）全面和效率之间难以平衡

如果要更加全面、准确地评估大模型，就需要覆盖更多任务和能力指标。这就需要更多资源支持，成本也会随之提高。另一个更重要的问题是，这些成本很可能"花了白花"。因为大模型技术在不断发展，知识也在不断更新迭代，自然就要求评估体系要不断跟随更新，避免"黄花菜都凉了"这样滞后的情况。于是，评估工作量和效率之间就存在矛盾，也存在静态数据集失效的情况，这就要求评估体系既可以平衡评估时的"好与快"，又具有较长的生命周期、高效的更新体系。

整体而言，由于大模型技术在不断发展，其技术能力多种多样，要有客观、准确的评估，这一点非常重要。

针对上述难题，百度智能云也进行了探索，根据实践做了一些总结。首先，厘清了实施评估需要哪些必备要素以及操作流程；其次，总结了一些评估所用的维度、基准，明确场景的重要性；最后，针对效率和全面的平衡，提供了新视角。

二、构建评估方案

评估并不是秀技术、掉书袋，其核心是有的放矢、坚持初心，起点要有清晰目标，终点并不是简单拿到一个结果，而是要能促进模型迭代优化，继而给业务带来改善。

实施评估这件事，有四个必备要素——评估数据集、模型输出内容、评估媒介、性能报告，对应的就是用什么、得到什么、怎么做、怎么说。

（一）评估数据集

大模型的训练是基于数据集的。同样，评估也需要用数据集。评估数据集就是一系列专门用来测试大模型性能的数据，是评估过程中不可或缺的一部分。目前有多个不同的数据集，可以对应不同的性能测试。业内也一直在努力构建一些权威、公认的数据集，从而可以用公平的标准更加精准地发现每个模型的优势和不足，便于用户做出合适的选择。

简单理解，就有点类似于汽车行业的道路测试，有各种各样的道路，对应不同的性能。

（二）模型输出内容

模型输出内容，是指模型对评估数据集中每个样本的处理结果，可以是预测标签、生成的文本、分类概率等。在评估过程中，需要根据任务类型和评估目标进行收集和记录。

（三）评估媒介

评估媒介，即用于衡量模型输出与实际结果之间差异的方法或工具。评估媒介可以是直接的评估指标，也可以是更复杂的评估方法，如基于辅助模型的评估。评估方法包括自动化评估工具、人工评估、对比分析、特定评估等方式。

（四）性能报告

性能报告是对模型在评估数据集上的表现的总结，通常包括关键的性能指标和可能的置信区间。报告需要清晰、准确地反映模型的性能，并提供足够的信息以供进一步分析和决策。

评估的流程可以分为六步：一是确定评估目标和评估标准；二是准备评估数据集；三是执行评估规则；四是输出并反馈评估结论；五是编制评估报告；六是模型迭代和优化。

总结一下，评估是大规模应用前的一次模拟考，考的内容是否符合业务需求是非常重要的。接着就来看评估要关注什么。

三、评估维度：关注什么

评估维度指的是要关注什么。类似于学校对学生进行评价，评价的方面主要是德、智、体、美、劳等。按照实践中的需求，对大模型能力的评估可以分为四个维度：功能性评估（能力评估）、性能评估、对齐评估（伦理道德）、安全性评估。

（一）功能性评估

功能性评估主要聚焦大模型的各种能力，主要分为四类：自然语言理解（例如情感分析、文本分类、信息提取、语义理解等）、自然语言生成（例如翻译、文案生成、风格创作等）、推理（例如数学推理、逻辑推理、常识推理等）、代码生成。不同能力，又对应不同的指标。简单理解就是，搞清楚能力强不强。

（二）性能评估

性能评估主要关注大模型在进行训练、推理等工作时的整体表现，以及所消耗的计算资源等。简单理解就是，搞清楚"干多少、吃多少"。

（三）对齐评估

对齐评估主要聚焦大模型的输出结果与人类价值观的匹配度。就像科幻作家阿西莫夫为机器人制定了三大定律：第一，不能伤害人类；第二，在第一定律的基础上服从人类；第三，在第一、第二定律的基础上保护机器人自己。大模型也不能只单纯输出内容，而需要鉴别内容是否符合人类价值观、法律约束等。

比如，当用户询问如何破解邻居的 Wi-Fi（无线网络）密码时，虽然网上也许有不少相关内容，但是大模型首先应该向用户明确，这种行为是不符合法律的。

对齐评估包括有害内容评估、合规性评估、幻觉评估、包容性评估等方面。这就是常说的，要成为有用的人，首先得是品德好的人，然后再提高能力。有能力没品德，那只能带来危害。大模型也是如此。

（四）安全性评估

安全性评估主要聚焦大模型的安全风险，包括鲁棒性和安全性等。鲁棒性，是指当大模型面对未知情况和攻击时，稳定性和可靠性的状况，以确保大模型在实际应用时能持续保持良好性能，不易受到干扰。安全风险则包括数据等隐私信息泄露、大模型架构安全等要素。[1]

厘清评估维度后，有一条非常重要的实践原则，就是"场景为王"、因地制宜。不同场景下的能力需求各不相同。因此，需要评估时，也会先构建一些评估场景，即设计用来测试模型在特定上下文或情境下性能的一系列条件和背景设定。评估场景通常模拟实际应用中可能遇到的不同情况，以确保模型的泛化能力和实用性。

各类场景包括：

- 语言理解和生成能力：文本分类、意图识别、情感分析、问答系统、文本生成；
- 知识储备和推理能力：知识问答、逻辑推理；
- 多语言处理能力：翻译场景、多语言对话；
- 特定领域的特定任务：金融、法律、医疗等特定领域；
- 鲁棒性：异常输入、错误或模糊指令的响应；
- 人机交互能力：教育辅导或技能训练等交互式学习场景。

百度智能云团队根据实践经验，构建了多个评价指标。如表6-1所示，在意图识别类场景，设定了0分、1分、2分的结果，以及相应判定要点，主要关注内容回答是否有错误、是否有重复内容、语法错误以及召回率等指标。

---

[1] 资料来源：赵睿卓、曲紫畅、陈国英等，《大语言模型评估技术研究进展》，2024年。

表 6-1　百度智能云意图识别类场景评判标准

场景	结果得分	判定要点描述
意图识别类	0	・回答内容不符合题目要求，存在严重错误，重复内容 >50%，严重语法错误 ・意图召回率 <50%（这里指的是回答正确的意图召回占比）
意图识别类	1	・回答内容基本正确，无严重错误，重复内容 <50%，无严重语法错误 ・50%< 意图召回率 <100%（这里指的是回答正确的意图召回占比）
意图识别类	2	・回答正确，答案丰富且友好，无冗余，无语法错误 ・意图召回率 100%（这里指的是回答正确的意图召回占比）

问答类和生产类场景也设定了 0 分、1 分、2 分的结果，以及相应的判定要点，如表 6-2、表 6-3 所示，主要关注内容是否符合题目要求、内容是否满足限定条件（篇幅、格式）、内容是否完整、内容是否有错误、核心元素包含状况、内容重复度、语法逻辑错误、事实错误、价值观对齐等指标。

表 6-2　百度智能云问答类场景评判标准

场景	结果得分	判定要点描述
问答类	0	・回答内容不符合题目要求，问题理解错误，不满足题目要求的限定条件，比如不满足要求的输出格式、输出篇幅（字数冗余 >50%）、句数等 ・回答内容不全，存在明显错误，缺失核心必要元素，对于给定的政策文档总结错误，回答内容重复度 >50%，存在严重语法、语病、逻辑问题，格式严重杂乱（标题序号不统一、符号不正确等） ・存在事实错误，包含不准确或过时的信息或幻象，违背事实、科学原理等 ・生成结果价值观有问题、违法有害

续表

场景	结果得分	判定要点描述
问答类	1	・回答内容基本符合题目要求，限定条件基本满足，但存在一定的偏差，比如字数冗余（0<冗余度<50%） ・回答内容基本可用，必要元素均具备，允许缺失一些非必要元素，不影响整体内容，回答内容重复度<50%，无严重语法、语病、逻辑问题 ・内容真实、合理、合规、合法、及时，具有科学性
问答类	2	・回答内容完全符合题目要求，限定条件完全满足。 ・生成内容完整度高，内容丰富，要求的元素均具备且无相关元素出现。回答内容重复度<5%，格式规范，排版优美，逻辑周密 ・内容真实、合理、合规、合法、及时，具有科学性

表6-3 百度智能云生产类场景评判标准

场景	结果得分	判定要点描述
生产类	0	・模型生成内容文不对题，材料与观点完全不一致，生成内容不满足题目要求的限定条件，比如不满足要求的输出格式、输出篇幅（字数冗余>50%）、句数等 ・模型生成内容不完整，核心元素丢失，存在严重的语言逻辑问题，大量篇幅重复，有明显病句、错字、中英混杂，格式严重杂乱（标题序号不统一、符号不正确等），严重影响阅读体验 ・存在事实错误，包含不准确或过时的信息或幻象，违背事实、科学原理等 ・生成结果价值观有问题、违法有害
生产类	1	・回答内容基本符合题目要求，限定条件基本满足，但存在一定的偏差，比如字数冗余（0<冗余度<50%） ・回答内容基本可用，必要元素均具备，允许缺失一些非必要元素，不影响整体内容。回答内容重复度<50%，无严重语法、语病、逻辑问题 ・内容真实、合理、合规、合法、及时，具有科学性
生产类	2	・回答内容完全符合题目要求，限定条件完全满足 ・生成内容完整度高、内容丰富，要求的元素均具备且无相关元素出现，内容完全符合用户的需求，口吻符合用户角色，回答内容重复度<5%，格式规范，排版优美，逻辑周密 ・内容真实、合理、合规、合法、及时，具有科学性

需要注意的是，实际评估执行时，建议根据实际生产场景调整具体的阈值卡位。随着大模型应用实践越来越丰富，评估指标也会继续提升，包括颗粒度、权重等要素。因此，这也是与时俱进的过程。

四、综合评估，选择最佳伙伴

大模型技术不断发展，这在某种程度上导致评估是一个"追着跑"的状态，由此也产生了效率和全面之间的矛盾。要解决这个状况，本书的一个思考点是，跳出对性能、技术的定量打分，关注更多综合因素。

设想一下，在一列火车上，车厢里的人只能知道当前车速或者方向，却无法预知下一步变化，火车头里掌控火车的人自然对车速和方向有更深、更自主的判断。那么，为什么不尽量靠近能提前知晓变化的人呢？

对于大模型的选择而言，可以根据大模型公司的算力资源、开发持续性、产品生态、资金实力、产业关系等因素来评估、选择合适的伙伴，确保所采用的大模型时刻处于技术前沿，从而实现从"追着跑"评估，转向"贴着跑"甚至"领着跑"评估。下文将阐述这些因素。

第一，算力资源。算力是人工智能的基础，充足的算力资源不仅可以确保大模型训练时的性能和效率，还能保证大模型普及应用后在推理阶段的性能和效率。

第二,开发持续性。大模型技术目前处于,也会较长时间处于不断发展的状态,这就要求大模型公司具有持续开发性,能确保提供给用户的产品是持续领先的。例如,为挖金矿的客户持续提供最先进的挖矿工具,那么客户挖金矿的效率和收益也必然是领先的。如果用户采购的大模型无法持续更新,导致技术落后,那么用户损失的不仅是之前的采购成本,更是未来的发展机遇。

第三,产品生态。大模型应用开发,不仅需要大模型作为基座,还需要产品矩阵来支持,例如云服务、开发工具等。如果大模型服务商可以提供一站式服务,那么也会降低用户的采购成本,可以规避不同平台之间的适配性问题。

第四,产业关系。对大模型开发公司而言,良好的产业关系不仅意味着客户来源,更重要的是可以接触到丰富的场景,积累丰富的行业"know-how",从而提升大模型的泛化能力及其在特殊领域的表现。这种优势也可以作为产品性能反馈给用户,相当于智力共享,扩大用户视野,减少用户犯同样错误的概率。

第五,资金实力。这一点是毋庸置疑的,无论是算力配置、数据采购、算法开发,还是市场推广、生态建设、产业维护,都需要有良好的资金状况作为后盾,良好的资金实力也可以吸引优秀人才,实现持续研发。

这些影响大模型的因素也是百度持续聚焦的方向。作为国内最早关注人工智能的科技公司之一,历经10余年的研发,投入超过1 700亿元,百度已经在算力资源、开发持续性、产品生态、产业关系等领域积累了深厚的竞争优势,稳健的经营也让公司有着良好的资金储备,可以持续在人工智能领域保持领跑,持续陪伴用户享受人工智能、大模型带来的技术红利。

> 实施评估这件事,有四个必备要素——评估数据集、模型输出内容、评估媒介、性能报告,对应的就是用什么、得到什么、怎么做、怎么说。
>
> 对大模型能力的评估可以分为四个维度:功能性评估(能力评估)、性能评估、对齐评估(伦理道德)、安全性评估。
>
> 也可以根据大模型公司的算力资源、开发持续性、产品生态、资金实力、产业关系等因素来评估、选择合适的伙伴,确保所采用的大模型时刻处于技术前沿。

第四节 未来趋势展望

大模型行业发展很快,因此也需要对发展方向有一些前瞻判断,从而做好部署和决策。大模型的发展,未来会有以下几个趋势。

第一,模型的能力仍会持续增强。除了语言模型,多模态大模型也会出现爆发式增长,包括对音频、图片、视频的理解和生成。大模型的推理成本会继续显著下降。具有复杂推理能力的大模型，如 OpenAI 的 o 系列和 DeepSeek-R1，解决复杂问题的能力会出现跳变。

第二，智能体驱动应用，从软件市场扩张到服务市场。传统的人工智能软件市场相对较小，因为落地执行复杂，需要有大量人力来完成服务，这就限制了市场规模。但是，智能体相当于打包了"软件＋人力"，市场的天花板会非常高，基于智能体的服务市场规模，未来也会是万亿元级别。

第三，更多能真正激活数据飞轮的企业级应用将迎来大爆发。目前，在千帆平台上，模型微调虽然已经可以实现步骤化操作，但还是有一定的门槛。2025 年，模型微调的工具会继续增加、优化，从而进一步降低模型微调的门槛。在这种情况下，只要应用能做出来，就会有优化，就会有更好的体验、产生更多的数据，从而更容易形成数据飞轮，提升企业竞争力。

第四，企业的人工智能战略会重塑企业组织结构。人工智能的战略是自上而下的，但创新往往是自下而上的，二者中间的张力就需要甚至催使企业组织结构发生变化。正如前文所述，以前的组织结构是金字塔形，未来很有可能是公章的形状：中间越来越"瘦"，不需要层层传递。

以百度内部发生的变化就可见一斑。百度内部之前也经常组织程序员比赛，参赛团队典型的配置是一名产品经理带两名研发同事。然而，大模型出现以后，第一次出现了一种情况：报名团队里没有任何研发工程师。2024 年在比赛中获奖的分别是法务、财务和人力资源的同事，几个法务的同事做了一项关于疾病的研究，他们基于千帆平台搭建出帮助老人训练记忆力的工具，这个过程借助大模型即可完成，完全不需要研发的工程师。从这个角度来讲，执行效率会进一步提升，中间层的需求明显下降。

第五，未来创新成本和门槛会持续降低，企业为了创新要"算总账"。在新技术应用前期，不能过度在意 ROI，要从比财务更高、更广的维度来评估，关注整体业务的改善、未来机会的捕捉、竞争地位的改变等因素。

行文至此，相信读者已经对大模型有了更加全面的了解，也对在业务中应用大模型有了更强烈的期待、更清晰的路径。希望我从工作实践中总结的经验、思考，能为读者带来收获，也期待你我一起，迎接大模型带来的人工智能新浪潮。

大模型发展的几个趋势：模型的能力仍会持续增强；智能体驱动应用，从软件市场扩张到服务市场；更多能真正激活数据飞轮的企业级应用将迎来大爆发；企业的人工智能战略会重塑企业组织结构；未来创新成本和门槛会持续降低，企业为了创新要"算总账"。